混凝土结构检测、鉴定与加固

薛学涛　苏　悦　主编

黄河水利出版社
·郑州·

内 容 提 要

本书详细阐述了混凝土结构的检测、鉴定、加固设计与施工的相关理论、方法和措施等。主要内容包括：混凝土结构的基本概况；混凝土结构检测的分类、依据与方法；混凝土结构鉴定的分类、依据与方法；混凝土结构加固设计的原理与方法；混凝土结构加固施工的方法与控制要点等。

本书可供从事混凝土结构设计、施工、监理、质量监督、检测单位和加固单位的工程技术人员以及相关领域的研究人员参考。

图书在版编目（CIP）数据

混凝土结构检测、鉴定与加固/薛学涛，苏悦主编. —郑州：黄河水利出版社，2021. 7 （2022. 12 重印）

ISBN 978-7-5509-3044-5

Ⅰ. ①混… Ⅱ. ①薛… ②苏… Ⅲ. ①混凝土结构-研究 Ⅳ. ①TU37

中国版本图书馆 CIP 数据核字（2021）第 142044 号

组稿编辑：王路平 电话：0371-66022212 E-mail：hhslwlp@ 163. com

韩莹莹 0371-66025553 hhslhyy@ 163. com

出 版 社：黄河水利出版社 网址：www. yrcp. com

地址：河南省郑州市顺河路黄委会综合楼 14 层 邮政编码：450003

发行单位：黄河水利出版社

发行部电话：0371-66026940、66020550、66028024、66022620（传真）

E-mail：hhslcbs@ 126. com

承印单位：河南新华印刷集团有限公司

开本：787 mm×1 092 mm 1/16

印张：15. 25

字数：352 千字

版次：2021 年 7 月第 1 版 印次：2022 年 12 月第 2 次印刷

定价：98. 00 元

《混凝土结构检测、鉴定与加固》

编审委员会

主　　编　薛学涛　苏　悦

副 主 编　黄　静　刘　明　张龙飞　张鑫鑫
崔朋勃　刘亚杰

编委成员　王帅民　李治辉　王亚宁　周国争
李文星　孔庆根　齐乘克　黄满刚
赵守正　王双双　席丹丹　吴晓光
张世杰　何禄源　张艺东　王军柯
侯震宇　徐公涛　李东东　周　浩
秦新波　朱　博　刘槟豪　梅东明
徐一凯　李晓辉　武　艺　赵　冰
刘道富　武玉巍　王　涛　寇永哲
刘　清　吕勇良　杨云波　张　洋

前　言

随着我国城市建设进程的迅速发展，混凝土结构作为最主要的建筑结构形式，越来越广泛地被应用于各种建（构）筑物中。在施工及使用期间，存在施工质量不满足设计和规范要求、建筑使用功能发生改变、达到设计使用年限等情况，就需要对原有混凝土结构进行检测、鉴定与加固改造。在既有建筑中，这几项工作既相互独立又相互配合。近年来，随着相关标准规范不断更新，加之新方法、新材料、新技术的应用，也推动了检测和加固行业的快速发展。

本书结合相关标准、规范及工程实际，对混凝土结构检测、鉴定与加固进行了较为系统的总结与讲解。全书共分为四章，主要内容包括：总结了混凝土结构的特点，钢筋和混凝土的材料特性，钢筋工程和混凝土工程施工的一般要点；混凝土结构检测的基本规定，回弹法、钻芯法等混凝土强度检测技术，混凝土中钢筋检测技术，混凝土裂缝及变形检测技术；混凝土结构安全性鉴定与抗震性鉴定方法；增大截面加固法、置换混凝土加固法、体外预应力加固法、外包型钢加固法、粘贴钢板加固法、粘贴碳纤维复合材料加固法、植筋技术及裂缝处理技术等相关加固设计方法与施工要点。

本书在编写过程中得到了河南省建筑科学研究院有限公司、河南省建筑工程质量检验测试中心站有限公司、河南裕鸿建筑工程有限公司、信阳市建筑工程质量监督站、虞城县建设工程质量监督站等单位的大力支持和帮助。另外，本书在编写过程中引用了大量的参考文献。在此，谨向为本书的完成提供支持和帮助的部门、人员和参考文献的原作者表示衷心的感谢！

由于作者水平有限，书中难免有不妥之处，敬请广大读者批评指正。

作　者

2020 年 12 月

前 言

作 者

2020 年 12 月

目　录

第 1 章　混凝土结构概述

1.1　混凝土结构的一般概念

混凝土结构包括素混凝土结构、钢筋混凝土结构、预应力混凝土结构和各种其他形式的加筋混凝土结构。素混凝土结构常用于路面和一些非承重结构；预应力混凝土结构是在结构或构件中配置了预应力钢筋并施加预应力的结构；在多数情况下，混凝土结构是由钢筋和混凝土组成的钢筋混凝土结构。

钢筋和混凝土都是土木工程中重要的建筑材料，钢筋的抗拉强度和抗压强度都很高，但价格也相对较高，混凝土的抗压强度较高而抗拉强度却很低。为了充分发挥材料的性能，把钢筋和混凝土这两种材料按照合理的方式结合在一起共同工作，使钢筋主要承受拉力，混凝土主要承受压力，就组成了钢筋混凝土。

钢筋和混凝土是两种物理力学性能很不相同的材料，它们能够有效地结合在一起共同工作的主要原因是：

（1）混凝土硬化后，钢筋和混凝土之间存在黏结力，使两者之间能传递力和变形。黏结力是使这两种不同性质的材料能够共同工作的基础。

（2）钢筋和混凝土两种材料的线膨胀系数接近，钢筋为 $1.2\times10^{-5}\ K^{-1}$，混凝土为 $(1.0\sim1.5)\times10^{-5}\ K^{-1}$，所以当温度变化时，钢筋和混凝土的黏结力不会因两者之间过大的相对变形而破坏。

以钢筋混凝土为主要承重骨架的土木工程构筑物，就称为钢筋混凝土结构。钢筋混凝土结构由一系列受力类型不同的构件所组成，这些构件称为基本构件。钢筋混凝土基本构件按其主要受力特点的不同可以分为：

（1）受弯构件，如各种单独的梁、板以及由梁组成整体的楼盖、屋盖等。

（2）受压构件，如柱、剪力墙和屋架的压杆等。

（3）受拉构件，如屋架的拉杆、水池的池壁等。

（4）受扭构件，如带有悬挑雨篷的过梁、框架的边梁等。

另外，有不少构件受力情况较复杂，如压弯构件、拉弯构件、弯扭构件、拉弯扭构件等。

钢筋混凝土结构在土木工程结构中有广泛的应用，这是因为它有很多优点，其主要优点有：

（1）强度高。与砌体结构、木结构相比，其强度高。在一定条件下可以用来代替钢结构，达到节约钢材、降低造价的目的。

（2）耐久性好。在一般环境条件下，钢筋可以受到混凝土的保护不易生锈，而且混凝土的强度随着时间的增长还会有所增长，能减少维护费用。

（3）耐火性好。当发生火灾时，由于有混凝土作为保护层，混凝土内的钢筋不会像钢结构那样很快达到软化温度而破坏。

（4）可模性好。可以根据需要浇筑成各种形状和尺寸的结构。

（5）整体性好。现浇式或装配整体式的钢筋混凝土结构整体性好，对抗震、抗爆均有利。

（6）易于就地取材。在混凝土结构中，钢筋和水泥这两种工业产品所占的比例较小，砂、石等材料所占比例虽然较大，但属于地方材料，可就地供应。

但是钢筋混凝土结构也存在一些缺点，主要是结构自重大、抗裂性较差、一旦损坏修复比较困难、施工受季节环境影响较大等，这也使钢筋混凝土结构的应用范围受到某些限制。随着科学技术的发展，上述缺点已在一定程度上得到了克服和改善。如采用轻质混凝土可以减轻结构自重，采用预应力混凝土可以提高结构或构件的抗裂性能，采用植筋或粘钢等技术可以较好地对发生局部损坏的混凝土结构或构件进行修复等。

1.2 钢筋工程

1.2.1 钢筋的种类

钢筋混凝土结构中常用的钢材有钢筋、钢丝和钢绞线三类。

钢筋的种类很多，土木工程中常用的钢筋按直径大小可分为钢丝（直径 3~5 mm）、细钢筋（直径 6~10 mm）、中粗钢筋（直径 12~20 mm）和粗钢筋（直径大于 20 mm）。

钢筋按生产加工工艺可分为热轧钢筋、冷拉钢筋、冷拔低碳钢丝、热处理钢筋、碳素钢丝、刻痕钢丝和钢绞线等。

钢筋按其强度分为Ⅰ~Ⅴ级，其中Ⅰ~Ⅳ级为热轧钢筋，Ⅴ级为热处理钢筋。级别越高，其强度和硬度越高，而塑性和韧性逐级降低。为了便于识别，在不同级别的钢材端头涂有不同颜色的油漆。

钢筋按轧制外形可分为光圆钢筋和变形钢筋（月牙形钢筋、螺旋形钢筋、人字形钢筋）。

钢筋按供应形式可分为盘圆钢筋（直径≤10 mm）和直条钢筋。

钢筋按化学成分可分为碳素钢钢筋和普通低合金钢钢筋。碳素钢的含碳量直接影响它的强度，随着含碳量的增高，其强度和硬度增大，但塑性和韧性降低，性质变脆。强度高但塑性、韧性差的高碳钢筋，因破坏前无明显的征兆而发生突然断裂，故一般不宜用于土木工程中。普通低合金钢钢筋是在普通碳素钢（低碳钢和中碳钢）中加入适量的合金元素（如锰、钒、钛等）冶炼而成，以改善钢材的性能。锰能够提高强度并改善可焊性，钒、钛能够提高强度并能改善塑性和可焊性，加入少量的硅能够增加钢筋的弹性、强度。

常用的钢丝有刻痕钢丝、碳素钢丝和冷拔低碳钢丝三类，而冷拔低碳钢丝又分为甲级和乙级两种，一般皆卷成圆盘。

钢绞线一般由 7 根圆钢丝捻成，常用于预应力混凝土结构，钢丝为高强钢丝。

钢筋按在结构中的作用可分为受力钢筋、架立钢筋和分布钢筋三类。

1.2.2　钢筋的质量要求

强度是钢筋质量的重要指标。对于有明显屈服点的钢筋，由于受拉或受压而达到屈服强度后，它将在荷载基本不增长的情况下产生持续的塑性变形。而各类结构构件的试验结果表明，绝大多数结构构件的钢筋尚未进入强化阶段或最多进入强化阶段后不久就将产生最终破坏。对于无明显屈服点的钢筋，在受力达到条件屈服点后也将产生较大的塑性变形，且距离最终破坏相差不远。因此，在一般结构的设计中统一规定不考虑钢筋在强化阶段（或达到条件屈服强度以后）的能力，而取屈服强度（或条件屈服强度）作为可以利用的应力上限，也就是钢筋的强度。因此，屈服强度就成为钢筋最关键的质量指标。

为了保证钢筋能满足所规定的综合强度性能，在检验钢筋的质量时还要保证它的极限抗拉强度满足检验标准的要求。在抗震结构中，考虑到钢筋可能受拉进入强化阶段，因此还要保证极限抗拉强度与屈服强度的比值不低于 1.25。

控制钢筋质量的另一个指标是反映钢筋受拉时塑性性质的伸长率（δ）。如果在试件受力之前把钢筋试件上量测伸长值的基本标距取为 l_1，而试件拉断并重新合拢后量测的延长之后的这个标距为 l_2，则伸长率即为

$$\delta = \frac{l_2 - l_1}{l_1} \tag{1-1}$$

此外，根据质量检验标准，钢筋还应满足冷弯要求。这是指把钢筋围绕某个具有规定直径 D 的辊轴（弯心）进行弯转，要求在达到规定的冷弯角度 α 时，钢筋不发生裂纹、起层或者断裂。冷弯试验是检验钢筋韧性和内部匀质性的有效方法。钢筋内部组织的不均匀性、内应力以及夹杂物等的不利影响在冷弯试验中比在均匀受力的拉伸试验中更容易表现出来。

概括起来，在对有明显屈服点的钢筋进行质量检验时，主要应测定屈服强度、极限抗拉强度、伸长率与冷弯性能四项指标。必要时，还须补充进行抗冲击韧性和反弯性能等项目检验。

由于没有明显屈服点的钢筋的条件屈服强度不容易测定，因此在这类钢筋的质量检验中就以极限抗拉强度作为检测的主要强度指标，在这类钢筋的质量检验中需要测定的指标一般只有三项：极限抗拉强度、伸长率和冷弯性能。

1.2.3　钢筋的蠕变、松弛和疲劳破坏

钢筋在高应力作用下，随时间增长其应变继续增加的现象称为蠕变。钢筋受力后，若保持长度不变，则其应力随时间增长而降低的现象称为松弛。

蠕变和松弛随时间的增长而增大，它们与钢筋初始应力的大小、钢材品种和温度等

因素有关，通常初始应力大时蠕变和松弛也大。温度增加时蠕变和松弛则增大。

钢筋的疲劳破坏是指钢筋在承受重复、周期动荷载作用下，经过一定次数后，从塑性破坏的性质转变成脆性突然断裂的现象。钢筋在疲劳破坏时的强度低于钢筋在静荷载下的极限强度。疲劳强度是指在某一规定应力幅度内，经受某一规定次数循环加载后，才发生疲劳破坏的最大应力值。通常认为，在外力作用下，钢筋产生疲劳断裂是由于钢筋内部或外表的缺陷引起了应力集中，钢筋中超负载的弱晶粒发生滑移，产生疲劳裂纹，最后断裂。

影响钢筋疲劳强度的因素很多，如应力的幅度、最大应力值的大小、钢筋外表面的几何形状、钢筋直径、钢筋等级和试验方法等。

对于承受重复荷载的钢筋混凝土构件，如吊车梁、桥梁面板等，如何确保其在正常使用期间不发生疲劳破坏，这就需要在设计时考虑钢筋的疲劳强度。

1.2.4 钢筋施工

1.2.4.1 钢筋的连接

常用钢筋连接方法有焊接连接、绑扎连接、机械连接等。除个别情况外，应尽量采用焊接连接，以保证质量、提高效率和节约钢材。

1. 焊接连接

钢筋常用的焊接方法有闪光对焊、电阻点焊、电弧焊、电渣压力焊和埋弧压力焊等。用电焊代替钢筋的绑扎，可以节约大量钢材，而且连接牢固、工效高、成本低。

钢筋的焊接质量与钢材的可焊性、焊接工艺有关。可焊性是指在相同焊接工艺条件下能获得良好焊接质量的难易程度。钢筋的可焊性与其含碳量、合金元素的数量有关，如含碳、锰数量增加，则可焊性就变差；而含适当的钛，则可改善钢筋的可焊性。HPB235 级钢筋的可焊性最好，HRB335 级、HRB400 级钢筋的可焊性较差，焊接时需采取一些技术措施以保证焊接质量。焊接工艺亦影响焊接质量，即使可焊性差的钢筋，若焊接工艺合宜，亦可获得良好的焊接效果，故改善焊接工艺是提高焊接质量的重要措施。若环境温度低于-5 ℃，即为钢筋低温焊接，此时应调整焊接工艺参数，使焊缝和热影响区缓慢冷却。风力超过 4 级时，应有挡风措施。环境温度低于-20 ℃时不得进行焊接作业。

2. 绑扎连接

绑扎连接为钢筋连接方式中较为简单的一种，其工艺简单，工效高，不需要连接设备，但当钢筋较粗时，相应地需增加接头钢筋长度，浪费钢材，且绑扎接头的刚度不如焊接接头。钢筋绑扎一般采用 20~22 号铁丝，要求绑扎位置准确、牢固；在同一截面内，绑扎接头的钢筋面积在受压区中不得超过 50%，在受拉区中不得超过 25%；不在同一截面中绑扎接头，间距不得小于搭接长度。

3. 机械连接

在现浇钢筋混凝土结构施工现场粗钢筋的连接中广泛采用机械连接技术，常用的方法有钢筋冷压连接、锥形螺纹钢筋连接和套筒灌浆连接等。机械连接方法具有工艺简单、节约钢材、改善工作环境、接头性能可靠、技术易于掌握、工作效率高、节约成本等优点。

1.2.4.2　钢筋的加工

钢筋的加工包括调直、除锈、切断、弯曲等工作，另外对钢筋进行冷拉、冷拔处理及焊接等也属钢筋加工的范围。

1. 钢筋调直

钢筋调直宜采用机械方法，也可利用冷拉方法。当采用冷拉方法调直钢筋时，HPB235 级钢筋的冷拉率不宜大于 4%；HRB335 级、HRB400 级和 RRB 400 级钢筋的冷拉率不宜大于 1%。除利用冷拉调直钢筋外，粗钢筋还可采用锤直和拔直的方法；直径 4~14 mm 的钢筋可采用调直机进行。数控型调直机具有钢筋调直、除锈和切断三项功能。冷拔低碳钢丝在调直机上调直后，其表面不得有明显擦伤，抗拉强度不得低于设计要求。

2. 钢筋除锈

为了保证钢筋与混凝土之间的握裹力，钢筋表面应洁净。在使用前，应将其表面的油渍、漆污、铁锈等清除干净。经过冷拉或机械调直的钢筋一般不需要再除锈。当钢筋因保管不良产生鳞片状的锈蚀时，应进行除锈。常用的除锈方法是用钢丝刷或机动钢丝刷清除，或将钢筋在砂堆里往复拉擦。另外，可采用喷砂或酸洗除锈，但此法由于成本较高，钢筋除锈时一般不采用，只有在特殊需要和钢结构除锈时使用。

3. 钢筋切断

钢筋按所计算的下料长度进行切断。钢筋切断可采用钢筋切断机或手动切断器。后者一般只用于切断直径小于 12 mm 的钢筋，前者可切断直径 40 mm 的钢筋，直径大于 40 mm 的钢筋常用氧乙炔焰或电弧割切或锯断。切断时根据下料长度统一排料，先排长料，后排短料；减少损耗。钢筋的下料长度应力求准确，其允许偏差为±10 mm。

4. 钢筋弯曲

钢筋下料后，应按弯曲加工设备的特点、钢筋直径及弯曲角度进行划线，以便弯曲成设计所要求的尺寸。当弯曲钢筋两边对称时，划线工作宜从钢筋中线开始向两边进行，对弯曲形状比较复杂的钢筋，可先放出实样，再进行弯曲。钢筋弯曲宜采用弯曲机和弯箍机。弯曲机可弯直径 6~40 mm 的钢筋。直径小于 25 mm 的钢筋，当无弯曲机时也可采用扳钩弯曲。

钢筋弯曲成型后，其形状、尺寸必须符合设计要求，平面上没有翘曲、不平现象。钢筋末端弯钩，HPB235 级钢筋为 180°，HRB335 级、HRB400 级钢筋分别为 90°或 135°；弯钩的弯曲直径不应小于 $2.5d$（d 为钢筋直径），轻骨料混凝土结构时为 $3.5d$；对于弯曲直长，HPB235 级不宜小于 $3d$，HRB335 级不宜小于 $4d$，HRB400 级不宜小于 $5d$。箍筋末端应做弯钩，当设计无具体要求时，弯钩形式为：对于一般结构，箍筋两端可以做成 90°或一端做成 90°，另一端做成 180°；对有抗震要求和受扭的结构，箍筋两端做成 135°。各弯曲部位不得有裂纹。钢筋弯曲成型后的允许偏差见表 1-1。

表 1-1 钢筋弯曲成型后的允许偏差

项目	允许偏差(mm)
受力钢筋顺长度方向全长的净尺寸	±10
弯起钢筋的弯折位置	±20
箍筋内净尺寸	±5

1.2.4.3 钢筋的安装

钢筋加工后，进行绑扎、安装。钢筋绑扎、安装前，应先熟悉图纸，核对钢筋配料单和钢筋加工牌，研究与有关工种的配合，确定施工方法。

钢筋的接长、钢筋骨架或钢筋网的成型应优先采用焊接或机械连接，当不能采用焊接或骨架过大过重不便于运输安装时，可采用绑扎的方法。

钢筋绑扎时，其交叉点应采用铁丝扎牢；板和墙的钢筋网，除靠近外围两排钢筋的交叉点全部扎牢外，中间部分交叉点可间隔交错扎牢，但必须保证受力钢筋不发生位置偏移；双向受力的钢筋，其交叉点应全部扎牢；梁柱箍筋，除设计有特殊要求外，应与受力钢筋垂直设置，箍筋弯钩叠合处，应沿受力主筋方向错开设置；柱中竖向钢筋搭接时，角部钢筋的弯钩平面与模板面的夹角，矩形柱应为45°，多边形柱应为模板内角的平分角；圆形柱钢筋的弯钩平面应与模板的切平面垂直；中间钢筋的弯钩面应与模板面垂直；当采用插入式振捣器浇筑小型截面柱时，弯钩平面与模板面的夹角不得小于15°。

柱筋的安装一般在柱模板安装前进行；梁一般安装梁模，再安装梁筋；断面高度大于600 mm或跨度较大、钢筋较密的大梁，可留一面侧模，待钢筋安装或绑扎完后再安装侧模板；楼板钢筋绑扎应在楼板模板安装后进行，楼板模板安装后，即可安装板筋。

钢筋保护层应按设计或规范的要求正确确定。工地上常用预制的水泥砂浆块垫在模板与钢筋间来保证钢筋的保护层厚度。垫块布置成梅花形，间距不超过1 m。构件有双层钢筋时，上层钢筋通过绑扎短筋或设置垫块来固定。基础或楼板的双层筋，固定时一般采用钢筋撑脚来保证钢筋质量，间距1 m。雨篷、阳台等部位的悬臂板，需严格控制负筋位置，以防悬臂板断裂。

钢筋网片和骨架绑扎完毕后，应符合表1-2的规定。

表 1-2 钢筋安装位置的允许偏差和检验方法

项目		允许偏差(mm)	检验方法
绑扎钢筋网	长、宽	±10	钢尺检查
	网眼尺寸	±20	钢尺量连续三挡，取最大值
绑扎钢筋骨架	长	±10	钢尺检查
	宽、高	±5	钢尺检查

续表 1-2

<table>
<tr><th colspan="3">项目</th><th>允许偏差(mm)</th><th>检验方法</th></tr>
<tr><td rowspan="5">受力钢筋</td><td colspan="2">间距</td><td>±10</td><td rowspan="2">钢尺量两端、中间各一点，取最大值</td></tr>
<tr><td colspan="2">排距</td><td>±5</td></tr>
<tr><td rowspan="3">保护层厚度</td><td>基础</td><td>±10</td><td>钢尺检查</td></tr>
<tr><td>柱、梁</td><td>±5</td><td>钢尺检查</td></tr>
<tr><td>板、墙</td><td>±3</td><td>钢尺检查</td></tr>
<tr><td colspan="3">绑扎箍筋、横向钢筋间距</td><td>±20</td><td>钢尺量连续三挡，取最大值</td></tr>
<tr><td colspan="3">钢筋弯起点位置</td><td>20</td><td>钢尺检查</td></tr>
<tr><td rowspan="2">预埋件</td><td colspan="2">中心线位置</td><td>5</td><td>钢尺检查</td></tr>
<tr><td colspan="2">水平高差</td><td>±3，0</td><td>钢尺和塞尺检查</td></tr>
</table>

注：1. 检查中线位置时，应按纵、横两个方向测量，并取其中的较大值。
2. 表中梁类、板类构件上部纵向受力钢筋保护层厚度的合格点率应达到 90% 以上，且不得超过表中值 1.5 倍的尺寸偏差。

1.3　混凝土工程

1.3.1　混凝土的组成

混凝土是以胶凝材料（水泥）、水、细骨料（砂）、粗骨料（石子），需要时掺入外加剂和矿物掺和料，按适当比例配合，经过均匀拌制，密实成型及养护硬化而成的人工石材。

（1）普通混凝土常用水泥有：硅酸盐水泥、普通硅酸盐水泥、矿渣硅酸盐水泥、火山灰质硅酸盐水泥、粉煤灰硅酸盐水泥和复合硅酸盐水泥。不同品种的水泥不得混掺使用，水泥不得和石灰石、石膏等粉状物料放在一起。

（2）砂：按其产源可分为天然砂（河砂、湖砂、海砂、山砂）和人工砂。按砂的粒径（或细度模数）可分为粗砂、中砂和细砂。

（3）石子：普通混凝土用石子可分为碎石和卵石，石子粒径大于 5 mm。

（4）水：拌制混凝土宜采用饮用水。当采用其他水源时，水质应符合《混凝土用水标准》（JGJ 63—2006）的规定。

（5）矿物掺和料：通常有粉煤灰、磨细矿渣（高炉矿渣）、沸石粉、硅粉、复合及其他矿物掺和料等。

在混凝土中掺入矿物掺和料可以代替部分水泥，改善混凝土的物理、力学性能与耐久性。通常在混凝土中掺入适量的磨细矿物掺和料后，可以起到降低温升、改善和易性、增进后期强度、改善混凝土内部结构、提高耐久性，并可代替部分水泥，节约资源等作用。掺加某些磨细矿物掺和料还能起到抑制碱—骨料反应的作用。

(6) 混凝土外加剂按其主要功能分为四类。

第一类：改善混凝土拌和物流动性能的外加剂，包括各种减水剂、引气剂和泵送剂等。

第二类：调节混凝土凝结时间、硬化性能的外加剂，包括缓凝剂、早强剂、速凝剂、防冻剂等。

第三类：改善混凝土耐久性的外加剂，包括引气剂、防水剂和阻锈剂等。

第四类：改善混凝土其他性能的外加剂，包括加气剂、膨胀剂、着色剂、防水剂和泵送剂等。

外加剂的选用应根据设计和施工要求，并通过试验及技术经济比较确定。不同品种外加剂复合使用，应注意其相容性及对混凝土性能的影响，使用前应进行试验，满足要求方可使用。

为了预防混凝土碱—骨料反应所造成的危害，应控制外加剂的碱总量满足国家标准要求。

为了防止外加剂对混凝土中钢筋锈蚀产生不良影响，应控制外加剂中氯离子含量满足国家标准要求。

混凝土外加剂中含有的游离甲醛、游离萘等有害身体健康的成分，含量应控制在国家有关标准规定范围内。对于含有尿素、氨类等有刺激性气味成分的外加剂，不得用于房屋建筑工程中。

1.3.2 混凝土的强度等级

规范规定的混凝土强度等级，是立方体强度标准值（即有95%超值保证率）确定的，用符号C表示，规范中列出的有14个等级，即C15、C20、C25、C30、C35、C40、C45、C50、C55、C60、C65、C70、C75、C80。字母C后面的数字表示以N/mm^2为单位的立方体抗压强度标准值。

混凝土的立方体强度，是衡量混凝土强度大小的基本指标，也是评价混凝土等级的标准。规范规定，用边长为150 mm的标准立方体试件，在标准养护条件下（温度20 ℃±3 ℃，相对温度不小于90%）养护28 d后在试验机上试压。试验时，试块表面不涂润滑剂，全截面受力，加荷速度为0.15~0.25 $N/(mm^2 \cdot s)$。试块加压至破坏时，所测得的极限平均压应力作为混凝土的立方体抗压强度，用符号f_{cu}表示，单位为N/mm^2。

1.3.3 混凝土施工

混凝土施工包括配料、搅拌、运输、浇筑、养护等施工过程。在整个工艺过程中，各个施工过程既相互联系又相互影响，在施工过程中除按有关规定控制混凝土原材料质量外，任一施工过程处理不当都会影响混凝土的最终质量。而混凝土工程是建筑物的承重部分，确保混凝土工程质量就显得非常重要。因此，如何在施工过程中控制好每一施工环节，是混凝土工程施工需要研究的课题。近年来，随着科学技术的发展，混凝土外加剂发展迅速，它们的应用改善了混凝土的性能和施工工艺。此外，自动化和机械化的发展、纤维混凝土和碳素混凝土的应用、新的施工机械和施工工艺的应用，也大大改善了混凝土工程施工方法与性能，为混凝土构件具有正确的外形尺寸，获得良好的强度、密实性和整体性提供了有利的条件。

1.3.3.1　混凝土的配料

混凝土应按照国家现行标准《普通混凝土配合比设计规程》（JGJ 55—2011）的有关规定，根据混凝土强度等级、耐久性和工作性等要求进行配合比设计。合理的混凝土配合比应能满足三个方面的基本要求：一是能够保证混凝土的设计强度；二是能够满足混凝土的耐久性要求；三是能够满足混凝土施工和易性的要求。对于有抗冻、抗渗等要求的混凝土，尚应符合相关的规定。

混凝土制备之前应按下式确定混凝土的施工配制强度，以达到95%的保证率：

$$f_{cu,v} = f_{cu,k} + 1.645\sigma \tag{1-2}$$

式中　$f_{cu,v}$——混凝土的施工配制强度，N/mm^2；

$f_{cu,k}$——设计的混凝土立方体抗压强度标准值，N/mm^2；

σ——施工单位的混凝土强度标准差，N/mm^2。

施工配料是保证混凝土质量的重要环节之一，必须严格控制。影响施工配料的因素主要有两个方面：一是计量不准；二是未按砂、石骨料实际含水率的变化进行施工配合比的换算。后者必然会改变原理论配合比的水灰比、砂石比及浆骨比。当水灰比增大时，混凝土黏聚性、保水性差，而且硬化后多余的水分残留在混凝土中形成水泡，或水分蒸发留下的气孔，使混凝土密实性差，强度低，耐久性差。当水灰比减小时，混凝土流动性差，施工操作困难，甚至影响成型后的密实度，造成混凝土结构内部松散，表面产生蜂窝、麻面现象。同样，当含砂率减小时，砂浆量不足，不仅会降低混凝土的流动性，更严重的是将影响其黏聚性及保水性，产生粗骨料离析，造成水泥浆流失，甚至溃散等不良现象。浆骨比反映混凝土中水泥浆用量的多少，如控制不准，亦直接影响混凝土的水灰比和流动性。所以，为了确保混凝土的质量，在施工中必须及时进行施工配合比的换算和严格控制称量。

1.3.3.2　混凝土的搅拌

混凝土的搅拌时间是指从原材料全部投入搅拌机到混凝土拌和物开始卸出所经历的全部时间，它是影响混凝土质量及搅拌机生产率的重要因素之一。若搅拌时间过短，则混凝土不均匀，会降低混凝土的强度及和易性；若适当延长搅拌时间，则混凝土强度增高。自落式搅拌机如延长搅拌时间 2~3 min，混凝土强度有较显著的增长；若继续延长搅拌时间则混凝土强度增长较少，而塑性有所改善。搅拌时间过长，会使不坚硬的骨料发生破碎或掉角，不仅会影响搅拌机的生产率，而且会使混凝土的强度及和易性下降或产生分层离析现象。

1.3.3.3　混凝土的运输

混凝土的运输应根据结构特点、混凝土用量大小、每天或每小时混凝土浇筑量、水平及垂直运输距离、道路条件、气候条件等各种因素综合考虑后确定。运输工作应满足如下要求：

（1）应保持混凝土的均匀性，不产生严重的离析现象，否则浇筑后容易形成蜂窝、麻面。运至浇筑地点若发生离析现象，则必须在浇筑前进行二次搅拌并且均匀后，方可入模。对已凝结的混凝土做废品处理，不得用于工程中。

（2）运输时间应保证混凝土在初凝前浇入模板内捣实完毕。

采用泵送混凝土的工艺要点：必须保证混凝土连续工作，混凝土搅拌站供应能力至少比混凝土泵的工作能力高出20%；混凝土泵的输送能力应满足浇筑速度的要求；输运管线尽可能直，转弯要少、缓（即选用曲率半径大的弯管），管段接头要严，少用锥形管，以减小阻力和压力损失；泵送前应先用适量的与混凝土内成分相同的水泥浆或水泥砂浆润滑输送管内壁；预计泵送间歇时间超过45 min或当混凝土出现离析现象时，应立即用压力水或其他方法冲洗管内残留的混凝土；泵送结束后应及时把残留在混凝土缸体内或输送管道内的混凝土清洗干净；用泵送混凝土浇筑的结构，要加强养护，防止因水泥用量较大而引起裂缝。

1.3.3.4 混凝土的浇筑

混凝土的浇筑工作包括布料摊平、捣实和抹面修正等工序。它对混凝土的密实性和耐久性、结构的整体性和外形正确性等都有重要的影响。因此，混凝土浇筑工作十分重要，应达到如下要求：所浇混凝土必须均匀密实，强度符合设计要求；保证结构构件几何尺寸准确；钢筋和预埋件位置准确；拆模后混凝土表面平整、光洁。

浇筑前应对模板和支架、钢筋及预埋件进行检查，并做好记录。模板应检查其尺寸、位置（轴线及标高）、垂直度是否正确，支撑系统是否牢固，模板接缝是否严密，钢筋种类、规格、数量、位置和接头是否正确，预埋件位置和数量是否正确，并做好隐蔽工程验收记录以及施工组织工作和安全、技术交底。

混凝土应在初凝前浇筑，浇筑前不应发生离析现象，如已发生，可进行二次强力搅拌，使混凝土恢复流动性和黏聚性后再进行浇筑。

当混凝土浇筑时，混凝土浇入模板以后是较疏松的，里面含有空气与气泡，而混凝土的强度、抗冻性、抗渗性及耐久性等，均与混凝土的密实度有关，因此为了使混凝土充满模板内的每一空间，并且具有足够的密实度，须采用适当的方法在其初凝前捣实成型。常用的成型方法有振捣法、挤压法和离心法等。

1.3.3.5 混凝土的养护

混凝土浇筑后，为保证水泥水化作用能正常进行，应及时进行养护。养护是为混凝土硬化创造必需的湿度、温度条件，防止水分过早蒸发或冻结，防止混凝土强度降低和出现收缩裂缝、剥皮、起砂等现象，确保混凝土质量。浇筑后的混凝土初期阶段的养护非常重要。在混凝土浇筑完毕后，应在12 h内加以养护；干硬性混凝土和真空脱水混凝土应于浇筑完毕后立即进行养护。

混凝土养护常用方法主要有自然养护、加热养护和蓄热养护。其中，蓄热养护多用于冬季施工；加热养护除用于冬季施工外，还常用于预制构件养护。

第 2 章　混凝土结构检测与鉴定

2.1　检测的基本规定

混凝土结构检测是指对混凝土结构实体实施的原位检查、检验和测试，以及对从结构实体中取得的样品进行的检验和测试分析的过程。它包括两方面的内容：一是对混凝土结构实体实施的原位检查、检验和测试直接获得检测数据；二是在实验室通过对结构实体中取得的样品进行检检、测试获得检测数据。

2.1.1　检测分类

混凝土结构检测一般分为工程质量检测和结构性能检测两大类。

2.1.1.1　工程质量检测

工程质量检测是为评定混凝土结构质量与设计要求或与施工质量验收规定的符合性所实施的检测。混凝土结构的检测可分为原材料性能、混凝土强度、混凝土构件外观质量与缺陷、尺寸与偏差、变形与损伤和钢筋配筋等项目，必要时，可进行结构构件性能的实荷检验或结构的动力测试。工程质量检测是对工程质量的状况与设计要求的指标或规范限定的指标比较并判定其符合性的工作，这项工作注重的是有关当事方的合法权益，在抽样方法、检验方法、评价指标和评定规则上不允许偏离相关规范，检测应给出明确的符合性结论。工程质量检测适用范围如下：

（1）涉及结构工程质量的试块、试件及有关材料检验数据不足。

（2）对结构实体质量的抽测结果达不到设计要求或施工验收规范要求。

（3）对结构实体质量有争议。

（4）发生工程质量事故，需要分析事故原因。

（5）相关标准规定进行的工程质量第三方检测。

（6）相关行政主管部门要求进行的工程质量第三方检测。

2.1.1.2　结构性能检测

结构性能检测是为评估混凝土结构安全性、适用性、耐久性或抗灾害能力所实施的检测。结构性能检测是确定结构性能参数的实际状况，一般应给出受检参数的推定值或代表值，为结构性能评定提供数据与信息，便于评定结构采取适当处理措施。结构性能检测适用范围如下：

（1）混凝土结构改变用途、改造、加层或扩建。

（2）混凝土结构达到设计使用年限要继续使用。

（3）混凝土结构使用环境改变或受到环境侵蚀。

（4）混凝土结构受偶然事件或其他灾害的影响。

（5）相关法规、标准规定的结构使用期间的鉴定。

2.1.2 检测程序与委托方法

2.1.2.1 检测程序

检测工作的自身质量应有一套程序来保证，对一般混凝土结构现场检测工作的基本程序要求如下：接受委托、初步调查、制订检测方案、确定检测方案及签订检测合同、确认仪器设备状况、现场检测、计算分析和结果评价（包括复检、补充检测）、提交检测报告。从接受委托到提交检测报告的各个阶段是必不可少的。

2.1.2.2 委托方法

检测委托的方法有两种：一种是单方委托；另一种是存在质量争议时由当事各方共同委托。对于共同委托，一方面可以保证检测工作的公正性、公平性，保护当事各方的利益；另一方面有利于检测结论的接受或采信，避免重复检测及由此产生的费用和时间损失。司法鉴定涉及的检测工作应满足相应程序的要求。

2.1.3 检测方案与检测项目

2.1.3.1 检测方案

为了进一步明确检测目的、范围、项目以及采用的检测方法，避免可能引起的纠纷，混凝土结构检测方案常常作为检测合同的附件，并应征询委托方的意见。为了保证检测工作的准确性和有效性，检测方案需经检测机构内部审定、技术负责人批准。

检测方案包括下列内容：

（1）工程或结构概况，包括结构类型，设计、施工及监理单位，建造年代或检测时工程的进度情况等。

（2）委托方的检测目的或检测要求。

（3）检测的依据，包括检测所依据的标准及有关的技术资料等。

（4）检测范围、检测项目和选用的检测方法。

（5）检测的方式、检验批的划分、抽样方法和检测数量。

（6）检测人员和仪器设备情况。

（7）检测工作进度计划。

（8）检测委托方配合的工作。

（9）检测中的安全与环保措施。

现场检测常遇到的是批量检测，即通过样本数据确定或评估检验批整体质量状况和性能指标。实现批量检测的前提之一是正确划分检验批，同一检验批中受检参数的实际值应是相近的。不能正确划分检验批将导致推定结果没有代表性或推定结果明显偏低。检验批是由检测项目相同、质量要求和生产工艺等基本相同、环境条件或损伤程度相近的一定数量构件或区域构成的检测对象。

2.1.3.2　检测项目

根据相关设计规范、验收规范和鉴定标准的要求，混凝土结构检测可在下列项目中选取必要的项目进行检测：

（1）混凝土力学性能检测。

（2）混凝土长期性能和耐久性能检测。

（3）混凝土有害物质含量及其效应检测。

（4）混凝土构件尺寸偏差与变形检测。

（5）混凝土构件缺陷检测。

（6）混凝土中钢筋的检测。

（7）混凝土构件损伤的识别与检测。

（8）结构或构件剩余使用年限检测。

（9）荷载检验。

（10）其他特种参数的专项检测。

2.1.4　检测方式与检测报告

2.1.4.1　检测方式

混凝土结构现场检测一般有全数检测或抽样检测两种检测方式。抽样检测时，宜随机抽取群本。当不具备随机抽样条件时，可按约定方法抽取样本。

（1）随机抽样，使检验批中每个个体具有相同被抽检概率的抽样方法。

（2）约定抽样，由委托方指定且不满足随机抽样原则的样本抽取方法。

2.1.4.2　检测报告

检测报告要求结论明确、用词规范、文字简练。对于容易混淆的术语和概念，应以文字解释或图例、图像说明。检测报告应包括下列内容：

（1）委托方名称。

（2）建筑工程概况，包括工程名称、地址、结构类型、规模、施工日期及现状等。

（3）设计单位、施工单位及监理单位名称。

（4）检测原因、检测目的，以往相关检测情况概述。

（5）检测项目、检测方法及依据的标准。

（6）检验方式、抽样方法、检测数量与检测的位置。

（7）检测项目的主要分类、检测数据和汇总结果、检测结果、检测结论。

（8）检测日期，报告完成日期。

（9）主检、审核和批准人员的签名。

（10）检测机构的有效印章。

2.2　混凝土强度检测技术

2.2.1　回弹法检测混凝土强度

2.2.1.1　概述

1945年，瑞士人史密特发明了回弹仪，它是借助以获得一定能量的弹击拉簧所连接的弹击锤冲击弹击杆后，弹击锤向后弹回，并在回弹仪机壳的刻度尺上指示出回弹的位移值即回弹值，人们借助其他参数就可以得到被弹物体的抗压强度。

20 世纪 50 年代中期，我国引进瑞士回弹仪进行回弹法检测混凝土抗压强度的研究，生产出我国第一代能量为 2. 207 J 用于检测混凝土抗压强度的回弹仪。经过不断改进，混凝土回弹仪的质量不断提高。自 20 世纪 50 年代中期我国开始采用回弹法测定现场混凝土的抗压强度。1985 年批准颁发我国第一本非破损检验混凝土质量的专业标准《回弹法评定混凝土抗压强度技术规程》（JGJ 23—85）。

回弹仪在我国应用已多年，在回弹仪的制造、技术规程、计量检定等方面进行了大量系统的研究。回弹法是指通过测定回弹值及有关参数检测材料抗压强度和强度匀质性的方法。回弹法是非破损技术检测混凝土抗压强度的一种最常用的方法，具有准确、可靠、快速、经济等一系列的优点。因此，近几十年来其研究和应用发展很快，已成为工程建设中质量控制、质量监督和质量检验的重要方法。

2. 2. 1. 2　基本原理与影响因素

1. 基本原理

非破损检测混凝土强度的一般原理，是建立在所测得的某一物理特征值 u 和混凝土的抗压强度 Y 的函数关系基础上的，即所谓的单一法：

$$Y = f(u) \tag{2-1}$$

另外，也可由测得的几个物理特征值 u、z、m 等和 Y 来建立函数关系，即所谓的综合法：

$$Y = f(u, z, m\cdots) \tag{2-2}$$

由此建立的函数关系，一般由公式或曲线方程来表示，称之为回归方程或校准曲线（率定曲线）。只要在构件上测出 u、z、$m\cdots$ 的值，就可由已建立的公式或曲线换算出构件混凝土的强度值 f_{cu}。

回弹法的基本原理是利用混凝土的表面硬度与混凝土抗压强度之间的关系，通过一定动能的钢锤冲击混凝土表面，获取表面硬度值来推定混凝土抗压强度。回弹法是一种间接检测混凝土抗压强度的方法。

2. 影响因素

回弹法检测混凝土强度的影响因素主要有原材料、外加剂、成型方法、养护方法、碳化及龄期、模板种类等。

1）原材料

普通混凝土是由水泥、掺和料、粗骨料、细骨料及水和外加剂等混合材料配制而成的。混凝土抗压强度的大小，主要取决于其中水泥砂浆的强度，粗骨料、细骨料的强度以及二者的黏结力。

（1）我国适用于普通混凝土的主要水泥品种，如普通硅酸盐水泥、矿渣硅酸盐水泥、粉煤灰硅酸盐水泥、火山灰质硅酸盐水泥及硅酸盐水泥等，对回弹法测强的影响国内看法并不一致，有些认为很大，有些认为只要考虑碳化深度的影响就可以不考虑水泥品种的影响。有关试验资料表明：当碳化深度为零或同一碳化深度下，尽管试验用三种水泥的矿物组成不同，但它们的混凝土抗压强度与回弹值间的规律基本相同，对相关曲线没有明显的差别。结论是用于普通混凝土的五大水泥品种及同一水泥品种不同强度等级、不同用量对回弹法测强的影响，在考虑碳化深度的影响下，可以不予考虑。

（2）试验研究表明，普通混凝土用细骨料的品种和粒径，只要符合行业标准《普通混凝土用砂、石质量及检验方法标准》（JGJ 52—2006）的规定，对回弹法测强没有显著影响。

（3）通过大量同条件对比试验及计算分析认为，不同石子品种的影响并不明显。

2）外加剂

有关试验资料表明，在相同条件下，对普通混凝土分别进行了掺外加剂和不掺外加剂的平行对比试验，对回弹法测强影响并不显著。通过验证其曲线相关系数，平均误差均在规程要求范围以内，所以可以不考虑外加剂对混凝土回弹测强的影响。

3）成型方法

不同用途混凝土的拌和物，有各自相应的最佳成型工艺。试验结果表明，只要成型后的混凝土基本密实，手工插捣和振动成型对回弹法测强无显著影响。但对采用离心法、真空法、压浆法以及混凝土表层经过物理、化学方法成型的混凝土，应慎用回弹法的统一测强曲线。

4）养护方法

混凝土的养护方法主要有标准养护、自然养护及蒸汽养护等多种。混凝土在潮湿环境养护时，早期及后期强度皆比在干燥条件下养护要高，但表面硬度由于被水软化反而降低。因此，不同的养护方法产生不同的湿度，对混凝土的强度及回弹值都有很大的影响。

5）碳化及龄期

随着硬化龄期的增长，混凝土表面一旦产生碳化现象，其表面硬度逐渐增高，使回弹值与强度的增加速率不等，显著地影响了“f_{cu}—R”的关系。

6）模板种类

试验结果表明，使用吸水性模板（如木模）时，会改变混凝土表层的水灰比，使混凝土表面硬度增大，但对混凝土强度并无显著影响。通过进行钢、木模的回弹法测区影响的专题研究，得出二者的平均回弹值及变异系数基本一致的结论。

2.2.1.3　测强曲线的建立、分类与选用

1. 测强曲线的建立

回弹法测定混凝土的抗压强度，是建立在混凝土的抗压强度与回弹值之间的关系具有一定规律的基础上的，这种关系可用“f_{cu}—R”相关曲线或公式来表示。对这种相关曲线的要求，是在满足测定精度的前提下尽量简单、方便和实用。

（1）地区和专用测强曲线的回归方程式，应按每一试件测得的 R_m、d_m 和 f_{cu}，按最小二乘法的原理求得。

（2）回归方程采用下列函数关系式：

$$f^{c}_{cu,\ i} = \alpha R^{b}_{m} \times 10^{\alpha d_{m}} \tag{2-3}$$

2. 测强曲线的分类

根据曲线制定的条件和使用范围，我国的回弹法测强相关曲线分为三类，分别是统一测强曲线、地区测强曲线和专用测强曲线。

1）统一测强曲线适用范围及误差要求

统一测强曲线是由全国有代表性的材料、成型工艺制作的混凝土试件，通过试验所建立的测强曲线。统一测强曲线适用于无地区曲线或专用曲线时检测符合规定条件的构件或结构混凝土强度。误差要求：测强曲线的平均相对误差≤±15%、相对标准差≤±18%。

非泵送混凝土应符合下列条件：

（1）混凝土采用的水泥、砂石、外加剂、掺和料、拌和用水符合国家现行有关标准。

（2）采用普通成型工艺。

（3）采用符合国家标准规定的模板。

（4）蒸汽养护出池经自然养护 7 d 以上，且混凝土表层为干燥状态。

（5）自然养护且龄期为 14~1 000 d。

（6）抗压强度为 10. 0~60. 0 MPa。

当有下列情况之一时，测区混凝土强度不得按规定进行强度换算：

（1）非泵送混凝土粗骨料最大公称粒径大于 60 mm，泵送混凝土粗骨料最大公称粒径大于 31. 5 mm。

（2）特种成型工艺制作的混凝土。

（3）检测部位曲率半径小于 250 mm。

（4）潮湿或浸水混凝土。

2）地区测强曲线适用范围及误差要求

地区测强曲线是由本地区常用的材料、成型工艺制作的混凝土试件，通过试验所建立的测强曲线。地区测强曲线适用于无专用曲线时检测符合规定条件的构件或结构混凝土强度。误差要求：测强曲线的平均相对误差≤±14%、相对标准差≤±17%。

3）专用测强曲线适用范围及误差要求

专用测强曲线是由与构件混凝土相同的材料、成型养护工艺制作的混凝土试件，通过试验所建立的测强曲线。适用范围：适用于检测与该构件或结构相同条件的混凝土强度。误差要求，测强曲线的平均相对误差≤±12%、相对标准差≤±14%。

3. 测强曲线的选用

（1）对于有条件的地区和部门，应制定地区的测强曲线或专用测强曲线，可以提高地区的检测精度。地区测强曲线和专用测强曲线须经地方建设行政主管部门组织的审查和批准，方能实施。

（2）检测单位按专用测强曲线、地区测强曲线、统一测强曲线的顺序选用测强曲线。

2.2.1.4　回弹仪要求

1. 回弹仪的分类与主要技术参数

1）回弹仪的分类

（1）回弹仪按照弹击能量和用途分为重型、中型和轻型三种类型六种规格。

（2）轻型回弹仪可用于水泥砂浆和普通烧结黏土砖的抗压强度检测；中型和重型（也叫高强回弹仪）用于混凝土抗压强度的检测。

2）回弹仪的主要技术参数

回弹仪的主要技术参数有弹击能量、弹击锤的质量与回弹仪的钢砧回弹值、弹击拉簧、指针滑块摩擦力和弹击杆等。

2. 回弹仪的构造与工作原理

1）回弹仪的构造

回弹仪是通过测定和读取位移值及其他参数的计算，推定混凝土抗压强度值。其中，以指针直读式回弹仪应用最广。

2）回弹仪的工作原理

回弹仪工作时，随着对回弹仪施压，弹击杆徐徐向机壳内推进，弹击拉簧被拉伸，使连接弹击拉簧的弹击锤获得恒定的冲击能量。当挂钩与调整螺钉互相挤压时，使弹击锤脱钩；脱钩后弹击锤的冲击面与弹击杆的后端平面相碰，此时弹击锤释放出来的能量借助弹击杆传递给混凝土构件，混凝土弹性反应的能量又通过弹击杆传递给弹击锤，使弹击锤获得回弹的能量向后弹回。计算弹击锤回弹的距离 L_1 和弹击锤脱钩前距弹击杆后端平面的距离 L 之比，即得回弹值，它由外壳上的刻度尺示出。因此，就可以获得被弹击混凝土的回弹值。

3. 数字式回弹仪

数字式回弹仪一般是在机械式回弹仪的基础上，增加数据采集系统和数据转换处理系统，使其具有数字显示和存储功能，并可兼备数据处理、打印、数据传输等功能。

1）数字式回弹仪的优点

数字式回弹仪具有以下优点：提高工作效率；进一步保证检测数据的公正性、准确性和科学性；现场即时得到检测结果；符合信息化要求；提升检测单位的形象等。

2）数字式回弹仪的分类

数字式回弹仪主要分类：按回弹仪标称能量或用途分为六种，其中最常用的是标称能量为 2.207 J 的普通混凝土回弹仪，也被称为中型回弹仪。按传感器与主机的结构分类，可分为分体独立传感器、分体非独立传感器和一体机等。按传感器采样技术分类，可分为机械接触采样式和非机械接触采样式两大类。

4. 回弹仪的技术要求

1）分类

回弹仪分为数字式和指针直读式。随着电子技术在回弹仪上的应用，国内数字式回弹仪的技术水平有了很大的提高，技术上已经成熟，我国一些回弹仪企业生产的数字回弹仪性能已相当稳定。为了推广和应用先进技术，提高工作效率，减少人为产生的读数、记录、计算等过程出现差错，可使用数字式回弹仪，也可使用指针直读式回弹仪。

2）标记

由于回弹仪为计量仪器，因此在回弹仪明显的位置上要标明名称、型号、制造厂名、生产编号及生产日期。

3）标准状态

回弹仪的质量及测试性能直接影响混凝土强度推定结果的准确性。回弹仪的标准状态是统一仪器性能的基础，是使回弹法广泛应用于现场的关键所在。只有采用质量统一、性能一致的回弹仪，才能保证测试结果的可靠性，并能在同一水平上进行比较。回弹仪标准状态各项具体指标如下：

（1）水平弹击时，在弹击锤脱钩瞬间，回弹仪的标称能量应为2.207 J。

（2）在弹击锤与弹击杆碰撞的瞬间，弹击拉簧应处于自由状态，且弹击锤起跳点应位于指针指示刻度尺上的“0”处。

（3）在洛氏硬度HRC为60±2的钢砧上，回弹仪的率定值应为80±2。

（4）数字式回弹仪应带有指针直读示值系统；数字显示的回弹值与指针直读示值相差不应超过1。

4）环境温度

回弹仪使用时的环境温度应为-4～40 ℃。

5. 回弹仪的检定

检定混凝土回弹仪的单位应由主管部门授权，并按照国家计量检定规程《回弹仪检定规程》（JJG 817—2011）进行。开展检定工作要备有回弹仪检定器、拉簧刚度测量仪等设备。回弹仪检定要求如下：

（1）回弹仪检定期限为半年。因为，目前回弹仪生产不能完全保证每台新回弹仪均为标准状态，因此新回弹仪在使用前必须检定，这样规定比较符合我国目前使用回弹仪的情况。

（2）回弹仪具有下列情况之一时，应由法定计量检定机构进行检定：①新回弹仪启用前；②超过检定有效期限；③数字式回弹仪数字显示的回弹值与指针直读示值相差大于1；④经保养后，在钢砧上的率定值不合格；⑤遭受严重撞击或其他损害。

6. 回弹仪的率定试验

回弹仪率定的作用主要是：检查回弹仪的冲击能量是否等于或接近2.207 J；检验回弹仪本身测试性能的稳定性；检验回弹仪内部零部件有无损坏或出现某些障碍等。

（1）回弹仪率定试验所用的钢砧应每2年送授权计量检定机构检定或校准。

（2）回弹仪的率定试验方法步骤：①率定试验应在室温为5～35 ℃的条件下进行；②钢砧表面应干燥、清洁，并应稳固地平放在刚度大的物体上；③回弹值应取连续向下弹击三次的稳定回弹结果的平均值；④率定试验应分四个方向进行，且每个方向弹击前弹击杆应旋转90°，每个方向的回弹平均值均应为80±2。

需要注意：中型回弹仪的率定值应为80±2，当钢砧率定值达不到要求时，应对回弹仪进行保养、维护或检定。不允许用混凝土试块上的回弹值予以修正；更不允许旋转调零螺丝人为地使其达到率定值。试验表明，上述方法尽管可以使回弹仪的率定值满足要求，但破坏了零点起跳以及使回弹仪处于非标准状态。

7. 回弹仪的常规保养

回弹区的使用环境比较恶劣，灰尘易进入回弹仪中，影响回弹仪的试验功能应按时进行保养。保养的目的是保证回弹仪处于要求的标准状态。

1）回弹仪常规保养要求

（1）回弹仪弹击超过 2 000 次。

（2）在钢砧上的率定值不合格。

（3）对检测值有怀疑。

2）回弹仪的保养步骤

（1）先将弹击锤脱钩，取出机芯，然后卸下弹击杆，取出里面的缓冲压簧，并取出弹击锤、弹击拉簧和拉簧座。

（2）清洁机芯各零部件，并应重点清理中心导杆、弹击锤和弹击杆的内孔及冲击面。清理后，应在中心导杆上薄薄涂抹钟表油，其他零部件不得抹油。

（3）清理机壳内壁，卸下刻度尺，检查指针，其摩擦力应为 0.5~0.8 N。

（4）对于数字式回弹仪，还应按产品要求的维护程序进行维护。

（5）保养时，不得旋转尾盖上已定位紧固的调零螺丝，不得自制或更换零部件。

（6）保养后应按回弹仪率定试验的规定进行率定。

8. 回弹仪的操作

在测试过程中，回弹仪的轴线应始终垂直于结构或构件混凝土的检测面，具体操作要求如下：

（1）将回弹仪的弹击杆顶住混凝土测试面，轻压回弹仪，使按钮松开，弹击杆轻轻弹出，并使回弹仪挂钩挂上重锤。

（2）回弹仪对结构或构件混凝土测试表面缓慢均匀施压，待弹击锤脱钩冲击弹击杆后带动指针向后移动，停留在某一位置上即为回弹值。

（3）回弹仪继续顶住混凝土测试面，读取和记录回弹值。如不方便读数可按下按钮，锁住机芯，移至他处读数。

（4）逐渐对回弹仪减压，使弹击杆自机壳内伸出挂上弹击锤，待下次使用。

9. 回弹仪的存放

（1）回弹仪使用完毕，应使弹击杆伸出机壳，并应清除弹击杆、杆前端球面以及刻度尺表面和外壳上的污垢、尘土。

（2）回弹仪不用时，应将弹击杆压入机壳内，经弹击后按下按钮，锁住机芯，然后装入仪器箱。仪器箱应平放在干燥阴凉处。

（3）当数字式回弹仪长期不用时，应取出电池。

2.2.1.5　检测技术

混凝土结构或构件检测时遇到下列情况之一时，可采用回弹法检测和推定混凝土现龄期抗压强度：

（1）缺乏同条件养护试块或标准养护试块数量不足。

（2）试块的取样缺乏代表性。

（3）试块的检验结果不符合标准、规范和设计的要求。

（4）对试验结果有怀疑。

（5）发生工程事故，需要通过检测分析事故的原因及对结构可靠性的影响。

1. 检测准备

为了对被检测的结构或构件有全面、系统的了解，采用回弹法检测混凝土强度时要收集以下资料：

（1）工程名称及设计单位、施工单位和建设单位（监理单位）名称，结构或构件名称、数量及混凝土类型、强度等级。

（2）水泥品种、安定性，强度等级。

（3）外加剂、掺和料品种，混凝土配合比。

（4）施工模板，混凝土浇筑、养护情况及浇筑日期。

（5）必要的设计图纸和施工记录。

（6）检测原因等。

需要指出，了解水泥的安定性合格与否最为重要。若水泥的安定性不合格，则不能用回弹法进行检测；若不清楚水泥的安定性合格与否，则应在回弹法检测报告中予以说明，并明确指出，检测报告对因水泥安定性不合格出现的问题不予负责。

2. 检测方法

结构或构件混凝土抗压强度检测分为两种方法：一种是单个构件检测，另一种是按批量抽样检测。

（1）单个构件检测：适用于结构和构件的检测。

（2）批量抽样检测：适用混凝土生产工艺、强度等级相同，原材料、配合比、养护条件基本一致且龄期相近的一批同类构件的检测。

（3）批量抽样检测抽检方法及数量：①按批量进行检测时，应随机抽取构件，抽检数量不宜少于同批构件总数的30%且不宜少于10件；②当检验批构件数量大于30个时，抽样构件数量可适当调整，并不得少于国家现行有关标准规定的最少抽样数量。

3. 测区选择

选择好被检测的混凝土结构或构件后，需要在构件上选择及布置测区。测区是指检测构件混凝土强度时的一个检测单元，即每一试样的测试区域，相当于该试样同条件混凝土的一组试块。

1）测区数量

（1）对于一般构件，测区数量不宜少于10个。

（2）当受检构件数量大于30个且不需要提供单个构件推定强度或受检构件某一方向尺寸不大于4.5 m且另一方向尺寸不大于0.3 m时，每个构件的测区数量可适当减少，但不应少于5个。

2）测区间距

检测构件布置测区时，相邻两测区的间距不应大于2 m，测区离构件端部或施工缝边缘的距离不宜大于0.5 m，且不宜小于0.2 m。

3）测试面

（1）测区宜布置在构件的两个对称的可测面上；当不能布置在对称的可测面上时，也可布置在同一可测面上，且应均匀分布。

（2）测区的面积不宜大于0.04 m^2。

（3）测区表面应为混凝土原浆面，并应清洁、平整，不应有疏松层、浮浆、油垢、涂层以及蜂窝、麻面。已经粉刷的构件应将粉刷层清除干净，不可将粉刷层当作混凝土原浆面进行检测。如果养护不当，混凝土表面会产生疏松层，尤其在气候干燥地区更应注意将疏松层清除后方可检测，否则会造成误判。

4）测区编号及绘制示意图

测区应标有清晰的编号，并宜在记录纸上绘制测区布置示意图和描述外观质量情况。在记录纸上描述测区在构件上的位置和外观质量（如有无裂缝），目的是以备推定和分析处理构件混凝土强度时参考。

4. 测点布置

1）测定分布要求

（1）测点宜在测区范围内均匀分布，相邻两测点的净距离不宜小于20 mm。

（2）测点距外露钢筋、预埋件的距离不宜小于30 mm。

（3）测点不应在气孔或外露石子上。

2）测点数量

检测时每一测区记取16点回弹值。它不包含弹击隐藏在薄薄一层水泥浆下的气孔或石子上的数值，这两种数值与该测区的正常回弹值偏差很大，很好判断。

3）弹击次数

同一测点只允许弹击一次。若重复弹击，则后者回弹值高于前者。这是因为经弹击后该局部位置较密实，再弹击时吸收的能量较小，从而使回弹值偏高。

5. 测区回弹值测量

（1）检测时，回弹仪的轴线应始终垂直于检测面，缓慢施压，准确读数，快速复位。

（2）同一测点只应弹击一次，每一测点的回弹值读数应精确至1。每一测区应读取16个回弹值。

6. 碳化深度值测量

混凝土的碳化对回弹法检测混凝土强度有很大的影响，有关资料表明，当碳化深度由0增加到6 mm时，因碳化而引起的混凝土强度折减系数最高可达40%。长期暴露在大气中的混凝土，受CO_2气体的作用，表层中的$Ca(OH)_2$逐步与CO_2反应，生成较密实的$CaCO_3$，使得混凝土表面硬度增大。因此，在碳化后的混凝土表面测得的回弹值偏高。碳化深度不同，对回弹值的影响也不同。

1）测区选择与测点数量

（1）碳化深度值测量选择在有代表性的测区上，测点数不应少于构件测区数的30%，取其平均值作为该构件每个测区的碳化深度值。

（2）当碳化深度值极差大于2 mm时，应在每一测区分别测量碳化深度值。

2）测孔要求

（1）测量碳化深度值，采用适当的工具在混凝土测区表面形成直径约15 mm的孔洞，其深度应大于混凝土的碳化深度。

（2）清除孔洞中的粉末和碎屑，且不得用水擦洗。

3）碳化值测量

（1）采用浓度为1%~2%的酚酞酒精溶液滴在孔洞内壁的边缘处，当已碳化与未碳化界线清晰时，应采用碳化深度测量仪测量已碳化与未碳化混凝土交界面到混凝土表面的垂直距离，并测量3次，每次读数应精确至0. 25 mm。

（2）取三次测量的平均值作为检测结果，并应精确至0. 5 mm。

测区混凝土强度换算值由回弹值及碳化深度值两个因素确定。因此，需要具体确定每一个测区的碳化深度值。当出现测区间碳化深度值极差大于2 mm情况时，可能预示该构件混凝土强度不均匀。由于现在所用水泥掺和料品种繁多，有些水泥水化后不能立即呈现碳化与未碳化的界线，需等待一段时间显现。量测碳化深度时，需待碳化与未碳化界线清楚时再进行量测。与回弹值一样，碳化深度值的测量准确与否，直接影响推定混凝土强度的准确性，因此在测量碳化深度值时应为垂直距离，并非孔洞中显现的非垂直距离。

7. 测区修正

1）芯样的数量

（1）修正时试件数量应不少于6个。

（2）当检测条件与测强曲线的适用条件（如龄期、成型工艺、养护条件等）有较大差异时，可以采用钻取混凝土芯样或同条件试块进行修正。

芯样数量太少则代表性不够，且离散较大。如果数量过大，则钻取芯样工作量太大，有些构件又不宜取过多芯样，否则影响其结构安全性。因此，规定芯样数量不少于6个。

2）高径比的要求

高径比为1。考虑到芯样强度计算时，不同的规格修正会带来新的误差，因此规定芯样的直径宜为100 mm。

（1）钻取芯样的位置：每一个钻取芯样的部位均应在回弹测区内，先测定测区回弹值和碳化深度值，然后钻取芯样（不可以将较长芯样沿长度方向截取为几个芯样试件来计算修正值）。

（2）芯样的钻取、加工、计算：可参照《钻芯法检测混凝土强度技术规程》（JGJ/T 384—2016）的有关规定执行。

3）同条件试块的修正

同条件试块修正时，试块数量不少于6个，试块边长应为150 mm，避免进行换算时试块尺寸不同带来二次误差。

4) 修正量计算

为了更精确、合理地对测区混凝土强度进行修正，推荐采用修正量方法。修正量按下式计算：

$$\Delta_{tot}=f_{cor,\ m}-f^{c}_{cu,\ m0} \tag{2-4}$$

$$\Delta_{tot}=f_{cu,\ m}-f^{c}_{cu,\ m0} \tag{2-5}$$

$$f_{cor,\ m}=\frac{1}{n}\sum_{i=1}^{n}f_{cor,\ i}$$

$$f_{cu,\ m}=\frac{1}{n}\sum_{i=1}^{n}f_{cu,\ i}$$

$$f^{c}_{cu,\ m0}=\frac{1}{n}\sum_{i=1}^{n}f^{c}_{cu,\ i}$$

式中 Δ_{tot}——测区混凝土强度修正量，精确至 0.1 MPa；

$f_{cor,\ m}$——芯样试件混凝土强度平均值，精确至 0.1 MPa；

$f_{cu,\ m}$——150 mm 同条件立方体试块混凝土强度平均值，精确至 0.1 MPa；

$f^{c}_{cu,\ m0}$——对应于钻芯部位或同条件立方体试块回弹测区混凝土强度换算值的平均值，精确至 0.1 MPa；

$f_{cor,\ i}$——第 i 个混凝土芯样试件的强度；

$f_{cu,\ i}$——第 i 个混凝土立方体试块的抗压强度；

$f^{c}_{cu,\ i}$——对应于第 i 个钻芯部位或同条件立方体试块测区回弹值和碳化深度值的混凝土强度换算值，精确至 0.1 MPa；

n——芯样或试块数量。

5) 测区混凝土强度换算值的修正计算

测区混凝土强度换算值的修正按下式计算：

$$f^{c}_{cu,\ i1}=f^{c}_{cu,\ i0}+\Delta_{tot} \tag{2-6}$$

式中 $f^{c}_{cu,\ i0}$——第 i 个测区修正前的混凝土强度换算值，精确至 0.1 MPa；

$f^{c}_{cu,\ i1}$——第 i 个测区修正后的混凝土强度换算值，精确至 0.1 MPa。

2.2.1.6 泵送混凝土的要求

20 世纪 70 年代，我国正式开始推广混凝土泵送施工技术。近年来，随着泵送混凝土使用的普及，回弹法检测强度设计等级低的泵送混凝土时所推定的混凝土强度值明显低于其实际强度。2010 年以后，针对泵送混凝土的试验数据进行单独的回归分析，混凝土的龄期从 14 d 到 1 000 d，碳化深度为 0~6 mm。通过分析比较，幂函数曲线方程的误差较小，相关关系较好。所以，采用幂函数曲线方程为泵送混凝土的测强曲线方程。在混凝土抗压强度区间 10~60 MPa 内，给出的泵送混凝土的测强曲线具有广泛的适应性和可靠性。《回弹法检测混凝土抗压强度技术规程》（JGJ/T 23—2011）中取消了泵送混凝土检测的测试面和测试角度的修正。

由于泵送混凝土的流动性大，其浇筑面的表面和底面性能相差较大；由于缺乏足够的具有说服力的试验数据，规定测区应选在混凝土浇筑侧面。

2. 2. 1. 7　数据处理

1. 回弹值的计算

当回弹仪水平方向测试混凝土浇筑侧面时，应从每一测区的 16 个回弹值中剔除 3 个最大值和 3 个最小值，其余的 10 个回弹值按下式计算：

$$R_m = \frac{\sum_{i=1}^{n} R_i}{10} \tag{2-7}$$

式中　R_m——测区的平均回弹值，精确至 0. 1 mm；

R_i——第 i 个测点的回弹值。

2. 非水平方向检测回弹值修正

由于回弹法测强曲线是根据回弹仪水平方向测试混凝土试件侧面的试验数据计算得出的，因此当受到现场检测条件的限制，有时不能满足水平方向检测混凝土浇筑侧面的要求时，需要倾斜一定角度进行检测，这时就需要对测得的回弹值进行测试角度的修正。

非水平方向检测混凝土浇筑侧面时，测区的平均回弹值修正应按下式计算：

$$R_m = R_{ma} + R_{aa} \tag{2-8}$$

式中　R_{ma}——非水平方向检测时测区的平均回弹值，精确至 0. 1 mm；

R_{aa}——非水平方向检测时回弹值修正值，精确至 0. 1 mm。

3. 不同浇筑面回弹值修正

由于混凝土浇筑面的底面、表面和侧面的力学性能都有一定的差异，往往表面的混凝土强度较低，硬度较小；底面石子下沉，水上浮，表面硬度较大，强度也较高。所以，当回弹仪无法在水平方向检测混凝土浇筑的侧面时（如混凝土路面、混凝土框剪结构的楼板等），已经无法检测混凝土浇筑面的侧面，只能检测浇筑面的底面或表面。这时，测得的测区的平均回弹值的修正按下式计算：

$$R_m = R_m^t + R_a^t \tag{2-9}$$

$$R_m = R_m^b + R_a^b \tag{2-10}$$

式中　R_m^t、R_m^b——水平方向检测混凝土浇筑表面、底面时，测区的平均回弹值，精确至 0. 1 mm；

R_a^t、R_a^b——混凝土浇筑表面、底面回弹值的修正值，应按规定取值，精确至 0. 1 mm。

4. 非水平方向检测混凝土非浇筑面的侧面回弹值的修正

在现场的工程质量检测中，经常会遇到非水平方向检测混凝土的非浇筑面的侧面。例如，混凝土楼板、预制屋架等构件。如果回弹仪向上检测混凝土板的底面或向下检测混凝土板的表面，这时都要对其进行测试角度和测试面的两次修正。

当检测时回弹仪为非水平方向且测试面为非混凝土的浇筑侧面时，应先对回弹值进行角度修正，然后用上述按角度修正后的回弹值再进行浇筑面的修正，两次修正后的值可理解为水平方向检测混凝土浇筑侧面的回弹值。这种先后修正的顺序不能颠倒，更不允许分别用修正后的值直接与原始回弹值相加减。

2.2.1.8　混凝土强度的计算

一般工程中混凝土梁、板、柱、墙可以视为混凝土构件。混凝土强度检验的标准，均以标准养护 28 d 的 150 mm 立方体试块强度作为确定混凝土强度等级和构件混凝土强度合格与否的依据。当在材料用量、配合比、成型工艺等方面有较大的差异，已不能代表构件的混凝土质量时；当标准试块或同条件试块的检验结果不符合现行标准、规范所规定的强度合格要求时；当对试件的检验结果有怀疑时；当对结构中混凝土实际强度有检测要求时，可按《回弹法检测混凝土抗压强度技术规程》（JGJ/T 23—2011）进行检测。

1. 测区混凝土强度值的确定

测区混凝土强度换算值，是指由测区的平均回弹值和碳化深度值通过测强曲线或测区强度换算表得到的测区现龄期混凝土强度值。

（1）根据每一测区的平均回弹值 R_m 及平均碳化深度值 d_m，按照专用测强曲线或地区测强曲线或统一测强曲线查出或通过测强曲线方程计算得出。

（2）当构件中出现测区强度无法查出或计算出的强度值即该测区混凝土的强度换算值（当强度低于 10 MPa 或高于 60 MPa 时，表中已无法查出，可记为 $f_{cu}^c<10$ MPa 或 $f_{cu}^c>60$ MPa，不能利用测强曲线公式外推，任意扩大测强区间）。

（3）表中未列出的测区强度值可用内插法求得。

2. 构件混凝土强度计算

1）计算构件混凝土强度平均值及标准差

由各测区的混凝土强度换算值可计算出构件混凝土强度平均值，当测区数量大于或等于 10 个时，还应计算标准差。构件混凝土强度平均值及标准差按下式计算：

$$m_{f_{cu}^c}=\frac{\sum_{i=1}^{n}f_{cu,i}^c}{n} \tag{2-11}$$

$$S_{f_{cu}^c}=\sqrt{\frac{\sum_{i=1}^{n}(f_{cu,i}^c)^2-n(m_{f_{cu}^c})^2}{n-1}} \tag{2-12}$$

式中　$m_{f_{cu}^c}$——构件测区混凝土强度换算值的平均值，精确至 0.1 MPa；

n——对于单个检测的构件，取该构件的测区数量，对批量检测的构件，取所有被抽检构件测区数量之和；

$S_{f_{cu}^c}$——结构或构件测区混凝土强度换算值的标准差，精确至 0.01 MPa。

需要说明：

（1）当按照批量检测时，强度标准差应该是所有测区的标准差。例如，某工程按批量检测需要抽取 12 个构件，每个构件布置 10 个测区，计算强度标准差时，应该计算 12×10=120（个）测区的标准差，而不是 12 个构件的标准差。

（2）强度标准差应精确至 0.01 MPa，否则会因二次数据修约而增大计算误差。

2）构件的现龄期混凝土强度推定值

混凝土强度推定值，是指相应于强度换算值总体分布中保证率不低于 95%的构件中混凝土强度值。

（1）当构件测区数量少于 10 个或 f_{cu}^{c} >60 MPa 时，因样本太少或无法计算平均值及标准差，则取最小值作为强度推定值，即

$$f_{cu,e}=f_{cu,min}^{c} \tag{2-13}$$

式中　$f_{cu,min}^{c}$——构件中最小的测区混凝土强度换算值。

（2）当该构件的测区强度值中出现小于 10 MPa 时，在混凝土强度换算表中已无法查出具体的强度值，只能给出其推定值小于 10 MPa，即 $f_{cu,e}<10$ MPa。

（3）当该构件的测区数量不少于 10 个时，按下式计算：

$$f_{cu,e}=m_{f_{cu}^{c}}-1.645S_{f_{cu}^{c}} \tag{2-14}$$

（4）当批量检测时，按下式计算：

$$f_{cu,e}=m_{f_{cu}^{c}}-kS_{f_{cu}^{c}} \tag{2-15}$$

式中　k——推定系数，宜取 1.645。

当需要进行推定强度区间时，可按国家现行有关标准的规定取值。

3）不能按批推定的情况

对于按批量检测的构件，当该批构件混凝土强度标准差出现下列情况之一时，该批构件应全部按单个构件检测：

（1）当该批构件混凝土强度平均值小于 25 MPa 且 $S_{f_{cu}^{c}}$ >4.5 MPa 时。

（2）当该批构件混凝土强度平均值不小于 25 MPa 且不大于 60 MPa、$S_{f_{cu}^{c}}$ >5.5 MPa 时。

注意：批量检测时出现上述情况，由于测区间的标准差过大，说明该批构件匀质性较差，混凝土强度不均匀，已有某些系统误差因素起作用。例如，构件不是同一强度等级，龄期差异较大，不属于同一母体等。为了安全考虑，防止有些部位强度过低而漏判，因此该批构件不能按照批量进行推定，应该对所有构件进行全部检测。

2.2.1.9　检测报告要求

检测报告是工程测试的最后结果，是处理混凝土质量问题的依据，回弹法检测混凝土抗压强度宜按统一格式出具。

检测报告内容主要包括：

（1）委托单位、施工单位、工程名称。

（2）混凝土类别、强度等级、浇筑日期。

（3）检测原因、检测依据。

（4）环境温度、检测日期。

（5）回弹仪型号、回弹仪检定证号。

（6）检测结果。

（7）主检人员及上岗证书号。

（8）报告日期和审核人、批准人等。

2.2.2　钻芯法检测混凝土强度

2.2.2.1　概述

钻芯法是利用专用钻机，从结构中钻取混凝土芯样以检测混凝土强度或观察混凝土内部质量的方法。由于钻芯法对结构混凝土造成局部损伤，因此是一种半破损的现场检测手段。

英国、美国、民主德国、联邦德国、比利时和澳大利亚等国分别制定有钻取芯样进行强度试验的标准。国际标准组织也提出了“硬化混凝土芯样的钻取检查及抗压试验”国际标准草案（ISO/DIS 7034）。

中国工程建设标准化委员会 1988 年 11 月 22 日批准了《钻芯法检测混凝土强度技术规程》（CECS 03:88），这一方法已在结构混凝土的质量检测中得到了普遍的应用，取得了明显的技术经济效益。在此基础上，2000 年后中国工程标准化协会组织对该规程进行了修订，主要修订的内容是：将检测混凝土强度技术的应用范围扩大到抗压强度不大于 80 MPa；增加了检测批混凝土强度的概念；增加了小直径芯样试件的应用；在钻芯修正中提出了修正量的概念；在抽样检测结构混凝土强度中引入了一定置信度条件下强度区间的概念。中国工程标准化协会于 2007 年 4 月 16 日批准发布《钻芯法检测混凝土强度技术规程》（CECS 03:2007），自 2008 年 1 月 1 日起施行；住房和城乡建设部于 2016 年 6 月 14 日批准发布《钻芯法检测混凝土强度技术规程》（JGJ/T 384—2016），自 2016 年 12 月 1 日起实施。

用钻芯法检测混凝土的强度、裂缝、接缝、分层、孔洞或离析等缺陷，具有直观、精度高等特点，因而广泛应用于工业与民用建筑、水工大坝、桥梁、公路、机场跑道等混凝土结构或构筑物的质量检测。

2.2.2.2　适用范围和特点

在正常生产情况下，混凝土结构应按《混凝土结构工程施工质量验收规范》（GB 50204—2015）的要求，制作立方体标准养护试块进行混凝土强度的评定和验收。只有在下列情况下才可以进行钻取芯样检测其强度，并作为处理混凝土质量事故的主要技术依据：

（1）对立方体试块的抗压强度产生怀疑。其一是试块强度很高，而结构混凝土的外观质量很差；其二是试块强度较低而结构外观质量较好或者是因为试块的形状、尺寸、养护等不符合要求，从而影响了试验结果的准确性。

（2）混凝土结构因水泥、砂石质量较差或因施工、养护不良发生了质量事故。

（3）采用超声、回弹等非破损法检测混凝土强度时，其测试前提是混凝土的内外质量基本一致，否则会产生较大误差，因此在检测部位的表层与内部的质量有明显的差异，或者在使用期间遭受化学腐蚀、火灾，硬化期间遭受冻害的混凝土均可采用钻芯法检测其强度。

（4）使用多年的老混凝土结构，如需加固改造或因工艺流程的改变，荷载发生了变化，需要了解某些部位的混凝土强度。

（5）对施工有特殊要求的结构和构件，如机场跑道测厚等。

1. 钻芯法的适用范围

（1）钻芯法检测普通混凝土强度技术的适用范围扩大至立方体抗压强度为 80 MPa。

（2）当钻芯法与回弹法、超声回弹综合法或拔出法等混凝土间接测试方法配合时，可用芯样抗压强度值对其他间接方法的结果进行修正。

（3）钻芯法可用于确定检测批或单个构件的混凝土强度推定值。

2. 钻芯法的特点

用钻取的芯样除可进行抗压强度试验外，也可进行抗劈强度、抗冻性、抗渗性、吸水性及容量的测定。此外，可检查混凝土的内部缺陷，如裂缝深度、孔洞和疏松大小及混凝土中粗骨料的级配情况等。

试验表明，当混凝土的龄期过短或强度没有达到 10 MPa 时，在钻芯过程中容易破坏砂浆与粗骨料之间的黏结力，钻出的芯样表面变得较粗糙，甚至很难取出完整芯样，因此在钻芯前，应根据混凝土的配合比、龄期等情况对混凝土的强度予以预测，以保证钻芯工作的顺利进行和检测结果的准确性。

钻芯法检测混凝土质量除具有直观、可靠、精度高和应用广的优点外，也有一定的局限性：

（1）钻芯时对结构造成局部损伤，因而对钻芯位置的选择及钻芯数量等均受到一定限制，而且所代表的区域也是有限的。

（2）钻芯机及芯样加工配套机具与非破损测试仪器相比比较笨重，移动不够方便，测试成本也较高。

（3）钻芯后的孔洞需要修补，尤其当钻断钢筋时更增加了修补工作的困难。

2.2.2.3 钻芯机及配套设备

1. 钻芯机

1）钻芯机的分类

在混凝土结构的钻芯或工程施工钻孔中，由于混凝土的强度等级、孔径大小、钻孔位置以及操作环境等因素变化很大，因而设计一台通用钻机来满足钻孔工程中各种复杂的要求实际上是不可能的，因此设计生产了轻便型、轻型、重型和超重型四种类型的钻芯机。

2）钻芯机的维护和保养

（1）检查各连接部位，应及时调整紧固。

（2）钻芯完毕，应将钻机各部位擦干净并加机油润滑各运动部分，置干处加防尘罩。

（3）长期停止工作的钻机，在重新使用时，须测试电机绕组与机壳间的绝缘电阻，其数值不应小于 5 MΩ。

（4）钻头刃口磨损和崩裂严重时应更换钻头。

(5) 定期检测电源线插头、开关、炭刷、换向器。

(6) 定期检查变速箱，及时补充润滑油，轴承处加钙-钠基润滑油（ZGN-1、ZGN-2），齿轮宜加3号钙基润滑油（ZG-3）。

2. 金刚石薄壁钻头

空心薄壁钻头由钢体和胎环两部分组成。钢体一般由无缝钢管车制而成。钻头的胎环是由钢系、青铜系、钨系等冶金粉和含20%~40%的人造金刚石浇筑成型，胎环的高度为10 mm，金刚石层的浇筑高度只有5 mm，为了冷却钻头和排屑畅通，在胎环上加数个排水槽（称水口），胎环与钢体之间的连接可以采用热压冷压浸渍、无压浸渍、低温电铸或高频焊接等方法。

钻头与钻机的连接方式有直柄式、螺纹连接式和胀卡连接式三种，其中螺纹连接式适用于中等直径钻头，而胀卡连接式则用于较大直径钻头，钻头规格应根据钻孔或取芯尺寸选用。

2.2.2.4　芯样钻取和加工

1. 芯样钻取

1) 检测准备

采用钻芯法检测结构混凝土强度前，需要了解一些关于结构混凝土质量的主要内容及下列资料：

(1) 工程名称（或代号）及设计、施工、建设单位名称；结构或构件种类、外形尺寸及数量。

(2) 设计混凝土强度等级。

(3) 检测龄期，原材料（水泥品种、粗骨料粒径等）和混凝土试块抗压强度试验报告。

(4) 结构或构件质量状况和施工中存在问题的记录。

(5) 有关的结构设计图和施工图等。

2) 钻取部位

合理选择钻芯位置可减小测试误差，避免出现意外事故。芯样应在结构或构件的下列部位钻取：

(1) 结构或构件受力较小的部位。

(2) 混凝土强度具有代表性的部件。

(3) 便于钻芯机安放与操作的部位。

(4) 避开主筋、预埋件和管线的位置。

3) 钻取数量

单个构件检测数量：

(1) 钻芯确定单个构件的混凝土强度推定值时，有效芯样试件的数量不应少于3个。

(2) 对于较小构件，有效芯样试件数量不得少于2个。

检测批检测数量：

（1）芯样试件的数量应根据检测批的容量确定，标准芯样试件的最小样本容量不宜少于 15 个。

（2）小直径芯样试件的最小样本容量应适当增加。

（3）芯样应从检测批的结构构件中随机抽取，每个芯样应取自一个构件或结构的局部部位，且取芯位置应符合规定。

4）钻芯机操作

（1）钻芯机固定。钻芯机就位并安放平稳后，应将钻机固定，以便工作时不致产生位置偏移。固定时应根据钻芯机构造和施工现场的具体情况，分别采用顶杆支撑、配重、真空吸附或膨胀螺栓等方法。

（2）钻芯机通电检查。钻芯机在未安装钻头之前，就应先通电检查主轴旋转方向。当旋转方向为顺时针时，方可安装钻头。钻芯机主轴的旋转轴线，应调整到与被钻取芯样的混凝土表面相垂直。

（3）钻芯机调整转速。钻芯机接通水源、电源后，按动变速钮调到所需转速，正向转动操作手柄使钻头慢慢接触混凝土表面，待钻头刃部入槽稳定后方可加压。进钻到预定深度后，反向转动操作手柄，将钻头提升到接近混凝土表面，然后停电停水。

（4）钻芯机水流量及出水口温度。钻芯时用于冷却钻头和排除混凝土料屑的冷却水流量宜为 3~5 L/min，出口水温不宜超过 30 ℃。

5）芯样标记及保护

（1）从钻孔中取出的芯样在稍微晾干后，应标上清晰的标记。若所取芯样的高度及质量不能满足标准的要求，则应重新钻取芯样。

（2）芯样包装。芯样应采取保护措施，在运送前应仔细包装，避免在运输和贮存中损坏。

（3）孔洞修补。结构或构件钻芯后所留下的孔洞应及时进行修补，以保证其正常工作。

工作完毕后，应及时对钻芯机和芯样加工设备进行维修保养。

2. 芯样加工

1）芯样加工技术

采用锯切机加工芯样试件时，应将芯样固定，并使锯切平面垂直于芯样轴线。锯切过程中应冷却人造金刚石圆锯片和芯样。

2）芯样高径比

抗压芯样试件的高度和直径之比宜为 1。

3）芯样含有钢筋要求

芯样试件内不应含有钢筋。如不能满足此项要求，则抗压试件应符合下列要求：

（1）标准芯样试件，每个试件内最多只允许含有 2 根直径小于 10 mm 的钢筋。

（2）公称直径小于 100 mm 的芯样试件，每个试件内最多只允许含有 1 根直径小于 10 mm 的钢筋。

（3）芯样内的钢筋应与芯样试件的轴线基本垂直并离开端面 10 mm 以上。

4）芯样端面处理

锯切后芯样的端面感观上比较平整，但一般不能符合抗压试件的要求，有关试验研究表明，锯切芯样的抗压强度比端面加工后芯样试件的抗压强度降低 10%~30%。锯切后的芯样，应进行端面处理，宜采用在磨平机上磨平端面的处理方法。

承受轴向应力芯样试件的端面，也可采用下列处理方法：

（1）用环氧胶泥或聚合物水泥砂浆补平。

（2）抗压强度低于 40 MPa 的芯样试件，可采用水泥砂浆、水泥净浆或聚合物水泥砂浆补平，补平厚度不宜大于 5 mm；也可采用硫磺胶泥补平，补平厚度不宜大于 1.5 mm。

5）芯样测量

芯样在试验前应对其几何尺寸做下列测量：

（1）平均直径：用游标卡尺测量芯样中部，在相互垂直的两个位置上，取其两次测量的算术平均值，精确至 0.5 mm。

（2）芯样高度：用钢卷尺或钢板尺进行测量，精确至 1 mm。

（3）垂直度：用游标量角器测量两个端面与母线的夹角，精确至 0.1°。

（4）平整度：用钢板尺或角尺紧靠在芯样端面上，一面转动钢板尺，一面用塞尺测量与芯样端面之间的缝隙；也可采用其他专用设备量测。

6）测试数据无效的情况

芯样试件尺寸偏差及外观质量超过下列数值时，相应的测试数据无效：

（1）经端面补平后的芯样试件的实际高径比小于要求高径比 0.95 或大于 1.05。

（2）沿芯样高度任一直径与平均直径相差大于 2 mm。

（3）抗压芯样试件端面的不平整度在 100 mm 长度内大于 0.1 mm。

（4）芯样端面与轴线的不垂直度超过 1°。

（5）芯样有裂缝或有其他较大缺陷。

2.2.2.5　芯样试验与抗压强度计算

1. 芯样试件的试验

（1）芯样试件应在自然干燥状态下进行抗压强度试验。

（2）当结构工作条件比较潮湿，需要确定潮湿状态下混凝土的强度时，芯样试件宜在（20±5）℃的清水中浸泡 40~48 h，从水中取出后应立即进行试验。

（3）芯样试件的抗压试验的操作应符合现行国家标准《混凝土物理力学性能试验方法标准》（GB/T 50081—2019）中对立方体试块抗压试验的规定。

2. 混凝土强度值的计算

芯样试件的混凝土抗压强度值按下式计算：

$$f_{cu,\,cor} = F_c/A \tag{2-16}$$

式中 $f_{cu,\,cor}$——芯样试件的混凝土强度值，精确至 0.1 MPa；

F_c——芯样试件的抗压试验测得的最大压力，N；

A——芯样试件抗压截面面积，mm^2。

2.2.3 超声回弹综合法检测混凝土强度

2.2.3.1 概述

超声回弹综合法检测混凝土强度，是 1966 年由罗马尼亚建筑及建筑经济科学研究院首次提出的，并编制了有关技术规程，曾受到各国科技工作者的重视。1976 年我国引进了这一方法，在结合我国具体情况的基础上，许多科研单位进行了大量的试验，多年来完成了多项科研成果，在结构混凝土工程的质量检测中已获得了广泛的推广应用。

所谓超声回弹综合法，是指根据实测声速值和回弹值综合推定混凝土强度的方法。超声回弹综合法采用带波形显示器的低频超声波检测仪，并配置频率为 50～100 kHz 的换能器，测量混凝土中的超声波声速值，以及采用弹击锤冲击能量为 2. 207 J 的混凝土回弹仪，测量回弹值。利用已建立起来的测强公式推算该测区混凝土强度。与单一回弹法或超声法相比，超声回弹综合法具有以下特点：

（1）减少龄期和含水率的影响。

混凝土的声速值除受粗骨料的影响外，还受混凝土的龄期和含水率等因素的影响。回弹值除受表面状态的影响外，也受混凝土的龄期和含水率的影响。然而混凝土的龄期和含水率对其声速值和回弹值的影响有着本质的不同。混凝土含水率大，超声的声速偏高，而回弹值则偏低；混凝土的龄期长，超声声速的增长率下降，而回弹值则因混凝土碳化程度增大而提高。因此，二者综合起来测定混凝土强度就可以部分减少龄期和含水率的影响。

（2）弥补相互不足。

采用回弹法和超声回弹综合法测定混凝土强度，既可内外结合，又能在较低或较高的强度区相互弥补各自的不足，能够较全面地反映结构混凝土的实际质量。

（3）提高测试精度。

由于超声回弹综合法能减少一些因素的影响程度，较全面地反映整体混凝土质量，所以对提高无损检测混凝土强度精度，具有明显的效果。

鉴于超声回弹综合法具有上述的许多优点，因此在国内多项工程的混凝土强度的检测中采用了这一方法，为工程质量事故的处理提供了重要依据。

（4）其他因素对超声回弹综合法的影响。

试验研究表明，超声回弹综合法不适用于检测因冻害、化学侵蚀、水灾、高温等已造成表面疏松、剥落的混凝土。

2.2.3.2 检测混凝土强度

超声回弹综合法检测混凝土强度，实质上就是超声法和回弹法两种单一测强方法的综合测试。

1. 检测准备

1）资料准备

需进行超声回弹综合法测试的结构或构件，在检测前应收集必要的工程资料：

（1）工程名称和设计、施工、建设、委托单位名称。

（2）结构或构件名称、施工图纸和混凝土设计强度等级。

（3）水泥的品种、强度等级和用量，砂石的品种、粒径、外加剂或掺和料的品种、掺量和混凝土配合比等。

（4）模板类型，混凝土浇筑、养护情况和成型日期。

（5）结构或构件检测原因的说明。

2）被测结构或构件准备

检测结构或构件时需要布置测区。测区是指在进行结构或构件混凝土强度检测时确定的区域。单个构件是指各层轴线间或同层平面内轴线间的混凝土梁、板、柱、墙等构件。检测时随混凝土龄期和混凝土设计强度等级不同而划分检测批。检测构件的编号如框架柱、框架梁、现浇板，以轴线间对应的构件为检测构件。

（1）按单个构件检测时，应在构件上均匀布置测区，且不应少于 10 个。

（2）同批构件按批抽样检测时，构件抽样数量不应少于同批构件的 30%，且不应少于 10 件。对一般施工质量的检测和结构性能的检测，可按照现行国家标准《建筑结构检测技术标准》（GB/T 50344—2019）的规定抽样。

（3）对某一方向尺寸不大于 4. 5 m 且另一方向尺寸不大于 0. 3 m 的构件，其测区数量可适当减少，但不应少于 5 个。

3）构件测区的布置

（1）在条件允许时，测区宜优先布置在构件混凝土浇筑方向的侧面。

（2）测区可在构件的两个对应面、相邻面或同一平面上布置。

（3）测区宜均匀布置，相邻两测区的间距不宜大于 2 m。

（4）测区宜避开钢筋密集区和预埋件。

（5）测区尺寸宜为 200 mm×200 mm，平测时宜为 400 mm×400 mm。

（6）测试面应清洁、平整、干燥，不应有接缝、施工缝、饰面层、浮浆和油垢，并应避开蜂窝、麻面部位。必要时可用砂轮片清除杂物和磨平不平整处，并擦净残留粉尘。

4）测区编号及测试

结构和构件上的测区应注明编号，并记录测区所处的位置和外观质量情况。每一测区宜先进行回弹测试，然后进行超声测试，对于非同一测区的回弹值及超声声速值，在计算混凝土强度换算值时不得混用。

5）同批构件要求

（1）混凝土设计强度等级相同。

（2）混凝土原材料、配合比、成型工艺、养护条件和龄期基本相同。

（3）构件相同种类。

（4）施工阶段所处状态基本相同。

2. 测试过程

1）回弹测试及回弹值计算

（1）回弹测试时，应始终保持回弹仪的轴线垂直于混凝土测试面。首先选择混凝土浇筑方向的侧面进行水平方向测试。如不具备浇筑方向侧面水平测试的条件，则可采用非水平状态测试，或测试混凝土浇筑的顶面或底面。

（2）测量回弹值应在构件测区内超声波的发射面和接收面各弹击8点；超声波单面平测时，可在超声波的发射测点和接收测点之间弹击16点。每一测点的回弹值，测读精确至1。

（3）测点在测区范围内宜均匀布置，但不得布置在气孔或外露石子上。相邻两测点的间距不宜小于30 mm；测点距构件边缘或外露钢筋、铁件的距离不应小于50 mm，同一测点只允许弹击一次。

（4）测区回弹代表值及非水平状态下的回弹修正值的计算同回弹法。

2）超声测试及声速值计算

（1）超声测点应布置在回弹测试的同一测区内。每一测区布置3个测点。超声测试宜优先采用对测或角测，当不具备此条件时，可采用单面平测。

（2）超声测试时，换能器辐射面应通过耦合剂与混凝土测试面良好结合。

（3）声时测量应精确至0.1 μs，超声测距测量应精确至1.0 mm，且测量误差不应超过1%，声速计算应精确至0.01 km/s。

（4）当在混凝土浇筑的侧面对测时，测区混凝土中声速代表值应根据3个测点的混凝土中声速值按下式计算：

$$v = \frac{1}{3}\sum_{i=1}^{3}\frac{l_i}{t_i - t_0} \tag{2-17}$$

式中 v——测区混凝土中声速代表值，km/s；

l_i——第 i 个测点的超声测距，mm；

t_i——第 i 个测点混凝土中声时读数，μs；

t_0——声时初读数，μs。

（5）当在混凝土浇筑的顶面与底面测试时，由于上表面砂浆较多、强度偏低，底面粗骨料较多、强度偏高，综合起来与成型侧面是有区别的，另浇筑表面不平整，也会使声速偏低，所以进行上表面与底面测试时，声速应进行修正：

$$v_a = 1.034v \tag{2-18}$$

式中 v_a——修正后的测区混凝土中声速代表值，km/s；

v——测区混凝土中声速代表值，km/s。

3. 超声波角测、平测和声速计算方法

1）超声波角测方法

（1）当结构或构件被测部位只有两个相邻表面可供检测时，可采用角测方法测量混凝土中声速，每个测区布置3个测点。

（2）布置超声角测点时，换能器中心与构件边缘的距离 l_1、l_2 不宜小于200 mm。

（3）角测时超声测距按下式计算：

$$l_i = \sqrt{l_{1i}^2 + l_{2i}^2} \tag{2-19}$$

式中 l_i——角测第 i 个测点换能器的超声测距，mm；

l_{1i}、l_{2i}—— 角测第 i 个测点换能器与构件边缘的距离，mm。

（4）角测时，混凝土中声速代表值按下式计算：

$$v = \frac{1}{3}\sum_{i=1}^{3}\frac{l_i}{t_i - t_0} \tag{2-20}$$

式中　v——角测时混凝土中声速代表值，km/s；

t_i—— 角测第 i 个测点的声时读数，μs；

t_0——声时初读数，μs。

2）超声波平测方法

（1）当结构或构件被测部位只有一个表面可供检测时，可采用平测方法测量混凝土中声速，每个测区布置 3 个测点。

（2）布置超声平测点时，宜使发射换能器和接收换能器的连线与附近钢筋轴线成 40°~50°，超声测距宜采用 350~450 mm。

（3）宜采用同一构件的对测声速 v_d 与平测声速 v_p 之比求得修正系数 λ（$\lambda = v_d/v_p$），对平测声速进行修正。

（4）当被测结构或构件不具备对测与平测的对比条件时，宜选取有代表性的部位，以测距 l = 200 mm、250 mm、300 mm、350 mm、400 mm、450 mm、500 mm，逐点测读相应声时值 t，用回归分析方法求出直线方程 $l = a + bt$。以回归系数 b 代替对测声速 v_d，再按规定对各平测声速进行修正。

（5）平测时，修正后的混凝土中声速代表值按下式计算：

$$v_a = \frac{\lambda}{3}\sum_{i=1}^{3}\frac{l_i}{t_i - t_0} \tag{2-21}$$

式中　v_a—— 修正后的平测时混凝土中声速代表值，km/s；

l_i—— 平测第 i 个测点的超声测距，mm；

t_i—— 平测第 i 个测点的声时读数，μs；

λ ——平测声速修正系数。

（6）测声速可采用直线方程 $l = a + bt$，根据混凝土浇筑的顶面或底面平测数据求得，修正后混凝土中声速代表值应按下式计算：

$$v = \frac{\lambda\beta}{3}\sum_{i=1}^{3}\frac{l_i}{t_i - t_0}$$

式中　β—— 超声测试面的声速修正系数，顶面平测 β = 1.05，底面平测 β = 0.95。

2.2.4　高强混凝土强度检测技术

2.2.4.1　概述

为检测工程结构中的高强混凝土抗压强度，保证检测结果的可靠性，中华人民共和国住房和城乡建设部制定发布了《高强混凝土强度检测技术规程》（JGJ/T 294—2013）标准。在正常情况下，应当按现行国家标准《混凝土结构工程施工质量验收规范》（GB 50204—2015）及《混凝土强度检验评定标准》（GB/T 50107—2010）验收评定混凝土强度，不允许用此规程取代国家标准对制作混凝土标准试件的要求。

但是，由于管理不善、施工质量不良，试件与结构中混凝土质量不一致或对混凝土标准试件检验结果有怀疑时，可以按规程进行检测，推定混凝土强度，并作为处理混凝土质量问题的主要依据。

1. 适用范围

（1）适用于工程结构中强度等级为 C50～C100 的混凝土抗压强度检测。

（2）不适用于下列情况的混凝土抗压强度检测：①受到严重冻伤、化学侵蚀、火灾而导致表里质量不一致的混凝土和表面不平整的混凝土；②潮湿的和特种工艺成型的混凝土；③厚度小于 150 mm 的混凝土构件；④所处环境温度低于 0 ℃或高于 40 ℃的混凝土。

2. 具体要求

（1）当对结构中的混凝土有强度检测要求时，可按规程进行检测，其强度推定结果可作为混凝土结构处理的依据。

（2）当具有钻芯试件或同条件的标准试件做校核时，可按规程对 900 d 以上龄期的混凝土抗压强度进行检测和推定。

（3）当采用回弹法检测高强混凝土强度时，可采用标称动能为 4.5 J 或 5.5 J 的回弹仪。

采用标称动能为 4.5 J 的回弹仪时，应符合下列规定：①水平弹击时，在弹击锤脱钩的瞬间，回弹仪的标称动能应为 4.5 J；②在配套的洛氏硬度为 HRC 60±2 钢砧上，回弹仪的率定值应为 88±2。

采用标称动能为 5.5 J 的回弹仪时，应符合下列规定：①水平弹击时，在弹击锤脱钩的瞬间，回弹仪的标称动能应为 5.5 J；②在配套的洛氏硬度为 HRC 60±2 钢砧上，回弹仪的率定值应为 83±1。

（4）采用标称动能为 4.5 J 或 5.5 J 回弹仪时，结构或构件的第 i 个测区混凝土强度换算值可按规程直接查得。

2.2.4.2 检测仪器

1. 回弹仪

（1）回弹仪应具有产品合格证和检定合格证。

（2）回弹仪的弹击锤脱钩时，指针滑块示值刻线应对应于仪壳的上刻线处，且示值误差不应超过±0.4 mm。

（3）回弹仪率定规定：①钢砧应稳固地平放在坚实的地坪上；②回弹仪应向下弹击；③弹击杆应旋转 3 次，每次应旋转 90°，且每旋转 1 次弹击杆应弹击 3 次；④应取连续 3 次稳定回弹值的平均值作为率定值。

（4）当遇有下列情况之一时，回弹仪应送法定计量检定机构进行检定：①新回弹仪启用之前；②超过检定有效期；③更换零件和检修后；④尾盖螺钉松动或调整后；⑤遭受严重撞击或其他损害。

（5）当遇有下列情况之一时，应在钢砧上进行率定，且率定值不合格时不得使用：

①每个检测项目执行之前和之后；②测试过程中回弹值异常时。

（6）回弹仪每次使用完毕后，应进行维护。回弹仪有下列情况之一时，应将回弹仪拆开维护：①弹击超过 2 000 次；②率定值不合格。

（7）回弹仪拆开维护的步骤：①将弹击锤脱钩，取出机芯；②擦拭中心导杆和弹击杆的端面、弹击锤的内孔和冲击面等；③组装仪器后做率定。

（8）回弹仪拆开维护的规定：①经过清洗的零部件，除中心导杆需涂上微量的钟表油外，其他零部件均不得涂油；②应保持弹击拉簧前端钩入拉簧座的原孔位；③不得转动尾盖上已定位紧固的调零螺钉；④不得自制或更换零部件。

2. 混凝土超声波检测仪

（1）混凝土超声波检测仪应具有产品合格证和校准证书。

（2）混凝土超声波检测仪可采用模拟式和数字式。

（3）混凝土超声波检测仪应符合现行行业标准《混凝土超声波检测仪》（JG/T 5004—1992）的规定，且计量检定结果应在有效期内。

（4）混凝土超声波检测仪应符合下列规定：①应具有波形清晰、显示稳定的示波装置；②声时最小分度值应为 0.1 μs；③应具有最小分度值为 1 dB 的信号幅度调整系统；④接收放大器频响范围应为 10~500 kHz，总增益不应小于 80 dB，信噪比为 3∶1 时的接收灵敏度不应大于 50 μV；⑤超声波检测仪的电源电压偏差在额定电压的±10% 时，应能正常工作；⑥连续正常工作时间不应少于 4 h。

（5）模拟式超声波检测仪还应符合下列规定：①应具有手动游标和自动整形两种声时测读功能；②数字显示应稳定，声时调节应为 20~30 μs，连续静置 1 h 数字变化不应超过±0.2 μs。

（6）数字式超声波检测仪除应符合规程的规定外，还应符合下列规定：①应具有采集、储存数字信号并进行数据处理的功能；②应具有手动游标测读和自动测读两种方式，当自动测读时，在同一测试条件下，在 1 h 内每 5 min 测读一次声时值的差异不应超过±0.2 μs；③自动测读时，在显示器的接收波形上，应有光标指示声时的测读位置。

（7）超声波检测仪在工作前应进行校准，并应符合规程的规定。

（8）超声波检测仪器使用时的环境温度应为 0~40 ℃。

3. 换能器

（1）换能器的工作频率应为 50~100 kHz。

（2）换能器的实测主频与标称频率相差不应超过±10%。

2.2.4.3　检测技术

1. 检测人员

使用回弹仪、混凝土超声波检测仪进行工程检测的人员，应通过专业培训，并持证上岗。

2. 资料收集

检测前宜收集下列有关资料：

（1）工程名称及建设、设计、施工、监理单位的名称。

（2）结构或构件的部位、名称及混凝土设计强度等级。

（3）水泥品种、强度等级，砂石品种、粒径，外加剂品种，掺和料类别及等级，混凝土配合比等。

（4）混凝土浇筑日期、施工工艺、养护情况及施工记录。

（5）结构及现状。

（6）检测原因。

3. 批量检测

（1）当按批抽样检测时，同时符合下列条件的构件可作为同批构件：①混凝土设计强度等级、配合比和成型工艺相同；②混凝土原材料、养护条件及龄期基本相同；③构件种类相同；④在施工阶段所处状态相同。

（2）批量检测要求如下：①对同批构件按批抽样检测时，构件应随机抽样，抽样数量不宜少于同批构件的30%，且不少于10件；②当检验批中构件数量大于50件时，构件抽样数量可按现行国家标准《建筑结构检测技术标准》（GB/T 50344—2019）进行调整，但抽取的构件总数不宜少于10件，并应按GB/T 50344—2019进行检测批混凝土的强度推定。

4. 测区布置与构件的测区

1）测区布置

（1）检测时应在构件上均匀布置测区，每个构件上的测区数量不应少于10个。

（2）对某一方向尺寸不大于4.5 m、另一方向尺寸不大于0.3 m的构件，其测区数量可减少，但不应少于5个。

2）构件的测区

（1）测区应布置在构件混凝土浇筑方向的侧面，并宜布置在构件的两个对称的可测面上，当不能布置在对称的可测面上时，也可布置在同一可测面上，在构件的重要部位及薄弱部位应布置测区，并应避开预埋件。

（2）相邻两测区的间距不宜大于2 m；测区离构件边缘的距离不宜小于100 mm。

（3）测区尺寸宜为200 m×200 m。

（4）测试面应清洁、平整、干燥，不应有接缝、饰面层、浮浆和油垢；表面不平处可用砂轮适度打磨，并擦净残留粉尘。

（5）结构或构件上的测区应注明编号，并应在检测时记录测区位置和外观质量情况。

2.2.4.4 回弹测试及回弹值计算

1. 测试步骤

（1）在构件上回弹测试时，回弹仪的纵轴线应始终与混凝土成型侧面保持垂直，并应缓慢施压、准确读数、快速复位。

（2）结构或构件上的每一测区应回弹16个测点，或在待测超声波测区的两个相对测试面各回弹8个测点，每一测点的回弹值应精确至1。

（3）测点在测区范围内宜均匀分布，不得分布在气孔或外露石子上。同一测点应只弹击一次，相邻两测点的间距不宜小于 30 mm；测点距外露钢筋、铁件的距离不宜小于 100 mm。

2. 回弹值计算

计算测区回弹值时，在每一测区内的 16 个回弹值中，应先剔除 3 个最大值和 3 个最小值，然后将余下的 10 个回弹值按下式计算，其结果作为该测区回弹值的代表值：

$$R = \frac{1}{10}\sum_{i=1}^{10} R_i \tag{2-22}$$

式中　R ——测区回弹代表值，精确至 0.1；

R_i—— 第 i 个测点的有效回弹值。

2.2.4.5　超声测试及声速值计算

1. 测试步骤

（1）采用超声回弹综合法检测时，应在回弹测试完毕的测区内进行超声测试。

（2）每一测区应布置 3 个测点。超声测试宜优先采用对测，当被测构件不具备对测条件时可采用角测和单面平测。

（3）超声测试时，换能器辐射面应采用耦合剂使其与混凝土测试面良好耦合。

（4）声时测量应精确至 0.1 μs，超声测距测量应精确至 1 mm，且测量误差应在超声测距±1%之内。声速计算应精确至 0.01 km/s。

2. 声速值计算

当在混凝土浇筑方向的两个侧面进行对测时，测区混凝土中声速代表值应为该测区中各测点的平均声速值，并应按下式计算：

$$v = \frac{1}{3}\sum_{i=1}^{3} \frac{l_i}{t_i - t_0} \tag{2-23}$$

式中　v ——测区混凝土中声速代表值，km/s；

l_i—— 第 i 个测点的超声测距，mm；

t_i—— 第 i 个测点的声时读数，μm；

t_0—— 声时初读数，μm。

2.2.4.6　混凝土强度的推定

1. 适用范围

（1）强度换算公式适用于配制强度等级为 C50～C100 的混凝土。

（2）混凝土应符合下列规定：①水泥应符合现行国家标准《通用硅酸盐水泥》（GB 175—2007）的规定；②砂、石应符合现行行业标准《普通混凝土用砂、石质量及检验方法标准》（JGJ 52—2006）的规定；③自然养护；④龄期不宜超过 900 d。

2. 测区强度换算值的确定

（1）结构或构件中第 i 个测区的混凝土抗压强度换算值应按《高强混凝土强度检测技术规程》（JGJ/T 294—2013）的规定，计算出所用检测方法对应的测区测试参数代表值，并应优先采用专用测强曲线或地区测强曲线换算取得。

（2）专用测强曲线和地区测强曲线应按 JGJ/T 294—2013 的规定制定。

（3）当无专用测强曲线和地区测强曲线时，可按 JGJ/T 294—2013 的规定，通过验证后，采用 JGJ/T 294—2013 给出的全国高强混凝土测强曲线公式，计算结构或构件中第 i 个测区混凝土抗压强度换算值。

（4）当采用回弹法检测时，结构或构件第 i 个测区混凝土强度换算值，可按 JGJ/T 294—2013 附录 A 或附录 B 查表得出。

（5）当采用超声回弹综合法检测时，结构或构件第 i 个测区混凝土强度换算值，可按下式计算，也可按 JGJ/T 294—2013 附录 E 查表得出：

$$f_{cu,i}^{c} = 0.117\,081 v^{0.539\,038} R^{1.339\,47} \tag{2-24}$$

式中 $f_{cu,i}^{c}$——结构或构件第 i 个测区的混凝土抗压强度换算值，MPa；

R——4.5 J 回弹仪测区回弹代表值，精确至 0.1。

3. 测区平均值及标准差

结构或构件的测区混凝土换算强度平均值可根据各测区的混凝土强度换算值计算。当测区数量为 10 个及以上时，应计算强度标准差。平均值和标准差应按下列公式计算：

$$m_{f_{cu}^{c}} = \frac{1}{n}\sum_{i=1}^{n} f_{cu,i}^{c}$$

$$S_{f_{cu}^{c}} = \sqrt{\frac{\sum_{i=1}^{n}(f_{cu,i}^{c})^{2} - n(m_{f_{cu}^{c}})^{2}}{n-1}}$$

式中符号意义同前。

4. 测区修正

（1）当检测条件与测强曲线的适用条件有较大差异或曲线没有经过验证时，应采用同条件标准试件或直接从结构构件测区内钻取混凝土芯样进行推定强度修正，且试件数量或混凝土芯样不应少于 6 个。

（2）计算时，测区混凝土强度修正量及测区混凝土强度换算值的修正应符合下列规定：

①修正量按下列公式计算：

$$\Delta_{tot} = \frac{1}{n}\sum_{i=1}^{n} f_{cor,i} - \frac{1}{n}\sum_{i=1}^{n} f_{cu,i}^{c}$$

$$\Delta_{tot} = \frac{1}{n}\sum_{i=1}^{n} f_{cu,i} - \frac{1}{n}\sum_{i=1}^{n} f_{cu,i}^{c}$$

式中符号意义同前。

②测区混凝土强度换算值的修正应按下式计算：

$$f_{cu,i1}^{c} = f_{cu,i0}^{c} + \Delta_{tot}$$

式中符号意义同前。

5. 结构或构件的推定值

（1）当构件测区数量小于 10 个时，按下式计算：

$$f_{cu,e} = f_{cu,min}^{c}$$

式中符号意义同前。

（2）当该结构或构件的测区数量不少于10个或按批量检测时，按下式计算：

$$f_{cu,e} = m_{f_{cu}^{c}} - 1.645S_{f_{cu}^{c}}$$

（3）对于按批量检测的结构或构件，当该批构件混凝土强度标准差出现下列情况之一时，该批构件应全部按单个构件检测：①该批构件混凝土抗压强度换算值的平均值不大于50 MPa，且标准差大于5.5 MPa；②该批构件混凝土抗压强度换算值的平均值大于50 MPa，且标准差大于6.5 MPa。

2.3　混凝土中钢筋检测技术

2.3.1　概述

根据国家标准《建筑工程施工质量验收统一标准》（GB 50300—2013）规定的原则，对涉及结构安全、节能、环境保护和使用功能的重要分部工程，应在验收前按规定进行抽样检验。结构实体检验的范围仅限于涉及安全的柱、墙、梁等结构构件的重要部位。结构实体检验采取由各方参与的见证抽样形式，以保证检验结果的公正性。

混凝土结构及构件通常由混凝土和置于混凝土内的钢筋组成，钢筋在混凝土结构中主要承受拉力并赋予结构以延性。补偿混凝土具有抗拉能力低下、容易开裂和脆断等缺陷，而混凝土则主要承受压力并保护内部的钢筋不致发生锈蚀。因此，混凝土中的钢筋直接关系到建筑物的结构安全和耐久性能。混凝土中的钢筋已成为工程质量鉴定和验收所必检的项目。在既有建筑的可靠性鉴定、旧建筑的修复和改建扩建及工程质量验收中，混凝土中钢筋包括混凝土保护层厚度、钢筋数量、间距、直径及锈蚀状况等也是所要检测的内容。另外，为满足在对钢筋混凝土结构钻孔取芯或安装设备钻孔时需要避开主筋位置等要求，均需要探明钢筋的实际位置。为此，住房和城乡建设部于2019年6月18日发布了《混凝土中钢筋检测技术规程》（JGJ/T 152—2019），主要目的是规范混凝土结构和构件中钢筋检测及检测结果的评价方法，提高检测结果的可靠性和可比性。

现行较为成熟的检测内容，主要有钢筋的间距、混凝土保护层厚度、公称直径以及锈蚀性状。采用的方法主要有电磁感应法、雷达法和半电池电位法。

（1）电磁感应法，是指用电磁感应原理检测混凝土结构及构件中钢筋间距、混凝土保护层厚度及公称直径的方法。

（2）雷达法，是指通过发射和接收到的毫微秒级电磁波来检测混凝土结构及构件中钢筋间距、混凝土保护层厚度的方法。

（3）半电池电位法，是指通过检测钢筋表面层上某一点的电位，并与铜-硫酸铜参考电极的电位做比较，以此来确定钢筋锈蚀性状的方法。

2.3.2　仪器性能要求

2.3.2.1　电磁感应法钢筋探测仪

1. 钢筋探测仪原理

电磁感应法钢筋探测仪简称钢筋探测仪，其结构和测试原理如图2-1所示。根据电磁感应原理，由振荡器产生的频率和振幅稳定的交流信号，送入传感器的激磁线圈，则在线圈周围产生交变磁场，引起电磁感应测量线圈的信号输出。如没有铁磁物质进入磁场中，由于测量线圈的对称性，测量线圈的输出最小；如有铁磁物质（钢筋）靠近传感器，输出信号就会增大，传感器的电压输出是钢筋直径和保护层厚度的函数，利用测量线圈输出电压的差动性，经信号处理、放大和模数转换，按使用者的输入要求显示所测的结果。

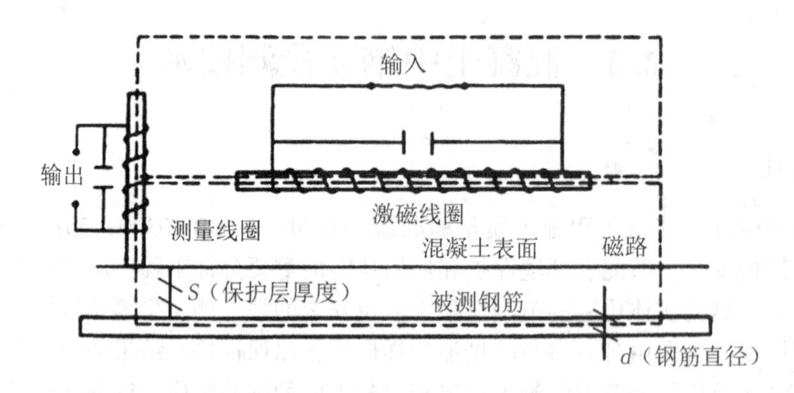

图 2-1　钢筋探测仪结构和测试原理

2. 检测前的校准

钢筋探测仪和雷达仪检测前应采用校准试件进行校准，当混凝土保护层厚度为 10～50 mm 时，混凝土保护层厚度检测的允许误差为 ±1 mm，钢筋间距检测的允许误差为 ±3 mm。

2.3.2.2　雷达仪

1. 雷达仪原理

由于钢筋混凝土中孔洞、钢筋等内含物的介电常数与混凝土不一致，导致入射雷达波反射，根据发射波和反射波返回的时间差和雷达波在混凝土中的传波速度，可以确定反射体与表面的距离，从而检出其深度。由于金属的电导率比混凝土大许多，几乎为无穷大，因此对雷达波的透过率几乎为零，使得雷达波强烈反射，所以雷达波十分适合于钢筋检测。

钢筋混凝土现浇楼板目前已逐渐取代预制空心板，为建筑工程特别是民用住宅所普遍采用。作为受弯构件，楼板中的钢筋间距、深度、直径是决定楼板承载能力的重要因素。由于设计、施工或使用中的多种因素均可造成楼板开裂，导致质量问题，常常需要了解楼板的钢筋分布。

采用雷达仪进行楼板钢筋检测，与钢筋探测仪相比具有以下优点：

（1）传统钢筋探测仪必须用探头在钢筋附近往复移动定位并逐根做标记，速度慢；雷达仪采用天线进行连续扫描测试，一次测试可达数米，因而效率大大提高。

（2）雷达仪可探测深度超过一般的电磁感应式钢筋探测仪，可达 200 mm，能满足大多数楼板的检测要求。

（3）雷达仪测试结果以所测部位的断面图像形式显示，直观、准确，而且图像可以存储、打印，便于事后整理、核对、存档。

2. 仪器的校准

为了保证仪器的正常使用工作状态和检测精度，正常情况下，钢筋探测仪和雷达仪校准有效期可为一年。

发生下列情况之一时，应对钢筋探测仪和雷达仪进行校准：

（1）新仪器启用前。

（2）检测数据异常，无法进行调整。

（3）经过维修或更换主要零配件。

2.3.3　钢筋探测仪校准方法

2.3.3.1　校准试件的制作

1. 校准试件材料的要求

制作校准试件的材料不得对仪器产生电磁干扰，可采用混凝土、木材、塑料、环氧树脂等，且在混凝土龄期达到 28 d 后使用。

2. 校准试件制作的要求

（1）制作校准试件时，先将钢筋预埋在校准试件中，钢筋埋置时两端应露出试件，长度宜在 50 mm 以上。试件表面应平整，钢筋轴线应平行于试件表面，从试件 4 个侧面量测其钢筋的埋置深度应不相同，并且同一钢筋两外露端轴线至试件同一表面的垂直距离差应在 0.5 mm 之内。

（2）校准的试件尺寸、钢筋公称直径和钢筋保护层厚度可根据钢筋探测仪的量程进行设置，并应与工程中被检钢筋的实际参数基本相同。

2.3.3.2　校准项目及指标要求

1. 校准项目

对钢筋间距、混凝土保护层厚度和公称直径三个检测项目进行校准。

2. 校准项目的指标

（1）当混凝土保护层厚度为 10~50 mm 时，混凝土保护层厚度检测的允许误差为±1 m，钢筋间距检测的允许误差为±3 m。

（2）对于校准试件，钢筋探测仪对钢筋公称直径的检测允许误差为±1 mm。当检测误差不能满足要求时，应以剔凿实测结果为准。

2.3.3.3　校准步骤

（1）在试件各测试表面标记出钢筋的实际轴线位置，用游标卡尺量测两外露钢筋在各测试面上的实际保护层厚度值，取其平均值，精确至 0.1 m。

（2）采用游标卡尺量测钢筋，精确至 0.1 m，并通过相关的钢筋产品标准查出其对应的公称直径。

（3）校准时，钢筋探测仪探头应在试件上进行扫描，并标记出仪器所指定的钢筋轴线，采用直尺量测试件表面钢筋探测仪所测定的钢筋轴线与实际钢筋轴线之间的最大偏差。记录钢筋探测仪指示的保护层厚度检测值。对于具有钢筋公称直径检测功能的钢筋探测仪，应进行钢筋公称直径检测。

（4）钢筋探测仪检测值和实际量测值的对比结果均符合规定的要求时，应判定钢筋探测仪合格。当部分项目指标以及一定量程范围内符合规定的要求时，应判定其相应部分合格，但应限定钢筋探测仪的使用范围，并应指明其符合的项目和量程范围以及不符合的项目和量程范围。

（5）经过校准合格或部分合格的钢筋探测仪，应注明所采用的校准试件的钢筋牌号、规格以及校准试件材质。

2.3.4 钢筋间距、数量和保护层厚度检测

2.3.4.1 检测前宜具备的资料

钢筋在混凝土结构中属于隐蔽工程，检测前应充分了解设计资料以及委托单位的意图，有助于检测人员制订较为妥善的检测方案，取得准确的检测结果。检测前宜具备下列资料：

（1）工程名称、结构及构件名称，以及相应的钢筋设计图纸。

（2）建设、设计、施工及监理单位名称。

（3）混凝土中含有的铁磁性物质。

（4）检测部位钢筋品种、牌号、设计规格、数量、设计保护层厚度，结构构件中预留管道、金属预埋件等。

（5）施工记录等相关资料。

（6）检测原因。

2.3.4.2 检测方法与规定

1. 注意事项

受检混凝土中不应含有铁磁性物质。因为，铁磁性物质会对仪器造成干扰，对混凝土保护层厚度的检测有很大的影响。

2. 检测规定

1）选择检测面

根据钢筋设计资料，确定检测区域内钢筋可能分布的状况，选择适当的检测面。检测面应清洁、平整，并应避开金属预埋件。

2）饰面层清除

对既有建筑进行检测时，构件通常具有饰面层，应将饰面层清除后进行检测。对于设计和验收来说，需要检测的是钢筋的混凝土保护层厚度，不清除饰面层难以得到准确的检测值。

3）剔凿量测

需要采取剔凿验证的情况如下：

（1）相邻钢筋过密，钢筋间最小净距小于钢筋的混凝土保护层厚度。

（2）混凝土（包括饰面层）含有或存在可能造成误判的金属组分或金属件。

（3）钢筋数量或间距的测试结果与设计要求有较大偏差。

（4）缺少相关验收资料。

对于具有饰面层的结构及构件，应清除饰面层后在混凝土面上进行检测。钻孔、剔凿时，不得损坏钢筋，实测应采用游标卡尺，量测精度应为0.1 mm。

3. 梁、柱类构件主筋数量和间距的检测方法

（1）测试部位应避开其他金属材料和较强的铁磁性材料，表面应清洁、平整。

（2）应将构件测试面一侧所有主筋逐一检出，并在构件表面标注出每个检出钢筋的位置。

（3）应测量和记录每个检出钢筋的相对位置。

4. 墙、板类构件钢筋数量和间距的检测方法

（1）在构件上随机选择测试部位，测试部位应避开其他金属材料和较强的铁磁性材料，表面应清洁、平整。

（2）在每个测试部位连续检出7根钢筋，少于7根钢筋时应全部检出，并宜在构件表面标注出每个检出钢筋的相应位置。

（3）应测量和记录每个检出钢筋的相对位置。

（4）可根据第一根钢筋和最后一根钢筋的位置，确定这两根钢筋的距离，计算出钢筋的平均间距。

（5）必要时应计算钢筋的数量。

5. 单个构件的符合性判定

（1）梁、柱类构件主筋实测根数少于设计根数时，该构件配筋应判定为不符合设计要求。

（2）梁、柱类构件主筋的平均间距与设计要求的偏差大于相关标准规定的允许偏差时，该构件配筋应判定为不符合设计要求。

（3）墙、板类构件钢筋的平均间距与设计要求的偏差大于相关标准规定的允许偏差时，该构件配筋应判定为不符合设计要求。

（4）梁、柱类构件的箍筋可按墙、板类构件钢筋进行判定。

6. 批量构件的符合性判定

（1）将设计文件中钢筋配置要求相同的构件作为一个检验批。

（2）按标准规定的“检验批最小样本容量”确定抽检构件的数量。

（3）随机选取受检构件。

（4）按标准规定的方法对单个构件进行检测。

（5）按标准规定对受检构件逐一进行符合性判定。

7. 检验批符合性判定

（1）根据检验批中受检构件的数量和其中不符合构件的数量，按标准规定进行检验批符合性判定。

（2）对于梁、柱类构件，检验批中一个构件的主筋实测根数少于设计根数，该批应直接判为不符合设计要求。

（3）对于墙、板类构件，当出现受检构件的钢筋间距偏差大于偏差允许值1.5倍

时，该批应直接判为不符合设计要求。

（4）对于判定为符合设计要求的检验批，可建议采用设计的钢筋数量和间距进行结构性能评定；对于判定为不符合设计要求的检验批，宜细分检验批后重新检测或进行全数检测，不能进行重新检测或全数检测时，可建议采用最不利检测值进行结构性能评定。

8. 混凝土保护层厚度的剔凿原位检测方法

（1）采用钢筋探测仪确定钢筋的位置。

（2）在钢筋位置上垂直于混凝土表面成孔。

（3）以钢筋表面至构件混凝土表面的垂直距离作为该测点的保护层厚度测试值。

9. 验证方法

（1）采用钢筋探测仪检测混凝土保护层厚度。

（2）在已测定保护层厚度的钢筋上进行剔凿验证，验证点数不应少于标准中“检验批最小样本容量”B类且不应少于3点；构件上能直接量测混凝土保护层厚度的点可计为验证点。

（3）应将剔凿原位检测结果与对应位置钢筋探测仪检测结果进行比较，当两者的差异不超过±2 mm时，判定两个测试结果无明显差异。

（4）当检验批有明显差异，校准点数在标准规定“一般项目的判定”控制范围之内时，采用钢筋探测仪检测结果。

（5）当检验批有明显差异，校准点数超过标准规定“一般项目的判定”控制范围时，应对钢筋探测仪量测的保护层厚度进行修正；当不能修正时，应采取剔凿原位检测的措施。

10. 检验批混凝土保护层厚度检测

（1）应将设计要求的、混凝土保护层厚度相同的同类构件作为一个检验批，按《建筑结构检测技术标准》（GB/T 50344—2019）中的A类确定受检构件的数量。

（2）随机抽取构件，对于梁、柱类，应对全部纵向受力钢筋混凝土保护层厚度进行检测；对于墙、板类，应抽取不少于6根钢筋（少于6根钢筋时应全检）进行混凝土保护层厚度检测。

（3）将各受检钢筋混凝土保护层厚度检测值按标准规定计算均值推定区间。

（4）当均值推定区间上限值与下限值的差值不大于其均值的10%时，该批钢筋混凝土保护层厚度检测值可按推定区间上限值或下限值确定。

（5）当均值推定区间上限值与下限值的差值大于其均值的10%时，宜补充检测或重新划分检验批进行检测。当不具备补充检测或重新检测条件时，应以最不利检测值作为该检验批混凝土保护层厚度检测值。

2.3.5　钢筋探测仪检测技术

2.3.5.1　适用范围

钢筋探测仪可用于检测混凝土结构及构件中钢筋的间距和混凝土保护层厚度。

2.3.5.2　预热和调零

（1）检测前，应对钢筋探测仪进行预热和调零，调零时探头应远离金属物体。在检测过程中，应核查钢筋探测仪的零点状态。预热可以使钢筋探测仪达到稳定的工作状态。

（2）对于电子仪器，使用中难免受到各种干扰导致读数异常，为保证钢筋探测仪读数的准确，应时常检查钢筋探测仪是否偏离调零时的零点状态。

2.3.5.3　钢筋位置确定

（1）检测前，应根据设计图纸或者结构知识，了解所检测结构及构件中可能的钢筋品种、排列方式，比如框架梁一般有纵筋、箍筋，然后用钢筋探头在构件上预先扫描检测，了解其大概位置，以便在进一步的检测中尽可能避开钢筋间的相互干扰。

（2）在尽可能避开钢筋间的相互干扰并大致了解所检钢筋分布状况的前提下，即可根据钢筋探测仪显示的最小保护层厚度检测值来判断钢筋轴线，此时探头中心线与钢筋轴线应重合，在相应位置做好标记。

（3）按上述步骤将相邻的其他钢筋位置逐一标出。以上步骤便完成了钢筋的定位。

2.3.5.4　混凝土保护层厚度检测

钢筋位置确定后，检测混凝土保护层厚度按以下方法进行：

（1）应设定钢筋探测仪量程范围及钢筋公称直径，沿被测钢筋轴线选择相邻钢筋影响较小的位置，并应避开钢筋接头和绑丝，读取第 1 次检测的混凝土保护层厚度检测值。

（2）在被测钢筋的同一位置应重复检测 1 次，读取第 2 次检测的混凝土保护层厚度检测值。

（3）当同一处读取的 2 个混凝土保护层厚度检测值相差大于 1 mm 时，该组检测数据应无效，并查明原因，在该处应重新进行检测。仍不满足要求时，应更换钢筋探测仪或采用钻孔、剔凿的方法验证。

（4）当实际混凝土保护层厚度小于钢筋探测仪最小示值时，应采用在探头下附加垫块的方法进行检测。垫块对钢筋探测仪检测结果不应产生干扰，表面应光滑平整，其各方向厚度值偏差不应大于 0.1 mm。所加垫块厚度在计算时应予扣除。

需要注意两个问题：①大多数钢筋探测仪要求钢筋公称直径已知方能准确检测混凝土保护层厚度，此时钢筋探测仪必须按照钢筋公称直径对应进行设置；②当两次检测的误差超过允许值时，应检查零点是否出现漂移并采取相应的措施。

2.3.5.5　钢筋间距检测

（1）检测前，宜结合设计资料了解钢筋布置状况。检测时，应避开钢筋接头和绑丝，钢筋间距应满足钢筋探测仪的检测要求。探头在检测面上移动，直到钢筋探测仪保护层厚度示值最小，此时探头中心线与钢筋轴线应重合，在相应位置做好标记。按上述步骤将相邻的其他钢筋位置逐一标出。

（2）将检测范围内的设计间距相同的连续相邻钢筋逐一标出，并应逐个量测钢筋的间距。

2.3.5.6　验证方法

遇到下列情况之一时，应选取不少于 30% 的已测钢筋，且不应少于 6 处（当实际检测数量不到 6 处时应全部选取），采用钻孔、剔凿等方法验证。

（1）认为相邻钢筋对检测结果有影响。

（2）钢筋公称直径未知或有异议。

（3）钢筋实际根数、位置与设计有较大偏差。

（4）钢筋及混凝土材质与校准试件有显著差异。

2.3.6　雷达仪检测技术

2.3.6.1　适用范围

（1）雷达法宜用于结构及构件中钢筋间距的大面积扫描检测。

（2）当检测精度满足要求时，也可用于钢筋的混凝土保护层厚度检测。

2.3.6.2　检测方法

（1）根据被测结构及构件中钢筋的排列方向，雷达仪探头或天线应沿垂直于选定的被测钢筋轴线方向扫描。

（2）根据钢筋的反射波位置来确定钢筋间距和混凝土保护层厚度的检测值。

2.3.6.3　验证方法

遇到下列情况之一时，应选取不少于 30% 的已测钢筋，且不应少于 6 处（当实际检测数量不到 6 处时应全部选取），采用钻孔、剔凿等方法验证。

（1）认为相邻钢筋对检测结果有影响。

（2）钢筋实际根数、位置与设计有较大偏差或无资料可供参考。

（3）混凝土含水率较高。

（4）钢筋及混凝土材质与校准试件有显著差异。

2.3.7　检测数据处理及检测结果评判

2.3.7.1　保护层厚度计算

钢筋的混凝土保护层厚度平均检测值，按下式计算：

$$c_{m,i}^{t} = (c_1^t + c_2^t + 2c_c - 2c_0)/2 \tag{2-25}$$

式中　$c_{m,i}^{t}$——第 i 测点混凝土保护层厚度平均检测值，精确至 1 mm；

c_1^t、c_2^t——第 1、2 次检测的混凝土保护层厚度检测值，精确至 1 mm；

c_c——混凝土保护层厚度修正值，为同一规格钢筋的混凝土保护层厚度实测验证值减去检测值，精确至 0.1 m；

c_0——探头垫块厚度，精确至 0.1 m，不加垫块时 $c_0=0$。

2.3.7.2　钢筋间距计算

检测钢筋间距时，可根据实际需要采用绘图方式给出结果。当同一构件检测钢筋不少于 7 根钢筋（6 个间隔）时，也可给出被测钢筋的最大间距、最小间距，并按下式计算钢筋平均间距：

$$s_{m,i} = \frac{\sum_{i=1}^{n} s_i}{n} \tag{2-26}$$

式中　$s_{m,i}$——钢筋平均间距，精确至 1 mm；

s_i——第 i 个钢筋平均间距，精确至 1 mm。

2.3.8　钢筋直径检测

2.3.8.1　仪器要求

（1）采用以数字显示示值的钢筋探测仪来检测钢筋公称直径，钢筋探测仪及检测应符合规定要求。

（2）对于校准试件，钢筋探测仪对钢筋公称直径的检测允许误差为±1 mm。当检测误差不能满足要求时，应以剔凿实测结果为准。

一般建筑结构及构件常用的钢筋公称直径最小也是以 2 mm 递增的，因此对于钢筋公称直径的检测，如果误差超过 2 mm，则失去了检测意义。由于钢筋探测仪容易受到邻近钢筋的干扰而导致检测误差的增大，因此当误差较大时，应以剔凿实测结果为准。

2.3.8.2　钢筋直径检测技术

（1）检测准备按前述要求进行。

（2）钢筋探测仪的操作按前述要求进行。

（3）钢筋的公称直径检测应采用钢筋探测仪检测并结合钻孔、剔凿的方法进行，钢筋钻孔、剔凿的数量不应少于该规格已测钢筋数量的 30%，并且不应少于 3 处（当实际检测数量不足 3 处时应全部选取）。

（4）钻孔、剔凿时，不得损坏钢筋，实测应采用游标卡尺，测量精度应为 1 mm。当前的技术手段还不能完全满足对钢筋公称直径进行非破损检测的要求，采用与局部剔凿相结合的办法是很有必要的。

（5）实测时，根据游标卡尺的测量结果，可通过相关的钢筋产品标准查出对应的钢筋公称直径。在用游标卡尺进行钢筋直径实测时，应根据相关的钢筋产品标准如《钢筋混凝土用钢　第 2 部分：热轧带肋钢筋》（GB/T 1499. 2—2018）确定量测部位，并根据量测结果通过产品标准查出其对应的公称直径。

（6）当钢筋探测仪测得的钢筋公称直径与钢筋实际公称直径差大于 1 mm 时，应以实测结果为准。

（7）根据设计图纸等资料，确定被测结构及构件中钢筋的排列方向，采用钢筋探测仪按规程规定的要求对被测结构及构件中钢筋及其相邻钢筋进行准确定位并做标记。

（8）被测钢筋与相邻钢筋的间距应大于 100 mm，且其周边的其他钢筋不应影响检测结果，并应避开钢筋接头及绑丝。在定位的标记上，应根据钢筋探测仪的使用说明书操作，并记录钢筋探测仪显示的钢筋公称直径。

（9）每根钢筋重复检测 2 次，第 2 次检测时探头应旋转 180°，每次读数必须一致。其主要目的是尽量避开干扰，降低影响因素。为保证检测精度，对检测数据的重复性要求较高，也是为了避免错判。

2.3.9 钢筋锈蚀性状检测

2.3.9.1 适用范围

（1）钢筋锈蚀性状检测适用于采用半电池电位法来定性评估混凝土结构及构件中钢筋的锈蚀性状，不适用于带涂层的钢筋以及混凝土已饱水和接近饱水的构件检测。

（2）钢筋的实际锈蚀状况宜进行剔凿实测验证。

2.3.9.2 原理

（1）半电池电位法是一种电化学方法。在一般的建筑物中，混凝土结构及构件中钢筋腐蚀通常是由于自然电化学腐蚀引起的，因此采用测量电化学参数来进行判断。

（2）在半电池电位法中，规定了一种半电池，即铜—硫酸铜半电池；同时将混凝土与混凝土中的钢筋看作另一个半电池，测量时，将铜—硫酸铜半电池与钢筋混凝土相连接检测钢筋的电位，根据研究积累的经验来判断钢筋的锈蚀性状。

半电池电位法是通过检测钢筋表面层上某一点的电位，并与铜—硫酸铜参考电极的电位做比较，以此来确定钢筋锈蚀性状的方法。所以，这种方法适用于已硬化混凝土中钢筋的半电池电位的检测，它不受混凝土构件尺寸和钢筋保护层厚度的限制。

2.3.9.3 仪器要求

（1）检测设备应包括半电池电位法钢筋锈蚀检测仪（简称钢筋锈蚀检测仪）和钢筋探测仪等，钢筋探测仪的技术要求应符合相关规定。

（2）钢筋锈蚀检测仪应由铜—硫酸铜半电池（简称半电池）、电压仪和导线构成。

（3）饱和硫酸铜溶液应采用分析纯硫酸铜试剂晶体溶解于蒸馏水中制备。应使刚性管的底部积有少量未溶解的硫酸铜结晶体，溶液应清澈且饱和。

（4）半电池的电连接垫应预先浸湿，多孔塞和混凝土构件表面应形成电通路。

（5）电压仪应具有采集、显示和存储数据的功能，满量程不宜小于 1 000 mV。在满量程范围内的测试允许误差为±3%。

（6）用于连接电压仪与混凝土中钢筋的导线宜为铜导线，其总长度不宜超过 150 m，截面面积宜大于 0.75 m^2，在使用长度内因电阻干扰所产生的测试回路电压降不应大于 0.1 mV。

2.3.10 钢筋半电池电位检测技术

2.3.10.1 测区布置

在混凝土结构及构件上可布置若干测区，测区尺寸不宜大于 5 m×5 m，并应按确定的位置编号。每个测区应采用矩阵式（行、列）布置测点，依据被测结构及构件的尺寸，宜用 100 mm×100 mm～500 mm×500 mm 划分网格，网格的节点应为电位测点。

2.3.10.2 测区表面要求

（1）当测区混凝土有绝缘涂层介质隔离时，应清除绝缘涂层介质。测点处混凝土表面应平整、清洁。必要时应采用砂轮或钢丝刷打磨，并应将粉尘等杂物清除。

（2）测区混凝土应预先充分浸湿，可在饮用水中加入适量（约 2%）家用液态洗涤剂制成导电溶液，在测区混凝土表面喷洒，半电池的电连接垫与混凝土表面测点应有良好的耦合。

2.3.10.3　导线与钢筋的连接步骤

（1）采用钢筋探测仪检测钢筋的分布情况，并应在适当位置剔凿出钢筋。

（2）导线一端应接于电压仪的负输入端，另一端应接于混凝土中钢筋上。

（3）连接处的钢筋表面应除锈或清除污物，并保证导线与钢筋有效连接。

（4）测区内的钢筋（钢筋网）必须与连接点的钢筋形成电通路。

2.3.10.4　导线与半电池的连接步骤

（1）连接前应检查各种接口，接触应良好。

（2）导线一端应连接到半电池接线插头上，另一端应连接到电压仪的正输入端。

2.3.10.5　半电池检测系统稳定性要求

（1）在同一测点，用相同半电池重复 2 次测得该点的电位差值应小于 10 mV。

（2）在同一测点，用两只不同的半电池重复 2 次测得该点的电位差值应小于 20 mV。

2.3.10.6　半电池电位检测步骤

（1）测量并记录环境温度。

（2）应按测区编号，将半电池依次放在各电位测点上，检测并记录各测点的电位值。

（3）检测时，应及时清除电连接垫表面的吸附物，半电池多孔塞与混凝土表面应形成电通路。

（4）在水平方向和垂直方向上检测时，应保证半电池刚性管中的饱和硫酸铜溶液同时与多孔塞和铜棒保持完全接触。

（5）检测时应避免外界各种因素产生的电流影响。

2.3.10.7　温度修正

当检测环境温度在（22±5）℃之外时，应按下列公式对测点的电位值进行温度修正：

$$\left.\begin{aligned}&\text{当 } T \geqslant 27\ ℃: \quad V = 0.9 \times (T - 27 + V_R)\\&\text{当 } T \leqslant 17\ ℃: \quad V = 0.9 \times (T - 17 + V_R)\end{aligned}\right\} \tag{2-27}$$

式中　V——温度修正后电位值，精确至 1 mV；

V_R——温度修正前电位值，精确至 1 mV；

T——检测环境温度，精确至 1 ℃；

0.9——系数，mV/℃。

2.3.10.8　半电池电位法检测结果评判

1. 采用电位等值线图表示

半电池电位检测结果可采用电位等值线图表示被测结构及构件中钢筋的锈蚀性状。

2. 绘出电位等值线

按合适比例在结构及构件图上标出各测点的半电池电位值，可通过数值相等的各点或内插等值的各点绘出电位等值线。电位等值线的最大间隔宜为 100 mV，如图 2-2 所示。

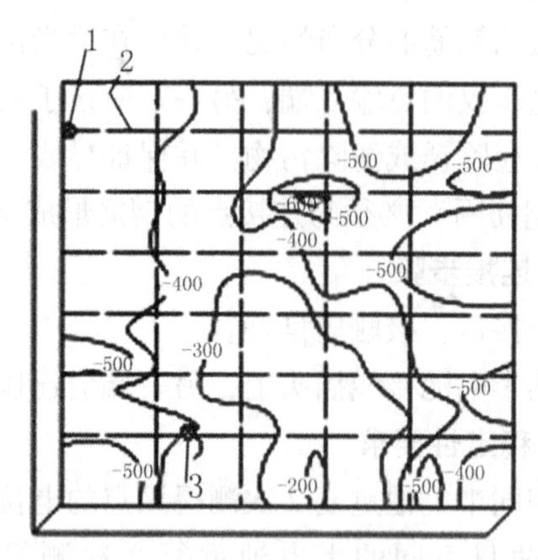

1—钢筋锈蚀检测仪与钢筋连接点；2—钢筋；3—铜—硫酸铜半电池

图 2-2　电位等值线示意图

3. 评价钢筋锈蚀性状

当采用半电池电位值评价钢筋锈蚀性状时，应根据表 2-1 进行判断。

表 2-1　半电池电位值评价钢筋锈蚀性状的判据

电位水平(mV)	钢筋锈蚀性状
⩾200	不发生锈蚀的概率>90%
<200，>350	锈蚀性状不确定
⩽350	发生锈蚀的概率>90%

2.4　混凝土构件截面尺寸与变形检测

现浇结构不应有影响结构性能和使用功能的尺寸偏差。混凝土设备基础不应有影响结构性能和设备安装的尺寸偏差。

2.4.1　检测批划分

（1）按楼层、结构缝或施工段划分检验批。

（2）在同一检验批内，对梁、柱、独立基础，应抽查构件数量的 10%，且不少于 3 件。

（3）对墙、板，应按有代表性的自然间抽查 10%，且不少于 3 间。

（4）对大空间结构，墙可按相邻轴线间高度 5 m 左右划分检查面，板可按纵、横轴线划分检查面，抽查 10%，且均不少于 3 面。

（5）对电梯井、设备基础应全数检查。

2.4.2　构件截面尺寸及偏差检测

2.4.2.1　单个构件截面尺寸及其偏差的检测

（1）对于等截面构件和截面尺寸均匀变化的变截面构件，应分别在构件的中部和两端量取截面尺寸；对于其他变截面构件，应选取构件端部、截面突变的位置量取截面尺寸。

（2）将每个测点的尺寸实测值与设计图纸规定的尺寸进行比较，计算每个测点的尺寸偏差值。

（3）将构件尺寸实测值作为该构件截面尺寸的代表值。

2.4.2.2　批量构件截面尺寸及其偏差的检测

（1）将同一楼层、结构缝或施工段中设计截面尺寸相同的同类型构件划为同一检验批。

（2）在检验批中随机选取构件，按标准规定的检验批样本容量确定受检构件数量。

（3）按上述对每个受检构件进行检测。

2.4.2.3　结构性能检测时检验批构件截面尺寸的推定

（1）按标准规定的计数抽样检验批的符合性判定。

（2）当检验批判定为符合且受检构件的尺寸偏差最大值不大于偏差允许值 1.5 倍时，可按设计的截面尺寸作为该批构件截面尺寸的推定值。

（3）当检验批判定为不符合或检验批判定为符合但受检构件的尺寸偏差最大值大于偏差允许值 1.5 倍时，宜全数检测或重新划分检验批进行检测。

（4）当不具备全数检测或重新划分检验批检测条件时，宜以最不利检测值作为该批构件尺寸的推定值。

2.4.3　尺寸允许偏差和检验方法

在实际应用时，现浇结构和设备基础的尺寸偏差除应符合表 2-2、表 2-3 的规定外，还应满足设计或设备安装提出的要求。尺寸偏差的检验方法可采用表 2-2、表 2-3 中的方法，也可采用其他方法和相应的检测工具。

表 2-2　现浇结构位置和尺寸允许偏差及检验方法（一）

项目			允许偏差(mm)	检验方法
轴线位置	整体基础		15	经纬仪及尺量
	独立基础		10	经纬仪及尺量
	柱、墙、梁		8	尺量
垂直度	层高	≤6 m	10	经纬仪或吊线、尺量
		>6 m	12	经纬仪或吊线、尺量
	全程（H）≤300 m		H/30 000 + 20	经纬仪、尺量
	全程（H）>300 m		H/10 000 且 ≤ 80	经纬仪、尺量

续表 2-2

项目		允许偏差(mm)	检验方法
标高	层高	±10	水准仪或拉线、尺量
	全高	±30	水准仪或拉线、尺量
截面尺寸	基础	+15，−10	尺量
	柱、梁、板、墙	+10，−5	尺量
	楼梯相邻踏步高差	6	尺量
电梯井	中心位置	10	尺量
	长、宽尺寸	+25，0	尺量
表面平整度		8	2 m 靠尺和塞尺量测
预埋件中心位置	预埋板	10	尺量
	预埋螺栓	5	尺量
	预埋管	5	尺量
	其他	10	尺量
预留洞、孔中心线位置		15	尺量

注：1. 检查柱轴线、中心线位置时，沿纵、横两个方向测量，并取其中偏差的较大值。

2. H 为全高，单位为 mm。

表 2-3　现浇结构位置和尺寸允许偏差及检验方法（二）

项目		允许偏差(mm)	检验方法
坐标位置		20	经纬仪及尺量
不同平面标高		0，−20	水准仪或拉线、尺量
平面外形尺寸		±20	尺量
凸台上平面外形尺寸		0，−20	尺量
凹槽尺寸		+20，0	尺量
平面水平度	每米	5	水平尺、塞尺量测
	全长	10	水准仪或拉线、尺量
垂直度	每米	5	经纬仪或吊线、尺量
	全高	10	经纬仪或吊线、尺量
预埋地脚螺栓	中心位置	2	尺量
	顶标高	+20，0	水准仪或拉线、尺量
	中心距	±2	尺量
	垂直度	5	吊线、尺量
预埋地脚螺栓孔	中心线位置	10	尺量
	截面尺寸	+20，0	尺量
	深度	+20，0	尺量
	垂直度	h/100 且 ≤ 10	吊线、尺量

续表 2-3

项目		允许偏差(mm)	检验方法
预埋活动地脚螺栓锚板	中心线位置	5	尺量
	标高	+20，0	水准仪或拉线、尺量
	带槽锚板平整度	5	直尺、塞尺量测
	带螺纹孔锚板平整度	2	直尺、塞尺量测

注：1. 检测坐标、中心线位置时，应沿纵、横两个方向测量，并取其中偏差的较大值。

2. h 为预埋地脚螺栓孔孔深，单位为 mm。

2.5　结构变形检测

2.5.1　基本规定

下列建筑在施工和使用期间应进行变形测量：

（1）地基基础设计等级为甲级的建筑。

（2）复合地基或软地基上的设计等级为乙级的建筑。

（3）加层、扩建建筑。

（4）受邻近深基坑开挖施工影响或受场地地下水等环境因素变化影响的建筑。

（5）需要积累经验或进行设计反分析的建筑。

2.5.2　沉降观测

建筑沉降观测可根据需要，分别或组合测定建筑物场地沉降、基坑沉降、地基土分层沉降以及基础和上部结构沉降。对于深基础建筑或高层、超高层建筑，沉降观测应从基础施工时开始。

各类沉降观测的级别和精度要求，应视工程的规模、性质及沉降量的大小和速度确定。

布设沉降观测点时，应结合建筑结构、形状和场地工程地质条件，并应顾及施工和建成后的使用方便。同时，点位应易于保存，标志应稳固美观。

各类沉降观测应根据规范的规定，及时提交相应的阶段性成果和综合成果。

建筑沉降观测应测定建筑及地基的沉降量、沉降差及沉降速度，并根据需要计算基础倾斜、局部倾斜、相对弯曲及构件倾斜。

2.5.2.1　建筑沉降观测布点

沉降观测点的布设应能全面反映建筑及地基变形特征，并顾及地质情况及建筑结构特点，点位宜设在下列位置：

（1）建筑的四角、核心筒的四角、大转角处及沿外墙每 10～20 m 处或每隔 2～3 根柱基上。

（2）高低层建筑、新旧建筑、纵横墙等交接处的两侧。

（3）建筑裂缝、后浇带和沉降缝两侧、基础埋深悬殊处、人工地基与天然地基接壤处、不同结构的分界处及填挖方分界处。

（4）对于宽度大于或等于 15 m 或小于 15 m 而地质复杂以及膨胀土地区的建筑，应在承重内隔墙中部设内墙点，并在室内地面中心及四周设地面点。

（5）邻近堆置重物处、受振动有显著影响的部位及基础下的暗浜（沟）处。

（6）框架结构建筑的每个或部分柱基上或沿纵横轴线上。

（7）筏形基础、箱形基础底板或接近基础的结构部分的四角处及其中部位置。

（8）重型设备基础和动力设备基础的四角、基础形式或埋深改变处以及地质条件变化处两侧。

（9）对于电视塔、烟囱、水塔、油罐、炼油塔、高炉等高耸建筑，应设在沿周边与基础轴线相交的对称位置上，点数不少于 4 个。

2.5.2.2 建筑沉降观测标志

沉降观测的标志可根据不同的建筑结构类型和建筑材料，采取墙（柱）标志、基础标志和隐蔽式标志等形式。

（1）各类标志的立尺部位应加工成半球形或有明显的突出点，并涂上防腐剂。

（2）标志的埋设位置应避开雨水管、窗台线、散热器、暖水管、电气开关等有碍设标与观测的障碍物，并应视立尺需要离开墙（柱）面和地面一定距离。

（3）隐蔽式沉降观测点标志的形式可按规范的规定执行。

（4）当应用静力水准测量方法进行沉降观测时，观测标志的形式及其埋设，应根据采用的静力水准仪的型号、结构、读数方式以及现场条件确定。标志的规格尺寸设计应符合仪器安置的要求。

2.5.2.3 建筑沉降观测周期与时间

1. 建筑施工阶段的观测

（1）普通建筑可在基础完工后或地下室砌完后开始观测，大型、高层建筑可在基础垫层或基础底部完成后开始观测。

（2）观测次数与间隔时间应视地基与加荷情况而定。民用高层建筑可每加高 1~5 层观测次数，工业建筑可按回填基坑、安装柱子和屋架、砌筑墙体、设备安装等不同施工阶段分别进行观测。若建筑施工均匀增高，应至少在增加荷载的 25%、50%、75%和 100%时各测一次。

（3）施工过程中若暂停，在停工时及重新开工时应各观测一次。停工期间可每隔 2~3 个月观测一次。

2. 建筑使用阶段的观测

建筑使用阶段的观测次数应视地基土类型和沉降速率大小而定。除有特殊要求外，可在第一年观测 3~4 次，第二年观测 2~3 次，第三年后每年观测 1 次，直至稳定。

3. 建筑稳定阶段的观测

建筑沉降是否进入稳定阶段，应由沉降量与时间关系曲线判定。当最后 100 d 的沉降速率小于 0.01~0.04 m/d 时可认为已进入稳定阶段。具体取值宜根据各地区地基土的压缩性能确定。

2.5.2.4　沉降观测的作业方法和技术要求

（1）对特级、一级沉降观测，应按规范的规定执行。

（2）对二级、三级沉降观测，除建筑转角点、交接点、分界点等主要变形特征点外，允许使用间视法进行观测，但视线长度不得大于相应等级规定的长度。

（3）观测时，仪器应避免安置在有空压机、搅拌机、卷扬机、起重机等振动影响的范围内。

（4）每次观测应记载施工进度、荷载量变动、建筑倾斜裂缝等各种影响沉降变化和异常的情况。

（5）每周期观测后，应及时对观测资料进行整理，计算观测点的沉降量、沉降差以及本周期平均沉降量、沉降速率和累计沉降量。

2.5.2.5　沉降观测提交图表

（1）工程平面位置图及基准点分布图。

（2）沉降观测点位分布图。

（3）沉降观测成果表。

（4）时间—荷载沉降量曲线图。

（5）等沉降曲线图。

2.5.3　位移观测

建筑位移观测可根据需要，分别或组合测定建筑主体倾斜、水平位移、挠度和基坑壁侧向位移，并对建筑场地滑坡进行监测。位移观测应根据建筑的特点和施测要求做好观测方案的设计和技术准备工作，并取得委托方及有关人员的配合。一般规定如下：

（1）位移观测标志：位移观测标志应根据不同建筑的特点进行设计。标志应牢固、适用、美观。若受条件限制或对于高耸建筑，也可选定变形体上特征明显的塔尖、避雷针、圆柱（球）体边缘等作为观测点。对于基坑等临时性结构或岩土体，标志应坚固、耐用、便于保护。

（2）位移观测方法：位移观测可根据现场作业条件和经济因素选用视准线法、测角交会法或方向差交会法、极坐标法、激光准直法、投点法、测小角法、测斜法、正倒垂线法、激光位移计自动测记法、GPS 法、激光扫描法或近景摄影测量法等。

（3）位移提交资料：各类建筑位移观测应根据规范的规定及时提交相应的阶段性成果和综合成果。

2.5.3.1　观测点的位置选择

建筑水平位移观测点的位置应选在墙角、柱基及裂缝两边等处。标志可采用墙上标志，具体形式及其埋设应根据点位条件和观测要求确定。

2.5.3.2　观测精度的确定

水平位移观测的精度可根据规范的规定确定。

2.5.3.3　水平位移观测的周期

水平位移观测的周期，对于不良地基土地区的观测，可与一并进行的沉降观测协调确定对受基础施工影响的有关观测，应按施工进度的需要确定，可逐日或每隔 2～3 d 观测一次，直至施工结束。

对于观测方法的选择，当测量地面观测点在特定方向的位移时，可使用视准线、激光准直、测边角等方法。

1. 视准线法测定位移

（1）在视准线两端各自向外的延长线上，宜埋设检核点。在观测成果的处理中，应顾及视准线端点的偏差改正。

（2）采用活动觇牌法进行视准线测量时，观测点偏离视准线的距离不应超过活动觇牌读数尺的读数范围。应在视准线一端安置经纬仪或视准仪，瞄准安置在另一端的固定觇牌进行定向，待活动觇牌的照准标志正好移至方向线上时读数。每个观测点应按确定的测回数进行往测与返测。

（3）采用小角法进行视准线测量时，视准线应按平行于待测建筑边线布置，观测点偏离视准线的偏角不应超过 30″。

2. 激光准直法测定位移

（1）使用激光经纬仪准直法时，当要求具有 10^{-5}～10^{-4} 量级准直精度时，可采用 DJ_2 型仪器配置氦-氖激光器或半导体激光器的激光经纬仪及光电探测器或目测有机玻璃方格网板；当要求达 10^{-6} 量级准直精度时，可采用 DJ_1 型仪器配置高稳定性氦-氖激光器或半导体激光器的激光经纬仪及高精度光电探测系统。

（2）对于较长距离的高精度准直，可采用三点式激光衍射准直系统或衍射频谱成像及投影成像激光准直系统。对短距离的高精度准直，可采用衍射式激光准直仪或连续成像衍射板准直仪。

（3）激光仪器在使用前必须进行检校，仪器射出的激光束轴线、发射系统轴线和望远镜照准轴应三者重合，观测目标与最小激光斑应重合。

（4）观测点位的布设和作业方法应按规范规定执行。

3. 测边角法测定位移

（1）当采用测边角法测定位移时，对主要观测点，可以该点为测站测出对应视准线端点的边长和角度，求得偏差值。

（2）对其他观测点，可选适宜的主要观测点为测站，测出对应其他观测点的距离与方向值，按坐标法求得偏差值。角度观测测回数与长度的丈量精度应根据要求的偏差值观测中误差确定。

4. 其他要求

测量观测点任意方向位移时，可视观测点的分布情况，采用前方交会或方向差交会及极坐标等方法。单个建筑亦可采用直接量测位移分量的方向线法，在建筑纵、横轴线的相邻延长线上设置固定方向线，定期测出基础的纵向位移和横向位移。

对于观测内容较多的大测区或观测点远离稳定地区的测区，宜采用测角、测边、边角及 GPS 与基准线法相结合的综合测量方法。

5. 水平位移观测提交图表

水平位移观测提交图表有水平位移观测点位布置图、水平位移观测成果表、水平位移曲线图等。

2.5.4 挠度检测

2.5.4.1 构件选择

（1）构件挠度一般不具备批量检测条件。

（2）检测时，应使重要的构件和最不利状况得到充分的检验。

（3）构件挠度检测时宜对受检范围内存在挠度变形的构件进行全数检测，当不具备全数检测条件时，可根据约定抽样原则选择下列构件进行检测：①重要的构件；②跨度较大的构件；③外观质量差或损伤严重的构件；④变形较大的构件。

2.5.4.2 构件挠度检测方法

（1）构件挠度可采用水准仪或拉线的方法进行检测。

（2）检测时宜消除施工偏差或截面尺寸变化造成的影响。

（3）检测时应提供跨中最大挠度值和受检构件的计算跨度值。当需要得到受检构件挠度曲线时，应沿跨度方向等间距布置不少于 5 个测点。

当需要确定受检构件荷载—挠度变化曲线时，宜采用百分表、挠度计、位移传感器等直接测量挠度值。

2.5.5 倾斜检测

2.5.5.1 构件选择

（1）构件倾斜一般不具备批量检测条件。

（2）检测时，应使重要的构件和最不利状况得到充分的检验。

（3）构件倾斜检测时宜对受检范围内存在倾斜变形的构件进行全数检测，当不具备全数检测条件时，可根据约定抽样原则选择下列构件进行检测：①重要的构件；②轴压比较大的构件；③偏心受压构件；④倾斜较大的构件。

2.5.5.2 构件倾斜检测方法

（1）构件倾斜可采用经纬仪、激光准直仪或吊锤的方法检测，当构件高度小于 10 m 时，可使用经纬仪或吊锤测量；当构件高度大于或等于 10 m 时，应使用经纬仪或激光准直仪测量。

（2）检测时应消除施工偏差或截面尺寸变化造成的影响。

（3）检测时宜分别检测构件在所有相交轴线方向的倾斜，并提供各个方向的倾斜值。

2.5.5.3 资料要求

倾斜检测应提供构件上端对于下端的偏离尺寸及其与构件高度的比值。

2.5.6 成果整理

（1）建筑变形测量在完成记录检查、平差计算和处理分析后，应按下列规定进行成果的整理：

①观测记录手簿的内容应完整、齐全；

②平差计算过程及成果、图表和各种检验、分析资料应完整、清晰；

③使用的图式符号应规格统一、注记清楚。

（2）建筑变形测量的观测记录、计算资料及技术成果均应有有关责任人签字，技术成果应加盖技术成果章。

（3）根据建筑变形测量任务委托方的要求，可按周期或变形发展情况提交下列阶段性成果：

①本次或前 1~2 次观测结果；

②与前一次观测间的变形量；

③本次观测后的累计变形量；

④简要说明及分析、建议等。

（4）当建筑变形测量任务全部完成后或委托方需要时，应提交下列综合成果：

①技术设计书或施测方案；

②变形测量工程的平面位置图；

③基准点与观测点分布平面图；

④标石、标志规格及埋设图；

⑤仪器检验与校正资料；

⑥平差计算、成果质量评定资料及成果表；

⑦反映变形过程的图表；

⑧技术报告书。

（5）建筑变形测量技术报告书内容应真实、完整，重点应突出，结构应清晰，文理应通顺，结论应明确。技术报告书应包括下列内容：

①项目概况，应包括项目观测目的和要求，测区地理位置及周边环境，项目完成的起止时间，实际布设和测定的基准点、工作基点，变形观测点点数和观测次数，项目测量单位，项目负责人、审核审定人等；

②作业过程及技术方法，应包括变形测量作业依据的技术标准，项目技术设计或施测方案的技术变更情况，采用的仪器设备及检校情况，基准点和观测点的标志及布设情况，变形测量精度级别，作业方法及数据处理方法，变形测量观测时间等；

③成果精度统计及质量检验结果；

④变形测量过程中出现的变形异常和作业中发生的特殊情况等；

⑤变形分析的基本结论与建议；

⑥提交的成果清单；

⑦附图、附表等。

（6）建筑变形测量的观测记录、计算资料和技术成果应进行归档。

（7）建筑变形测量的各项观测、计算数据及成果的组织、管理和分析宜使用专门的变形测量数据处理与信息管理系统进行。该系统宜具备下列功能：

①对变形测量的各项起始数据、各次观测记录和计算数据以及各种中间及最终成果建立相应的数据库；

②各种数据的输入、输出和格式转换；

③变形测量基准点和观测点点之记信息管理；

④变形测量控制网数据管理、平差计算、精度分析；

⑤各次原始观测记录和计算数据管理；

⑥必要的变形分析；

⑦各种报表和分析图表的生成及变形测量成果可视化；

⑧用户管理及安全管理等。

2.6 混凝土裂缝检测

2.6.1 一般规定

（1）应在对结构构件裂缝宏观观测的基础上，绘制典型的和主要的裂缝分布图，并应结合设计文件、建造记录和维修记录等综合分析裂缝产生的原因，以及对结构安全性、适用性、耐久性的影响，初步确定裂缝的严重程度。

（2）对于结构构件上已经稳定的裂缝，可做一次性检测；对于结构构件上不稳定的裂缝，除按一次性观测做好记录统计外，还需进行持续性观测，每次观测应在裂缝末端标出观察日期和相应的最大裂缝宽度值，如有新增裂缝，应标出发现新增裂缝的日期。

（3）裂缝观测的数量应根据需要而定，并宜选择宽度大或变化大的裂缝进行观测。

（4）对需要观测的裂缝应进行统一编号，每条裂缝宜布设两组观测标志，其中一组应在裂缝的最宽处，另一组可在裂缝的末端。

（5）裂缝观测的周期应视裂缝变化速度而定，且最长不应超过 1 个月。

（6）对裂缝的观测，每次都应绘出裂缝的位置、形态和尺寸，注明日期，并附上必要的照片资料。

2.6.2 混凝土结构的裂缝检测

（1）结构构件裂缝观测标志，可视现场具体情况及观测期限要求进行设计，采用的观测标志应具有可供量测的明晰端面或中心。当观测期较长时，可采用镶嵌或埋入构件的金属标志、金属杆标志或楔形板标志；当观测期较短或要求不高时，可采用油漆平行线标志或用建筑胶粘贴的金属片标志；当要求较高，需要测出裂缝纵横向变化值时，可采用坐标方格网板标志。

（2）对于混凝土结构数量不多且易于量测的裂缝，视标志形式不同，可采用比例尺、小钢尺或游标卡尺等工具定期量出标志间距离，测得裂缝变化值，或用方格网板定期读取“坐标差”，计算裂缝变化值；对于较大面积且不便于人工量测的大量裂缝，可采用近景摄影测量方法，测得裂缝变化值；对于需要连续监测变化情况的裂缝，可采用测缝计或传感器自动测记方法观测裂缝的变化。

（3）对于混凝土结构和砌体结构，可在宽度最大的裂缝处采用垂直于裂缝贴石膏饼的方法（石膏饼直径宜为100 mm，厚度宜为10 mm）进行持续观测，若发现石膏开裂，应立即在紧靠开裂石膏处补贴新石膏饼。

（4）结构构件裂缝宽度的测量可选用下列方法：

①塞尺或裂缝宽度对比卡：用于粗测，精度低。

②裂缝显微镜：读数精度为0.02~0.05 mm，是目前裂缝测试的主要方法。

③裂缝宽度测试仪器，人工读数方式，测试范围：0.05~2.00 mm；自动判读方式，读测精度0.05 mm。

④对于某些特定裂缝，可使用柔性的纤维镜和刚性的管道镜观察结构的内部状况。

⑤当裂缝宽度变化时，宜使用机械检测仪测定，直接读取裂缝宽度。

（5）混凝土结构构件裂缝宽度检测精度不应小于0.1 mm，测试部位（测位）表面应保持清洁、平整，裂缝内部不应有灰尘或泥浆。

（6）结构构件裂缝深度检测部位宜选取裂缝宽度最大处。混凝土结构构件裂缝深度可用钻芯法和超声法检测。

（7）采用混凝土钻芯法时，可从混凝土钻芯和抽芯孔处测量裂缝深度。

（8）采用超声法检测混凝土结构构件裂缝深度时，根据裂缝深度与被测构件厚度的关系以及可测试表面情况，可选择采用单面平测法、双面穿透斜测法、钻孔对测法。

①当结构裂缝部位只有一个可测表面，估计的裂缝深度不大于被测构件厚度的一半且不大于500 mm时，可采用单面平测法进行裂缝深度检测；

②当结构的裂缝部位具有两个相互平行的测试表面时，可采用双面穿透斜测法进行裂缝深度检测；

③当大体积混凝土的裂缝预测深度在500 mm以上时，可采用钻孔对测法进行裂缝深度检测。

2.7 混凝土缺陷检测技术

2.7.1 概述

从20世纪30年代起逐步发展起来的在工程结构或构件实体直接测量混凝土各项性能指标的各种混凝土无损检测技术，对消除工程隐患、确保工程质量安全有着十分重要的作用，在工程结构或构件实体的检测与评估中得到了极为广泛的应用。

超声法检测混凝土缺陷技术与金属超声探伤相比较，前者的研究和应用起步较晚，发展速度也较慢，且技术难度也大得多。由于金属材料相对于超声波的波长来说，它是匀质材料且同一类型金属材料的声速基本固定，所以金属探伤采用高频超声脉冲波，以反射波的特征参数作为判断缺陷的依据，测试前先用标准试件标定好，在工件上检测时，可根据反射信号特征值直接判断缺陷的位置和大小。而混凝土是非匀质的弹黏塑性材料，对超声脉冲波的吸收、散射衰减较大，其中高频成分更易衰减，而且根据所用材料的品质和应用量不同，混凝土强度和含水率的变化，混凝土声速在相当大的范围变化，不可能事先标定或设置一个判断缺陷的指标。

缺陷检测，是指对混凝土内部空洞和不密实区的位置和范围、裂缝深度、表面损伤层厚度、不同时间浇筑的混凝土结合面质量、灌注桩和钢管混凝土中的缺陷进行检测。

混凝土缺陷，是指破坏混凝土的连续性和完整性，并在一定程度上降低混凝土的强度和耐久性的不密实区、空洞、裂缝或夹杂泥沙、杂物等。所谓不密实区，是指混凝土因漏振、离析或石子架空而形成的蜂窝状，或因缺少水泥而形成的松散状，或受意外损伤而造成的疏松状区域。

超声法，是指采用带波形显示功能的超声波检测仪，测量超声脉冲波在混凝土中的传播速度（即声速）、首波幅度（简称波幅）和接收信号主频率（简称主频）等声学参数，并根据这些参数及其相对变化，判定混凝土中缺陷的情况。

2.7.2　基本原理与方法

2.7.2.1　基本原理

由于混凝土是非匀质的弹黏塑性材料，对超声脉冲波的吸收、散射衰减较大，其中高频成分更易衰减。因此，超声波检测混凝土缺陷一般采用较低的发射频率。当混凝土的组成材料、工艺条件、内部质量及测试距离一定时，其超声传播速度、首波幅度和接收信号主频率等声学参数一般无明显差异。如果某部分混凝土存在空洞、不密实或裂缝等缺陷，破坏了混凝土的整体性，与无缺陷混凝土相比声时值偏大，波幅和频率值降低。

超声波检测混凝土缺陷正是根据这一基本原理，对同条件下的混凝土进行声速、波幅和主频测量值的相对比较，从而判定混凝土的缺陷情况。

（1）超声波在混凝土中传播时，遇到尺寸比其波小的缺陷会产生绕射，从而使声程增大、传播时间延长。可根据声时或声速的变换情况，判别和计算缺陷的大小。

（2）超声波在混凝土中传播时，遇到蜂窝、孔洞、裂缝等缺陷时，大部分脉冲波会在缺陷界面被散射和反射，达到接受换能器的声波能量（波幅）显著减小，可根据波幅变化的程度判断缺陷的性质和大小。

（3）各频率成分的脉冲在缺陷界面衰减程度不同，其中，频率越高的脉冲波衰减越大，因此超声脉冲波通过有缺陷的混凝土时，接受到的信号主频率明显降低，可根据接受到的信号主频率或频率谱的变化，分析判断缺陷的情况。

（4）超声波通过缺陷时，部分脉冲波因绕射或多次反射而产生路径和相应变化，不同路径或不同相位的超声波叠加后，造成接收信号波形畸变，可参考畸变波形分析判断混凝土缺陷情况。

2.7.2.2　基本方法

超声波检测混凝土缺陷时，一般根据构件的几何形状、环境条件、尺寸大小以及测试表面等情况，选择不同的测试方法。

《超声法检测混凝土缺陷技术规程》（CECS 21:2000）所指的超声法，是采用带波形显示的低频超声波检测仪和频率为 20~250 kHz 的声波换能器，测量混凝土的声速、波幅和主频等声学参数，并根据这些参数及其相对变化分析判断混凝土缺陷的方法。

2.7.3 检测设备

2.7.3.1 超声波检测仪

1. 分类

混凝土超声波检测仪按显示方法分为单示波显示，如英国的 UCT-2、国产的 CTS-10；单数字显示，如国产的 JC-2 等。

混凝土超声波检测仪按电路原理分为模拟式和数字式。

（1）模拟式混凝土超声波检测仪。具有波形显示，其接收信号为连续模拟量，通过时域波形由人工调节读取相应的声时、波幅、频率等声学参数。

（2）数字式混凝土超声波检测仪。是将接收到的模拟信号，经高速 A/D 转换成离散的数字量直接输入计算机，通过有关软件进行处理。自动判读声时、波幅、主频率值并显示于仪器屏幕上。

2. 技术性能

混凝土超声波检测仪总体上分为模拟式和数字式两类，每一类都拥有不同型号，其技术指标、结构形式、操作方法、使用功能等都有一定的差异，但主要用于混凝土的检测，其技术性能应满足混凝土结构或构件检测的基本要求。相关标准对超声波混凝土检测仪主要技术指标的要求见表 2-4。

表 2-4 相关标准对超声波混凝土检测仪主要技术指标的要求

仪器型号	CTS-25	CTS-35A	2000A	NM-4B	ZBL-U520
显示方式	示波数码	示波数码	全屏显示	液晶显示	彩色液晶显示
测时范围（μs）	0.1~9 999	0.1~9 999	0.1~9 999	0.1~9 999	0.1~19 999
测读精度（μs）	±0.1	±0.1	±0.1	±0.1	±0.1
测试距离（m）	10	10	10	10	10
发射电压（V）	250、500、1 000	250、500、1 000	300、1 000	250、500、1 000	65、125、250、500、1 000
频率范围（kHz）	10~1 000	10~1 000	10~500	5~500	10~250
衰减量（dB）	7×10、9×1、2×0.5	50、100、250	自动衰减	0~174	自动衰减

2.7.3.2 超声波换能器

换能器是指具有转换功能的传感器。超声波换能器可将电能转换成超声能量（发射换能器)，也可将超声能量转换成电能（接收换能器）。

1. 分类

常用换能器具有厚度振动方式和径向振动方式两种类型，可根据不同测试需要选用。

2. 技术要求

（1）厚度振动式换能器的频率宜采用20～250 kHz。径向振动式换能器的频率宜采用20～60 kHz，直径不宜大于32 mm。当接收信号较弱时，宜选用带前置放大器的接收换能器。

（2）换能器的实测主频与标称频率相差应不大于±10%。对用于水中的换能器，其水密性应在1 MPa水压下不渗漏。

2.7.4 检测要求

了解收集被测结构的有关资料和情况，为综合分析产生质量问题的原因和拟定检测方案提供依据，同时是综合检测结果和存档必不可少的技术资料。

检测前应取得下列有关资料：

（1）工程名称。

（2）检测目的与要求。

（3）混凝土原材料品种和规格。

（4）混凝土浇筑和养护情况。

（5）构件尺寸和配筋施工图或钢筋隐蔽图。

（6）构件外观质量及存在的问题。

2.7.4.1 测试部位

（1）质量有怀疑的部位是我们关注的目标。结合测试操作条件的可能性，检测时要突出重点，选取对混凝土质量有争议或根据施工情况较易产生质量事故的部位进行检测，以求迅速而准确地判定质量问题。所以，要依据检测要求和测试操作条件，确定缺陷测试的部位（简称测位）。

（2）超声波检测缺陷的目的，是寻找隐蔽于结构混凝土内部的缺陷和不均匀性。但反映混凝土质量的声学参数容易受混凝土表面状态的影响。为了使检测数据具有真实性和良好的可比性，必须避免表面状况对检测的影响，因此要求测位混凝土表面应清洁、平整，必要时可用砂轮磨平或用高强度的快凝砂浆抹平。抹平砂浆必须与混凝土黏结良好。

2.7.4.2 检测要求

（1）在满足首波幅度测读精度的条件下，应选用较高频率的换能器。因为超声波在混凝土中的衰减大小除与混凝土质量有关外，还与发射的超声波主频有关，较高主频的超声波在混凝土中声能衰减更快，首波幅度变化更明显，判别缺陷的灵敏度高。因此，检测中应视测距的大小选用较高的主频换能器。使用模拟式仪器时，宜以无缺陷混凝土的首波幅度不小于0.3 mm为宜。

（2）换能器应通过耦合剂与混凝土测试表面保持紧密结合，耦合层不得夹杂泥沙或空气。如果耦合层中夹杂泥沙或存在空气，使声时延长、波幅降低，检测结果就不能真实反映混凝土内部质量情况。

（3）检测时应避免超声传播路径与附近钢筋轴线平行，如无法避免，应使两个换能器连线与该钢筋的最短距离不小于超声测距的1/6。检测中出现可疑数据时应及时查找原因，必要时进行复测校核或加密测点补测。由于钢筋声速比一般混凝土声速高，当声传播路径与钢筋轴线平行且比较靠近时，大部分路径沿钢筋轴线传播的声波，比沿混凝土直接传播的声波早到达接收点，即钢筋使声信号短路，因此测得的声时、波幅不能反映混凝土的实际质量情况。

2.7.5 声学参数测量

2.7.5.1 模拟式超声波检测仪操作方法

（1）检测之前根据测距大小将仪器的发射电压调在某一挡，并以扫描基线不产生明显噪声干扰为前提，将仪器“增益”调至较大位置保持不动。目的是便于观察和测读缺陷区的较弱信号。

（2）声时测量。将发射换能器和接收换能器分别耦合在测位中的对应测点上。当首波幅度过低时可用衰减器调节至便于测读，再调节游标脉冲或扫描延时，使首波前沿基线弯曲的起始点对准游标脉冲前沿，读取声时值 t_i（读至0.1 μs）。声时测读值往往随着首波幅度的变化而有所波动，为了减少人为误差，规定每次读取声时值时，将首波幅度调至一定高度。

（3）波幅测量。在保持换能器良好耦合状态下采用下列两种方法之一进行读取：①刻度法，将衰减器固定在某一衰减位置，在仪器荧光屏上读取首波幅度的格数；②衰减值法，采用衰减器将首波调至一定高度，读取衰减器上的dB值。两种方法相比较，刻度法适用于测距长或强度等级较低的混凝土；衰减值法适用于测距小、接收信号强的混凝土。

（4）主频测量。先将游标脉冲调至首波前半个周期的波谷（或波峰），读取声时值 t_1（μs），再将游标脉冲调至相邻的波谷（或波峰），读取声值 t_2（μs），按下式计算出该点第一个周期波的主频 f_i，精确至0.1 kHz。

$$f_i = \frac{1\,000}{t_2 - t_1} \tag{2-28}$$

（5）在进行声学参数测量的同时，应注意观察接收信号的波形或包络线的形状，必要时进行描绘或拍照。

2.7.5.2 数字式超声波检测仪操作方法

（1）检测前根据测距大小和混凝土外观质量情况，将仪器的发射电压、采样频率等参数设置在某一挡并保持不变。换能器与混凝土测试表面应始终保持良好的耦合状态。

（2）声学参数自动测读。停止采样后即可自动读取声时、波幅、主频的值。当声时自动测读光标所对应的位置与首波前沿基线弯曲的起始点有差异或者波幅自动测读光标所对应的位置与首波峰顶（或谷底）有差异时，应重新采样或改为手动游标读数。

（3）声学参数手动测量。先将仪器设置为手动判读状态，停止采样后调节手动声时游标至首波前沿基线弯曲的起始位置，同时调节幅度游标使其与首波峰顶（或谷底）相切，读取声时和波幅值；再将声时光标分别调至首波及其相邻波的波谷（或波峰），读取声时差值 Δt，取 $1\,000/\Delta t$ 即为首波的主频（kHz）。

（4）波形记录。对于有分析价值的波形，应予以存储。

2.7.5.3　声时值计算与传播距离测量

1. 混凝土声时值计算

混凝土声时值按下式计算：

$$t_{ci} = t_i - t_0 \quad \text{或} \quad t_{ci} = t_i - t_{00} \tag{2-29}$$

式中　t_{ci}——测点 i 的混凝土声时值，μs；

t_i——测点 i 的测读声时值，μs；

t_0——声时初读数，μs；

t_{00}——在钻孔或预埋管中测试的声时初读数，μs。

当采用厚度振动式换能器时，t_0 应参照仪器使用说明书的方法测得；当采用径向振动式换能器时，t_{00} 按规定的“时—距”法测得。

2. 超声测距

（1）采用厚度振动式换能器对测时，宜用钢卷尺测量 T、R 换能器辐射面之间的距离。

（2）采用厚度振动式换能器平测时，宜用钢卷尺测量 T、R 换能器内边缘之间的距离。

（3）采用径向振动式换能器在钻孔或预埋管中检测时，宜用钢卷尺测量放置 T、R 换能器的钻孔或预埋管内边缘之间的距离。

（4）测距的测量误差应不大于±1%。

2.8　混凝土结构构件性能检测

2.8.1　基本规定

2.8.1.1　检测方案

混凝土结构试验前，应根据试验目的制订试验方案。试验方案宜包括下列内容：

（1）试验目的：试验的背景及需要达到的目的。

（2）试件方案：试验试件设计、预制构件试验中试件的选择、结构原位加载试验和结构监测中试件或试验区域的选取等。

（3）加载方案：试件的支承及加载模式、荷载控制方法、荷载分级、加载限值、持荷时间、卸载程序等。

（4）量测方案：确定试验所需的量测项目、测点布置、仪器选择、安装方式、量测精度、量程复核等。

（5）判断准则：根据试验目的，确定试验达到不同临界状态时的试验标志，作为判断结构性能的标准。

（6）安全措施：保证试验人员人身安全以及设备、仪表安全的措施。对结构进行原位加载试验和结构监测时，宜避免结构出现不可恢复的永久性损伤。

2.8.1.2 检测记录

试验记录应在试验现场完成，关键性数据宜实时进行分析判断。现场试验记录的数据、文字、图表应真实、清晰、完整，不得任意涂改。结构试验的原始记录应由记录人签名，宜包括下列内容：

（1）钢筋和混凝土材料力学性能的检测结果。

（2）试验试件形状、尺寸的量测与外观质量的观察检查记录。

（3）试验加载过程的现象观察描述。

（4）试验过程中仪表测读数据记录及裂缝草图。

（5）试件变形、开裂、裂缝宽度、屈服、承载力极限等临界状态的描述。

（6）试件破坏过程及破坏形态的描述。

（7）试验影像记录。

2.8.1.3 检测结果分析

试验结束后应对试验结果进行下列分析：

（1）试验现象描述应按照实测的加载过程，结合实测的钢筋、混凝土应变，对各级荷载作用下混凝土裂缝的产生和发展、钢筋受力、达到临界状态以及最终破坏的特征及形态等进行描述。

（2）根据试验目的，应对试件的加载位移关系、加载应变关系等进行分析，求得试件开裂、屈服、极限承载力的荷载实测值及相应位移、延性指标等量值，并分析其他需要探讨和验证的内容。

（3）对于探索性试验，应根据系列试件的试验结果，确定影响结构性能的主要参数，分析其受力机制及变化规律，结合已有的理论进行推导，引申出新的理论或经验公式，用以指导更深入的科学研究或工程实践。

（4）对于验证性试验，应根据试件的试验结果和初步分析，对已有的结构理论、计算方法和构造措施进行复核和验证，并提出改进、完善的建议。

2.8.2 试验测试内容及量测

2.8.2.1 试验内容

混凝土结构试验时，量测内容宜根据试验目的在下列项目中选择：

（1）荷载：包括均布荷载、集中荷载或其他形式的荷载。

（2）位移：试件的变形、挠度、转角或其他形式的位移。

（3）裂缝：试件的开裂荷载、裂缝形态及裂缝宽度。

（4）应变：混凝土及钢筋的应变。

（5）根据试验需要确定的其他项目。

2.8.2.2 力值量测

（1）结构试验中量测集中加载力值的仪表可选用荷载传感器、弹簧式测力仪等。各种力值量测仪表的量测应符合下列规定：

①荷载传感器的精度不应低于C级；对于长期试验，精度不应低于B级；荷载传感器仪表的最小分度值不宜大于被测力值总量的1.0%，示值允许误差为量程的1.0%。

②弹簧式测力仪的最小分度值不应大于仪表量程的2.0%，示值允许误差为量程的1.5%。

③当采用分配梁及其他加载设备进行加载时，宜通过荷载传感器直接量测施加于试件的力值，利用试验机读数或其他间接量测方法计算力值时，应计入加载设备的重量。

④当采用悬挂重物加载时，可通过直接称量加载物的重量计算加载力值，并应计入承载盘的重量；称量加载物及承载盘重量的仪器允许误差为量程的±1.0%。

（2）均布加载时，应按下列规定确定施加在试件上的荷载：

①重物加载时，以每堆加载物的数量乘以单重，再折算成区格内的均布加载值；称量加载物重量的衡器允许误差为量程的±1.0%；

②散体装在容器内倾倒加载，称量容器内的散体重量，以加载次数计算重量，再折算成均布加载值；称量容器内散体重量的衡器允许误差为量程的±1.0%；

③水加载以量测水的深度，再乘以水的重度计算均布加载值，或采用精度不低于1.0级的水表按水的流量计算加载量，再换算为荷载值；

④气体加载以气压计量测加压气体的压力，均布加载量按气囊与试件表面实际接触的面积乘气压值计算确定；气压表的精度等级不应低于1.5级。

2.8.2.3 位移及变形的量测

（1）位移量测的仪器、仪表可根据精度及数据采集的要求，选用电子位移计、百分表、千分表、水准仪、经纬仪、倾角仪、全站仪、激光测距仪、直尺等。

（2）试验中应根据试件变形量测的需要布置位移量测仪表，并由量测的位移值计算试件的挠度、转角等变形参数。试件位移量测应符合下列规定：

①应在试件最大位移处及支座处布置测点；对宽度较大的试件，尚应在试件的两侧布置测点，并取量测结果的平均值作为该处的实测值。

②对具有边肋的单向板，除应量测边肋挠度外，还宜量测板宽中央的最大挠度。

③位移量测应采用仪表测读。对于试验后期变形较大的情况，可拆除仪表改用水准仪-标尺量测或采用拉线-直尺等方法进行量测。

④屋架、桁架挠度测点应布置在下弦杆跨中或最大挠度的节点位置上，需要时也可在上弦杆节点处布置测点。

⑤屋架、桁架和具有侧向推力的结构构件，还应在跨度方向的支座两端布置水平测点，量测结构在荷载作用下沿跨度方向的水平位移。

（3）量测试件挠度曲线时，测点布置应符合下列要求：

①受弯及偏心受压构件量测挠度曲线的测点应沿构件跨度方向布置，包括量测支座沉降和变形的测点在内，测点不应少于 5 点；对于跨度大于 6 m 的构件，测点数量还宜适当增多。

②对双向板、空间薄壳结构量测挠度曲线的测点应沿二个跨度或主曲率方向布置，且任一方向的测点数包括量测支座沉降和变形的测点在内不应少于 5 点。

③屋架、桁架量测挠度曲线的测点应沿跨度方向各下弦节点处布置。

（4）确定悬臂构件自由端的挠度实测值时，应消除支座转角和支座沉降的影响。

（5）各种位移量测仪器、仪表的精度、误差应符合下列规定：

①百分表、千分表和钢直尺的误差允许值应符合国家现行相关标准的规定。

②水准仪和经纬仪的精度分别不应低于 DS_3 和 DJ_2。

③位移传感器的准确度不应低于 1.0 级；位移传感器的指示仪表的最小分度值不宜大于所测总位移的 1.0%，示值允许误差为量程的 1.0%。

④倾角仪的最小分度值不宜大于 5″，电子倾角计的示值允许误差为量程的 1.0%。

2.8.2.4　应变的量测

（1）应变量测仪表应根据试验目的以及对试件混凝土和钢筋应变量测的要求进行选择。钢筋和混凝土的应变宜采用电阻应变计、振弦式应变计、光纤光栅应变计、引伸计等进行量测。

（2）当采用电阻应变计量测应变时，应有可靠的温度补偿措施。在温度变化较大的地方采用机械式应变仪量测应变时，应对温度影响进行修正。

（3）量测结构构件应变时，测点布置应符合下列要求：

①对于受弯构件，应在弯矩最大的截面上沿截面高度布置测点，每个截面不宜少于 2 个；当需要量测沿截面高度的应变分布规律时，布置测点数量不宜少于 5 个。

②对于轴心受力构件，应在构件量测截面两侧或四侧沿轴线方向相对布置测点，每个截面不应少于 2 个。

③对于偏心受力构件，量测截面上测点不应少于 2 个；当需量测截面应变分布规律时，测点布置应与受弯构件相同。

④对于双向受弯构件，在构件截面边缘布置的测点不应少于 4 个。

⑤对于同时受剪力和弯矩作用的构件，当需要量测主应力大小和方向及剪应力时，应布置 45°或 60°的平面三向应变测点。

⑥对于受扭构件，应在构件量测截面的两长边方向的侧面对应部位上布置与扭转轴线成 45°方向的测点，测点数量应根据研究目的确定。

（4）各种应变量测仪表的精度及其他性能应符合下列规定：

①金属粘贴式电阻应变计或电阻片的技术等级不应低于 C 级，其应变计电阻、灵敏系数、蠕变和热输出等工作特性应符合相应等级的要求；量测混凝土应变的应变计或电阻片的长度不应小于 50 mm 和 4 倍粗骨料粒径。

②电阻应变仪的准确度不应低于 1.0 级，其示值误差、稳定度等技术指标应符合该

级别的相应要求。

③振弦式应变计的允许误差为量程的±1.5%。

④光纤光栅应变计的允许误差为量程的±1.0%。

⑤手持式引伸计的准确度不应低于 1 级，分辨率不宜大于标距的 0.5%，示值允许误差为量程的 1.0%。

⑥当采用千分表或位移传感器等位移计构成的装置量测应变时，其标距允许误差为±1.0%，最小分度值不宜大于被测总应变的 1.0%。

2.8.2.5　裂缝的量测

（1）试件混凝土的开裂可采用下列方法进行判断：

①直接观察法：在试件表面刷白，用放大镜或电子裂缝观测仪观察第一次出现的裂缝。

②仪表动态判定法：当以重物加载时，荷载不变而量测位移变形的仪表读数持续增大；当以千斤顶加载时，在某变形下位移不变而荷载读数持续减小，则表明试件已经开裂。

③挠度转折法：对于大跨度试件，根据加载过程中试件的荷载—变形关系曲线转折判断开裂并确定开裂荷载。

④应变量测判断法：在试件的最大主拉应力区，沿主拉应力方向连续布置应变计监测应变值的发展。当某应变计的应变增量有突变时，应取当时的荷载值作为开裂荷载实测值，且判断裂缝就出现在该应变计所跨的范围内。

（2）裂缝出现以后应在试件上描绘裂缝的位置、分布、形态，记录裂缝宽度和对应的荷载值或荷载等级，全过程观察记录裂缝形态和宽度的变化，绘制构件裂缝形态图，并判断裂缝的性质及类型。

（3）裂缝宽度量测位置应按下列原则确定：

①对于梁、柱、墙等构件的受弯裂缝，应在构件侧面受拉主筋处量测最大裂缝宽度；对于上述构件的受剪裂缝，应在构件侧面斜裂缝最宽处量测最大裂缝宽度。

②板类构件可在板面或板底量测最大裂缝宽度。

③其余试件应根据试验目的，量测预定区域的裂缝宽度。

（4）试件裂缝的宽度可选用刻度放大镜、电子裂缝观测仪、振弦式测缝计、裂缝宽度检验卡等仪表进行量测，并应符合下列规定：

①刻度放大镜最小分度不宜大于 0.05 mm；

②电子裂缝观测仪的测量精度不应低于 0.02 mm；

③振弦式测缝计的量程不应大于 50 mm，分辨率不应大于量程的 0.05%；

④裂缝宽度检验卡最小分度值不应大于 0.05 mm。

（5）对试验加载前已存在的裂缝，应进行量测和标志，初步分析裂缝产生的原因和性质，并跨裂缝做石膏标记。试验加载后，应对已存在裂缝的发展进行观测和记录，并通过对石膏标记上裂缝的量测，确定裂缝宽度的变化。

2.8.3　试验加载方法

2.8.3.1　支承方式

（1）板、梁和桁架等简支构件，试验时应一端采用铰支承，另一端采用滚动支承。铰支承可采用角钢、半圆型钢或焊于钢板上的圆钢，滚动支承可采用圆钢。

（2）四角简支或四边简支的双向板，其支承方式应保证支承处构件能自由转动，支承面可以相对水平移动。

（3）当试验的构件承受较大集中力或支座反力时，应对支承部分进行局部受压承载力验算。

（4）构件与支承面应紧密接触；钢垫板与构件、钢垫板与支墩间宜铺砂浆垫平。

（5）构件支承的中心线位置应符合标准图或设计的要求。

2.8.3.2　加载方式

（1）对需在多处加载的试验，可采用分配梁系统进行多点加载。采用分配梁进行试验加载时，分配比例不宜大于 4∶1；分配级数不应大于 3 级；加载点不应多于 8 点。分配梁的刚度应满足试验要求，其支座应采用单跨简支支座。

（2）当通过滑轮组、捯链等机械装置悬挂重物或依托地锚进行集中力加载时，宜采用拉力传感器直接测定加载量，拉力传感器宜串联在靠近试件一端的拉索中；当悬挂重物加载时，也可通过称量加载物的重量控制加载值。

（3）长期荷载宜采用杠杆-重物的方式对试件进行持续集中力加载。杠杆、拉杆、地锚、吊索、承载盘的承载力、刚度和稳定性应符合试验要求；杠杆的三个支点应明确，并应在同一直线上，加载放大的比例不宜大于 5 倍。

（4）墙板试件上端长度方向的均布线荷载，宜采用横梁将集中力分散，加载横梁应与试件紧密接触。当需要分段施加不同的线荷载时，横梁应分段设置。

（5）当采用重物进行加载时，应符合下列规定：

①加载物应重量均匀一致，形状规则；

②不宜采用有吸水性的加载物；

③铁块、混凝土块、砖块等加载物重量应满足加载分级的要求，单块重量不宜大于 250 N；

④试验前应对加载物称重，求得其平均重量；

⑤加载物应分堆码放，沿单向或双向受力试件跨度方向的堆积长度宜为 1 m 左右，且不应大于试件跨度的 1/6～1/4；

⑥堆与堆之间宜预留不小于 50 mm 的间隙，避免试件变形后形成拱作用。

（6）当采用散体材料进行均布加载时，应满足下列要求：

①散体材料可装袋称量后计数加载，也可在构件上表面加载区域周围设置侧向围挡，逐级称量加载并均匀摊平；

②加载时应避免加载散体外漏。

（7）当采用流体（水）进行均布加载时，应有水囊、围堰、隔水膜等有效防止渗漏的措施。加载可以用水的深度换算成荷载加以控制，也可通过流量计进行控制。

（8）试件的加载布置应符合计算简图。当试验加载条件受到限制时，也可采取等效加载的形式。等效加载应满足下列要求：

①控制截面或部位上主要内力的数值相等；

②其余截面或部位上主要内力和非主要内力的数值相近、内力图形相似；

③内力等效对试验结果的影响可明确计算。

（9）当采用集中力模拟均布荷载对简支受弯试件进行等效加载时，可按表 2-5 所示的方式进行加载。加载值 P 及挠度实测值的修正系数 ψ 应采用表 2-5 中所列的数值。

表 2-5　简支受弯构件等效加载模式及加载值 P 和挠度修正系数 ψ

名称	等效加载模式及加载值 P	挠度修正系数 ψ
均布荷载	q；l	1.00
四分点集中力加载	$ql/2$，$ql/2$；$l/4$，$l/2$，$l/4$	0.91
三分点集中力加载	$3ql/8$，$3ql/8$；$l/3$，$l/3$，$l/3$	0.98
剪跨 a 集中力加载	$ql^2/8a$，$ql^2/8a$；a，l-$2a$，a	计算确定
八分点集中力加载	$ql/4$；$l/8$，$l/4\times3$，$l/8$	0.97
十六分点集中力加载	$ql/8$；$l/16$，$l/8\times7$，$l/16$	1.00

2.8.3.3　加载程序

（1）结构试验开始前应进行预加载，检验支座是否平稳，仪表及加载设备是否正常，并对仪表设备进行调零。预加载应控制试件在弹性范围内受力，不应产生裂缝及其他形式的加载残余值。

（2）结构试验的加载程序应符合下列规定：

①探索性试验的加载程序应根据试验目的及受力特点确定；

②验证性试验宜分级进行加载，荷载分级应包括各级临界试验荷载值；

③当以位移控制加载时，应首先确定试件的屈服位移值，再以屈服位移值的倍数控制加载等级。

（3）验证性试验的分级加载原则应符合下列规定：

①在达到使用状态试验荷载值 $Q_s(F_s)$ 以前，每级加载值不宜大于 $0.20Q_s(0.20F_s)$；超过 $Q_s(F_s)$ 以后，每级加载值不宜大于 $0.10Q_s(0.10F_s)$。

② 接近开裂荷载计算值 $Q_{cr}^c(F_{cr}^c)$ 时，每级加载值不宜大于 $0.05Q_s(0.05F_s)$；试件开裂后每级加载值可取 $0.10Q_s(0.10F_s)$。

③ 加载到承载能力极限状态的试验阶段时，每级加载值不应大于承载力状态荷载设计值 $Q_d(F_d)$ 的 5%。

（4）验证性试验每级加载的持荷时间应符合下列规定：

①每级荷载加载完成后的持荷时间不应少于 5~10 min，且每级加载时间宜相等。

②在使用状态试验荷载值 $Q_s(F_s)$ 作用下，持荷时间不应少于 15 min；在开裂荷载计算值 $Q_{cr}^c(F_{cr}^c)$ 作用下，持荷时间不宜少于 15 min；如荷载达到开裂荷载计算值前已经出现裂缝，则在开裂荷载计算值下的持荷时间不应少于 5~10 min。

③跨度较大的屋架、桁架及薄腹梁等试件，当不再进行承载力试验时，使用状态试验荷载值 $Q_s(F_s)$ 作用下的持荷时间不宜少于 12 h。

（5）分级加载试验时，试验荷载的实测值应按下列原则确定：

①在持荷时间完成后出现试验标志时，取该级荷载值作为试验荷载实测值；

②在加载过程中出现试验标志时，取前一级荷载值作为试验荷载实测值；

③在持荷过程中出现试验标志时，取该级荷载和前一级荷载的平均值作为试验荷载实测值。

（6）当采用缓慢平稳的持续加载方式时，取出现试验标志时所达到的最大荷载值作为试验荷载实测值。

（7）当要求获得试件的实际承载力和破坏形态时，在试件出现承载力标志后，宜进行后期加载。后期加载应加载到荷载减退、试件断裂、结构解体等破坏状态，探讨试件的承载力裕量、破坏形态及实际的抗倒塌性能。后期加载的荷载等级及持荷时间应根据具体情况确定，可适当增大加载间隔，缩短持荷时间，也可进行连续慢速加载直至试件破坏。

（8）对于需要研究试件恢复性能的试验，加载完成以后应按阶段分级卸载。卸载和量测应符合下列规定。

①每级卸载值可取为承载力试验荷载值的 20%，也可按各级临界试验荷载逐级卸载。

②卸载时，宜在各级临界试验荷载下持荷并量测各试验参数的残余值，直至卸载完毕。

③全部卸载完成以后，宜经过一定的时间后重新量测残余变形、残余裂缝形态及最大裂缝宽度等，以检验试件的恢复性能。恢复性能的量测时间，对于一般结构构件取为 1 h，对于新型结构和跨度较大的试件取为 12 h，也可根据需要确定时间。

（9）试件的自重和作用在其上的加载设备的重量，应作为试验荷载的一部分，并经计算后从加载值中扣除。试件自重和加载设备的重量应经实测或计算取得，并根据加载模式进行换算，对于验证性试验，其数值不宜大于使用状态试验荷载值的 20%。

（10）当试件承受多组荷载作用时，施加于试件不同部位上的各组荷载宜按同一个比例加载和卸载。当试验方案对各组荷载的加载制度有特别要求时，应按确定的试验方案进行加载。

2.8.4　原位加载试验

2.8.4.1　一般规定

（1）对下列类型结构可进行原位加载试验：

①对怀疑有质量问题的结构或构件进行结构性能检验；

②改建、扩建再设计前，确定设计参数的系统检验；

③对资料不全、情况复杂或存在明显缺陷的结构，进行结构性能评估；

④采用新结构、新材料、新工艺的结构或难以进行理论分析的复杂结构，需通过试验对计算模型或设计参数进行复核、验证或研究其结构性能和设计方法；

⑤需修复的受灾结构或事故受损结构。

（2）原位加载试验分为下列类型，可根据具体情况选择进行：

①使用状态试验，根据正常使用极限状态的检验项目验证或评估结构的使用功能；

②承载力试验，根据承载能力极限状态的检验项目验证或评估结构的承载能力；

③其他试验，对复杂结构或有特殊使用功能要求的结构进行的针对性试验。

（3）结构原位试验的试验结果应能反映被检结构的基本性能。受检构件的选择应遵守下列原则：

①受检构件应具有代表性，且宜处于荷载较大、抗力较弱或缺陷较多的部位；

②受检构件的试验结果应能反映整体结构的主要受力特点；

③受检构件不宜过多；

④受检构件应能方便地实施加载和进行量测；

⑤对处于正常服役期的结构，加载试验造成的构件损伤不应对结构的安全性和正常使用功能产生明显影响。

（4）原位加载试验的试验荷载值当考虑后续使用年限的影响时，其可变荷载调整系数宜根据现行国家标准《工程结构可靠性设计统一标准》（GB 50153—2008）、《建筑结构荷载规范》（GB 50009—2012）的相关规定，并结合受检构件的具体情况确定。

（5）试验结构的自重，当有可靠检测数据时，可根据实测结果对其计算值做适当调整。

（6）原位试验应根据结构特点和现场条件选择恰当的加载方式，并根据不同试验目的确定最大加载限值和各临界试验荷载值。直接加载试验应严格控制加载量，避免超加载造成超出预期的永久性结构损伤或安全事故。计算加载值时应扣除构件自重及加载设备的重量。

（7）根据原位加载试验的类型和目的，试验的最大加载限值应按下列原则确定：

①仅检验构件在正常使用极限状态下的挠度、裂缝宽度时，试验的最大加载限值宜取使用状态试验荷载值，对钢筋混凝土结构构件取荷载的准永久组合，对预应力混凝土结构构件取荷载的标准组合；

②当检验构件承载力时，试验的最大加载限值宜取承载力状态荷载设计值与结构重要性系数 γ_0 乘积的 1.60 倍；

③当试验有特殊目的或要求时，试验的最大加载限值可取各临界试验荷载值中的最大值。

（8）试验前应收集结构的各类相关信息，包括原设计文件、施工和验收资料、服役历史、后续使用年限内的荷载和使用功能、已有的缺陷以及可能存在的安全隐患等。还应对材料强度、结构损伤和变形等进行检测。

（9）对装配式结构中的预制梁、板，若不考虑后浇面层的共同工作，应将板缝、板端或梁端的后浇面层断开，按单个构件进行加载试验。

2.8.4.2 试验方案

（1）结构原位加载试验应采用短期静力加载试验的方式进行结构性能检验，并应根据检验目的和试验条件按下列原则确定加载方法：

①加载形式应能模拟结构的内力，根据受检构件的内力包络图，通过荷载的调配使控制截面的主要内力等效，并在主要内力等效的同时，其他内力与实际受力的差异较小。

②对于超静定结构，荷载布置均应采用受检构件与邻近区域同步加载的方式；加载过程应能保证控制截面上的主要内力按比例逐级增加。

③可采用多种手段组合的加载方式，避免加载重物堆积过多，增加试验工作量。

④对预计出现裂缝或承载力标志等现象的重点观测部位，不应堆积加载物。

⑤宜根据试验目的控制加载量，避免造成不可恢复的永久性损伤或局部破坏。

⑥应考虑合理简捷的卸载方式，避免发生意外。

（2）原位加载试验宜采用一次加载的模拟方式。应根据试验目的，通过计算调整荷载的布置，使受检构件各控制截面的主要内力同步受到检验。当一种加载模式不能同时使试验所要求的各控制截面的主要内力等效时，也可对受检构件的不同控制截面分别采用不同的荷载布置方式，通过多次加载使各控制截面的主要内力均受到检验。

（3）原位加载试验的加载方式及程序应遵守规范的有关要求，根据实际条件选择下列加载方式：

①楼板、屋盖宜采用上表面重物堆载；

②梁类构件宜采用悬挂重物或捯链-地锚加载，或通过相邻板区域加载；

③水平荷载宜采用捯链加载的形式；

④可在内力等效的条件下综合应用上述加载方法。

（4）加载过程中结构出现下列现象时应立即停止加载，分析原因后如认为需继续加载，宜增加荷载分级，并应采取相应的安全措施：

①控制测点的变形、裂缝、应变等已达到或超过理论控制值；

②结构的裂缝、变形急剧发展；

③出现本标准所列的承载力标志；

④发生其他形式的意外试验现象。

（5）原位加载试验的测点数量不宜过多；但对荷载、挠度等重要检验参数宜布置可直接观测的仪表，并宜采用不同的量测方法对比、校核试验量测的结果。原位加载试验过程中宜进行下列观测：

①荷载—变形关系；

②控制截面上的混凝土应变；

③试件的开裂、裂缝形态以及裂缝宽度的发展情况；

④试件承载力标志的观测；

⑤卸载过程中及卸载后，试件挠度及裂缝的恢复情况及残余值。

（6）对采用新结构、新材料、新工艺的结构以及各类大型或复杂结构，当通过确定范围内的原位加载试验，验证计算模型或设计参数时，试验宜符合下列要求：

①加载方式宜采用悬吊加载，荷载下部应采取保护措施，防止加载对结构造成损伤；

②现场试验荷载不宜超过使用状态试验荷载值。

（7）对结构进行破坏性的原位加载试验时，应根据结构特点和试验目的制订试验方案，研究其结构受力特点、残余承载能力、破坏模式、延性指标等性能。在结构进入塑性阶段后，加载宜采用变形控制的方式。荷载施加及结构变形均应在可控范围内，并应采取措施确保人员和设备的安全。

2.8.4.3　检验指标

1. 受弯构件挠度检验

（1）当按现行国家标准《混凝土结构设计规范（2015年版）》（GB 50010—2010）规定的挠度允许值进行检验时，应符合下式要求：

$$a_s^0 \leqslant [a_s] \tag{2-30}$$

式中　a_s^0——在使用状态试验荷载值作用下，构件的挠度检验实测值；

a_s——挠度检验允许值，按规范有关规定计算。

（2）当设计要求按实配钢筋确定的构件挠度计算值进行检验，或仅检验构件的挠度、抗裂或裂缝宽度时，还应符合下式要求：

$$a_s^c \leqslant 1.2 a_s^c \tag{2-31}$$

式中 a_s^c——在使用状态试验荷载值作用下，按实配钢筋确定的构件短期挠度计算值。

2. 挠度检验允许值

对于钢筋混凝土受弯构件：

$$[a_s] = \frac{[a_f]}{\theta} \tag{2-32}$$

对于预应力混凝土受弯构件：

$$[a_s] = \frac{M_k}{M_q(\theta - 1) + M_k} \tag{2-33}$$

式中 $[a_s]$——挠度检验允许值；

M_k——按荷载的标准组合计算所得的弯矩，取计算区段内的最大弯矩值；

M_q——按荷载的准永久组合计算所得的弯矩，取计算区段内的最大弯矩值；

θ——考虑荷载长期效应组合对挠度增大的影响系数，按现行国家标准 GB 50010—2010 的有关规定取用；

$[a_f]$——构件挠度设计的限值，按现行国家标准 GB 50010—2010 的有关规定取用。

3. 构件裂缝宽度检验

$$\omega_{s,\max}^0 \leqslant [\omega_{\max}] \tag{2-34}$$

式中 $\omega_{s,\max}^0$——在使用状态试验荷载值作用下，构件的最大裂缝宽度实测值；

$[\omega_{\max}]$——构件的最大裂缝宽度检验允许值，按表 2-6 取用。

表 2-6 构件的最大裂缝宽度检验允许值 （单位：mm）

设计规范的限值 $\omega_{\lim}$	检验允许值 $[\omega_{\max}]$
0.10	0.07
0.20	0.15
0.30	0.20
0.40	0.25

4. 预应力混凝土构件抗裂检验

（1）按抗裂检验系数进行抗裂检验时，应符合下列公式要求：

$$\gamma_{cr}^0 \geqslant [\gamma_{cr}] \tag{2-35}$$

采用均布加载时：

$$\gamma_{cr}^0 = \frac{Q_{cr}^0}{Q_s} \tag{2-36}$$

采用集中力加载时：

$$\gamma_{cr}^{0}=\frac{F_{cr}^{0}}{F_{s}} \tag{2-37}$$

式中　γ_{cr}^{0}——构件的抗裂检验系数实测值；

$[\gamma_{cr}]$——构件的抗裂检验系数允许值；

Q_{cr}^{0}、F_{cr}^{0}——以均布荷载、集中荷载形式表达的构件开裂荷载实测值；

Q_{s}、F_{s}——以均布荷载、集中荷载形式表达的构件使用状态试验荷载值。

（2）按开裂荷载值进行抗裂检验时，应符合下列公式的要求：

采用均布加载时：

$$Q_{cr}^{0}\geqslant[Q_{cr}] \tag{2-38}$$

$$[Q_{cr}]\geqslant[\gamma_{cr}]Q_{s} \tag{2-39}$$

采用集中力加载时：

$$F_{cr}^{0}\geqslant[F_{cr}] \tag{2-40}$$

$$[F_{cr}]\geqslant[\gamma_{cr}]F_{s} \tag{2-41}$$

式中　$[Q_{cr}]$、$[F_{cr}]$——以均布荷载、集中荷载形式表达的构件开裂荷载允许值。

5. 抗裂检验系数允许值

抗裂检验系数允许值应根据现行国家标准 GB 50010—2010 有关构件抗裂验算边缘应力计算的有关规定，按下式进行计算：

$$[\gamma_{cr}]\geqslant 0.95(\sigma_{pc}+\gamma f_{tk})/\sigma_{sc} \tag{2-42}$$

式中　$[\gamma_{cr}]$——抗裂检验系数允许值；

σ_{pc}——使用状态试验荷载值作用下抗裂验算边缘混凝土的法向应力；

γ——混凝土构件截面抵抗矩塑性影响系数，按现行国家标准混凝土结构设计规范 GB 50010—2010 计算确定；

f_{tk}——检验时的混凝土抗拉强度标准值，根据设计的混凝土强度等级，按现行国家标准 GB 50010—2010 的有关规定取用；

σ_{sc}——检验时抗裂验算边缘的混凝土预压应力计算值，按现行国家标准 GB 50010—2010 的有关规定确定，计算预压应力值时，混凝土的收缩、徐变引起的预应力损失值宜考虑时间因素的影响。

6. 出现承载力标志的构件承载力检验

（1）当按现行国家标准 GB 50010—2010 的要求进行检验时，应满足下列公式的要求：

$$\gamma_{u,i}^{0}\geqslant\gamma_{0}[\gamma_{u}]_{i} \tag{2-43}$$

当采用均布加载时：

$$\gamma_{u,i}^{0}=Q_{u,i}^{0}/Q_{d} \tag{2-44}$$

当采用集中力加载时：

$$\gamma_{u,i}^{0}=F_{u,i}^{0}/F_{d}$$

式中　$[\gamma_u]_i$——构件的承载力检验系数允许值，根据试验中所出现的承载力标志类型 i，取表2-7中承载力标志相应的加载系数值；

$\gamma^0_{u,i}$——构件的承载力检验系数实测值；

γ_0——构件重要性系数；

$Q^0_{u,i}$、$F^0_{u,i}$——以均布荷载、集中荷载形式表达的承载力检验荷载实测值；

Q_d、F_d——以均布荷载、集中荷载形式表达的承载力状态荷载设计值。

表2-7　承载力标志及加载系数 $\gamma_{u,i}$

受力类型	标志类型 i	承载力标志	加载系数 $\gamma_{u,i}$
受拉、受压、受弯	1	弯曲挠度达到跨度的1/50或悬臂长度的1/25	1.20（1.35）
	2	受拉主筋处裂缝宽度达到1.50 mm或钢筋应变达到0.01	1.20（1.35）
	3	构件的受拉主筋断裂	1.60
	4	弯曲受压区混凝土受压开裂、破碎	1.30（1.50）
	5	受压构件的混凝土受压破碎、压溃	1.60
受剪	6	构件腹部斜裂缝宽度达到1.50 mm	1.40
	7	斜裂缝端部出现混凝土剪压破坏	1.40
	8	沿构件斜截面斜拉裂缝，混凝土撕裂	1.45
	9	沿构件斜截面斜压裂缝，混凝土破碎	1.45
	10	沿构件叠合面、接槎面出现剪切裂缝	1.45
受扭	11	构件腹部斜裂缝宽度达到1.50 mm	1.25
受冲切	12	沿冲切锥面顶、底的环状裂缝	1.45
局部受压	13	混凝土压陷、劈裂	1.40
	14	边角泥混凝土剥裂	1.50
钢筋的锚固、连接	15	受拉主筋锚固失效，主筋端部滑移达到0.2 mm	1.50
	16	受拉主筋在搭接边接头处滑移，传力性能失效	1.50
	17	受拉主筋搭接脱离或在焊接、机械连接处断裂、传力中断	1.60

注：1. 表中加载系数与承载力状态荷载设计值、结构重要性系数的乘积为相应承载力标志的临界试验荷载值。

2. 当混凝土强度等级不低于C60时，或采用无明显屈服钢筋为受力主筋时，取用括号中的数值。

3. 试验中当试验荷载不变而钢筋应变持续增长时，表示钢筋已经屈服，判断为标志2。

（2）当设计要求按构件实配钢筋的承载力进行检验时，应满足下式要求：

$$\gamma_{u,i}^{0} \geqslant \gamma_0 \eta [\gamma_u]_i \tag{2-45}$$

式中 η——构件承载力检验修正系数。

7. 承载力检验系数允许值计算中的重要性系数和修正系数

1）重要性系数 γ_0

构件重要性系数可根据其所在结构的安全等级按表2-8选用。一般情况取二级，当设计有专门要求时应予以说明。

表2-8 重要性系数 γ_0

所在结构的安全等级	构件重要性系数 γ_0
一级	1.1
二级	1.0
三级	0.9

2）修正系数 η

当设计要求按构件实配钢筋的承载力进行检验时，构件承载力检验修正系数应按下式计算：

$$\eta = \frac{R_i(f_c f_s A_s^0 \cdots)}{\gamma_0 s_i} \tag{2-46}$$

式中 η——构件承载力检验修正系数；

R_i——根据实配钢筋确定的构件第 i 类承载力标志所对应承载力的计算值，应按现行国家标准GB 50010—2010中有关承载力计算公式的右边项计算；

f_c、f_s——混凝土、钢筋的强度设计值；

A_s^0——钢筋截面面积；

s_i——构件第 i 类承载力标志对应的承载能力极限状态下的内力组合设计值。

8. 验证性试验

当出现表2-7所列的标志之一时，即应判断该试件已达到承载能力极限状态。

2.8.5 试验结果判断

2.8.5.1 使用状态试验结果的判断

（1）使用状态试验结果的判断应包括下列检验项目：①挠度；②开裂荷载；③裂缝形态和最大裂缝宽度；④试验方案要求检验的其他变形。

（2）使用状态试验应按标准的规定对结构分级加载至各级临界试验荷载值，并按要求检验结构的挠度、抗裂或裂缝宽度等指标是否满足正常使用极限状态的要求。

（3）如使用状态试验结构性能的各检验指标全部满足要求，则应判断结构性能满足正常使用极限状态的要求。

2.8.5.2 承载力试验结果的判断

（1）混凝土结构需进行承载力试验时，应按标准的规定逐级对结构进行加载，当结构主要受力部位或控制截面出现表2-7所列的任一种承载力标志时，即认为结构已达到承载能力极限状态。应按标准的规定确定承载力检验荷载实测值，并按标准规定进行承载力检验和判断。

（2）如承载力试验直到最大加载限值，结构仍未出现任何承载力标志，则应判断结构满足承载能力极限状态的要求。

2.8.6　安全与防护措施

（1）结构试验方案应包含保证试验过程中人身和设备仪表安全的措施及应急预案。试验前试验人员应学习、掌握试验方案中的安全措施及应急预案；试验中应设置熟悉试验工作的安全员，负责试验全过程的安全监督。

（2）制订结构加载方案时，应采用安全性高、有可靠保护措施的加载方式，避免在加载过程中结构破坏或加载能量释放伤及试验人员或造成设备、仪表损坏。

（3）在试验准备工作中，试验试件、加载设备、荷载架等的吊装，设备仪表、电气线路等的安装，试验后试件和试验装置的拆除，均应符合有关建筑安装工程安全技术规定的要求。吊车司机、起重工、焊工、电工等试验人员需经专业培训，且具有相应的资质。试验加载过程中，所有设备、仪表的使用均应严格遵守有关的操作规程。

（4）试验用的荷载架、支座、支墩、脚手架等支承及加载装置均应有足够的安全储备，现场试验的地基应有足够的承载力和刚度。

（5）试验过程中应确保人员安全，试验区域应设置明显的标志。试验过程中，试验人员测读仪表、观察裂缝和进行加载等操作均应有可靠的工作台或脚手架。工作台和脚手架不应妨碍试验结构的正常变形。

（6）对桁架、薄腹梁等容易倾覆的大型结构构件，以及可能发生断裂、坠落、倒塌、倾覆、平面外失稳的试验试件，应根据安全要求设置支架、撑杆或侧向安全架，防止试件倒塌危及人员及设备安全。支架、撑杆或侧向安全架与试验试件之间应保持较小间隙，且不应影响结构的正常变形。

（7）试验用的千斤顶、分配梁、仪表等应采取防坠落措施。仪表宜采用防护罩加以保护。当加载至接近试件极限承载力时，宜拆除可能因结构破坏而损坏的仪表，改用其他量测方法；对需继续量测的仪表，应采取有效的保护措施。

2.9　混凝土结构鉴定

混凝土结构鉴定的内容分为可靠性鉴定和抗震鉴定。其中，可靠性鉴定内容包括安全性鉴定、使用性鉴定和耐久性鉴定。

2.9.1　可靠性鉴定

2.9.1.1　一般规定

民用建筑可靠性鉴定根据结构功能的极限状态分为安全性鉴定和使用性鉴定两部

分，且每一部分可单独进行，具体实施时，应根据鉴定的目的和要求来进行，一般而言需遵循以下原则进行。

1. 安全性鉴定

（1）危险房屋鉴定或其他应急鉴定。

（2）房屋改造前的安全检查。

（3）临时性房屋需要延长使用期的检查。

（4）使用性鉴定中发现安全问题。

2. 使用性鉴定

（1）建筑物日常维护检查。

（2）建筑物使用功能的鉴定。

（3）建筑物有特殊使用要求（改变设计使用功能）的专门鉴定。

3. 耐久性鉴定

（1）建筑物大修前的全面检查。

（2）重要建筑的定期检查。

（3）房屋改变用途和使用条件的鉴定。

（4）建筑物超过设计基准期并希望继续使用的鉴定。

（5）为制定建筑物维修改造规划而进行的普查。

2.9.1.2 鉴定对象和鉴定的目标使用年限

（1）鉴定对象可以是整幢建筑或所划分的相对独立的鉴定单元，也可以是其中某一子单元或某一构件集。

（2）鉴定的目标使用年限，应根据该民用建筑的使用史、当前安全状况和今后维护制度由建筑产权人和鉴定机构共同商定。对超过设计使用年限的建筑，其目标使用年限不宜多于10年。对需要采取加固措施的建筑，其目标使用年限应按现行相关结构加固设计规范的规定确定。

2.9.1.3 鉴定程序及工作内容

民用建筑可靠性鉴定应按图2-3规定的程序来进行。

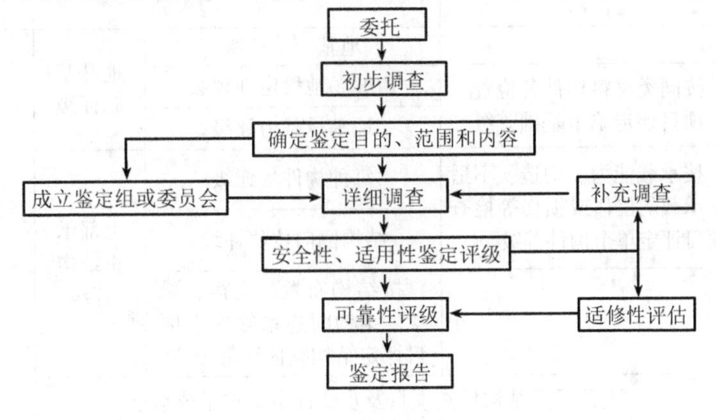

图2-3 鉴定程序

2.9.1.4 现场调查工作内容

详细调查宜根据实际需要选择下列工作内容：

（1）结构体系基本情况勘查：①结构布置及结构形式；②圈梁、构造柱、拉结件、支撑（或其他抗侧力系统）的布置；③结构支承或支座构造，构件及其连接构造；④结构细部尺寸及其他有关的几何参数。

（2）结构使用条件调查核实：①结构上的作用（荷载）；②建筑物内外环境；③使用史（含荷载史、灾害史）。

（3）地基基础，包括桩基础的调查与检测：①场地类别与地基土，包括土层分布及下卧层情况；②地基稳定性（斜坡）；③地基变形及其在上部结构中的反应；④地基承载力的近位测试及室内力学性能试验；⑤基础和桩的工作状态评估，若条件许可，也可针对开裂、腐蚀或其他损坏等情况进行开挖检查；⑥其他因素，如地下水抽降、地基浸水、水质恶化、土壤腐蚀等的影响或作用。

（4）材料性能检测分析：①结构构件材料；②连接材料；③其他材料。

（5）承重结构检查：①构件（含连接）的几何参数；②构件及其连接的工作情况；③结构支承或支座的工作情况；④建筑物的裂缝及其他损伤情况；⑤结构的整体牢固性；⑥建筑物侧向位移，包括上部结构倾斜、基础转动和局部变形；⑦结构的动力特性。

（6）围护系统的安全状况和使用功能调查。

（7）易受结构位移、变形影响的管道系统调查。

2.9.1.5 鉴定评级的层次、等级划分及工作步骤

（1）安全性鉴定和使用性鉴定的评级，应按构件、子单元和鉴定单元各分三个层次。每一层次分四个安全性等级和三个使用性等级，并应按表 2-9 规定的检查步骤，从第一层开始，分层进行。

表 2-9 可靠性鉴定评级的层次、等级划分及工作内容

<table>
<tr><td colspan="2">层次</td><td>一</td><td colspan="2">二</td><td>三</td></tr>
<tr><td colspan="2">层名</td><td>构件</td><td colspan="2">子单元</td><td>鉴定单元</td></tr>
<tr><td rowspan="8">安全性鉴定</td><td>等级</td><td>a_u、b_u、c_u、d_u</td><td colspan="2">A_u、B_u、C_u、D_u</td><td>A_{su}、B_{su}、C_{su}、D_{su}</td></tr>
<tr><td rowspan="3">地基基础</td><td>—</td><td>地基变形评级</td><td rowspan="3">地基基础评级</td><td rowspan="7">鉴定单元安全性评级</td></tr>
<tr><td rowspan="2">按同类材料构件各检查项目评定单个基础等级</td><td>边坡场地稳定性评级</td></tr>
<tr><td>地基承载力评级</td></tr>
<tr><td rowspan="3">上部承重结构</td><td rowspan="2">按承载能力、构造、不适于承载的位移或损伤等检查项目评定单个构件等级</td><td>每种构件集评级</td><td rowspan="3">上部承重结构评级</td></tr>
<tr><td>结构侧向位移评级</td></tr>
<tr><td>—</td><td>按结构布置、支撑、圈梁、结构间连系等检查项目评定结构整体性等级</td></tr>
<tr><td>围护系统承重</td><td colspan="3">按上部承重结构检查项目及步骤评定围护系统承重部分各层次安全性等级</td></tr>
</table>

续表 2-9

<table>
<tr><td colspan="2">层次</td><td>一</td><td colspan="2">二</td><td>三</td></tr>
<tr><td colspan="2">层名</td><td>构件</td><td colspan="2">子单元</td><td>鉴定单元</td></tr>
<tr><td rowspan="6">使用性鉴定</td><td>等级</td><td>a_s、b_s、c_s</td><td colspan="2">A_s、B_s、C_s</td><td>A_{ss}、B_{ss}、C_{ss}</td></tr>
<tr><td>地基基础</td><td>—</td><td colspan="2">按上部承重结构和围护系统工作状态评估地基基础等级</td><td rowspan="5">鉴定单元正常使用性评级</td></tr>
<tr><td rowspan="2">上部承重结构</td><td rowspan="2">按位移、裂缝、风化、锈蚀等检查项目评定单个构件等级</td><td>每种构件集评级</td><td rowspan="2">上部承重结构评级</td></tr>
<tr><td>结构侧向位移评级</td></tr>
<tr><td rowspan="2">围护系统功能</td><td>—</td><td>按屋面防水、吊顶、墙、门窗、地下防水及其他防护设施等检查项目评定围护系统功能等级</td><td rowspan="2">围护系统评级</td></tr>
<tr><td colspan="2">按上部承重结构检查项目及步骤评定围护系统承重部分各层次使用性等级</td></tr>
<tr><td rowspan="4">可靠性鉴定</td><td>等级</td><td>a、b、c、d</td><td colspan="2">A、B、C、D</td><td>Ⅰ、Ⅱ、Ⅲ、Ⅳ</td></tr>
<tr><td>地基基础</td><td colspan="3" rowspan="3">以同层次安全性和正常使用性评定结果并列表达，或按木标准规定的原则确定其可靠性等级</td><td rowspan="3">鉴定单元可靠性评级</td></tr>
<tr><td>上部承重结构</td></tr>
<tr><td>围护系统</td></tr>
</table>

①根据构件各检查项目评定结果，确定单个构件等级；

②根据子单元各检查项目及各种构件的评定结果，确定子单元等级；

③根据各子单元的评定结果，确定鉴定单元等级。

（2）各层次可靠性鉴定评级，应以该层次安全性和正常使用性的评定结果为依据综合确定。每一层次的可靠性等级分为四级。

（3）当仅要求鉴定某层次的安全性或正常使用性时，检查和评定工作可只进行到该层次相应程序规定的步骤。

2.9.1.6　鉴定评级标准

1. 安全性鉴定评级标准

民用建筑安全性鉴定评级的各层次分级标准按表 2-10 的规定采用。层次与等级关系如图 2-4 所示。

表 2-10　安全性鉴定分级标准

层次	鉴定对象	等级	分级标准	处理要求
一	单个构件或其检查项目	a_u	安全性符合本标准对 a_u 级的规定，具有足够的承载能力	不必采取措施
		b_u	安全性略低于本标准对 a_u 级的规定，尚不显著影响承载能力	可不采取措施
		c_u	安全性不符合本标准对 a_u 级的规定，显著影响承载能力	应采取措施
		d_u	安全性不符合本标准对 a_u 级的规定，已严重影响承载能力	必须及时或立即采取措施
二	子单元或子单元中的某种构件集	A_u	安全性符合本标准对 A_u 级的规定，不影响整体承载	可能有个别一般构件应采取措施
		B_u	安全性略低于本标准对 A_u 级的规定，尚不显著影响整体承载	可能有极少数构件应采取措施
		C_u	安全性不符合本标准对 A_u 级的规定，显著影响整体承载	应采取措施，且可能有极少数构件必须立即采取措施
		D_u	安全性极不符合本标准对 A_u 级的规定，严重影响整体承载	必须立即采取措施
三	鉴定单元	A_{su}	安全性符合本标准对 A_{su} 级的规定，不影响整体承载	可能有极少数一般构件应采取措施
		B_{su}	安全性略低于本标准对 A_{su} 级的规定，尚不显著影响整体承载	可能有极少数构件应采取措施
		C_{su}	安全性不符合本标准对 A_{su} 级的规定，显著影响整体承载	应采取措施，且可能有极少数构件必须及时采取措施
		D_{su}	安全性严重不符合本标准对 A_{su} 级的规定，严重影响整体承载	必须立即采取措施

注：表中本标准指《民用建筑可靠性鉴定标准》（GB 50292—2015）。

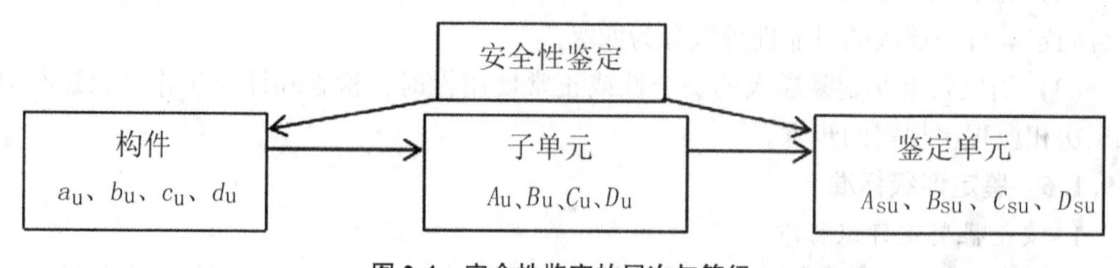

图 2-4　安全性鉴定的层次与等级

2. 使用性鉴定评级标准

民用建筑正常使用性鉴定评级的各层次分级标准应按表 2-11 的规定采用。层次与等级关系如图 2-5 所示。

表 2-11　使用性鉴定分级标准

层次	鉴定对象	等级	分级标准	处理要求
一	单个构件或其检查项目	a_s	使用性符合本标准对 a_s 级的规定，具有正常的使用功能	不必采取措施
		b_s	使用性略低于本标准对 a_s 级的规定，尚不显著影响使用功能	可不采取措施
		c_s	使用性不符合本标准对 a_s 级的规定，显著影响使用功能	应采取措施
二	子单元或其中某种构件集	A_s	使用性符合本标准对 A_s 级的规定，不影响整体使用功能	可能有极少数一般构件应采取措施
		B_s	使用性略低于本标准对 A_s 级的规定，尚不显著影响整体使用功能	可能有极少数构件应采取措施
		C_s	使用性不符合本标准对 A_s 级的规定，显著影响整体使用功能	应采取措施
三	鉴定单元	A_{ss}	使用性符合本标准对 A_{ss} 级的规定，不影响整体使用功能	可能有极少数一般构件应采取措施
		B_{ss}	使用性略低于本标准对 A_{ss} 级的规定，尚不显著影响整体使用功能	可能有极少数构件应采取措施
		C_{ss}	使用性不符合本标准对 A_{ss} 级的规定，显著影响整体使用功能	应采取措施

注：表中本标准指《民用建筑可靠性鉴定标准》(GB 50292—2015)。

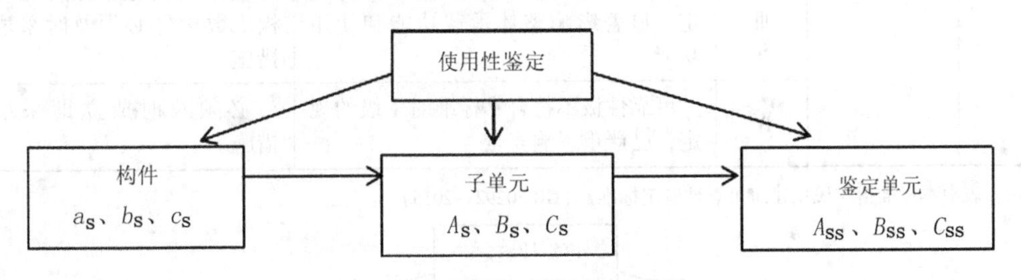

图 2-5　使用性鉴定的层次与等级

3. 可靠性鉴定评级标准

民用建筑可靠性鉴定评级的各层次分级标准应按表 2-12 的规定采用。层次与等级关系如图 2-6 所示。

表 2-12　可靠性鉴定分级标准

层次	鉴定对象	等级	分级标准	处理要求
一	单个构件	*a*	可靠性符合本标准对 *a* 级的规定，具有正常的承载功能和使用功能	不必采取措施
		b	可靠性略低于本标准对 *a* 级的规定，尚不显著影响承载功能和使用功能	可不采取措施
		c	可靠性不符合本标准对 *a* 级的规定，显著影响承载功能和使用功能	应采取措施
		d	可靠性不符合本标准对 *a* 级的规定，已严重影响安全	必须及时或立即采取措施
二	子单元或其中的某种构件	*A*	可靠性符合本标准对 *A* 级的规定，不影响整体承载功能和使用功能	可能有个别一般构件应采取措施
		B	可靠性略低于本标准对 *A* 级的规定，但尚不显著影响整体承载功能和使用功能	可能有极少数构件应采取措施
		C	可靠性不符合本标准对 *A* 级的规定，显著影响整体承载功能和使用功能	应采取措施，且可能有极少数构件必须及时采取措施
		D	可靠性极不符合本标准对 *A* 级的规定，已严重影响安全	必须及时或立即采取措施
三	鉴定单元	Ⅰ	可靠性符合本标准对Ⅰ级的规定，不影响整体承载功能和使用功能	可能有极少数一般构件应在安全性或使用性方面采取措施
		Ⅱ	可靠性略低于本标准对Ⅰ级的规定，尚不显著影响整体承载功能和使用功能	可能有极少数构件应在安全性或使用性方面采取措施
		Ⅲ	可靠性不符合本标准对Ⅰ级的规定，显著影响整体承载功能和使用功能	应采取措施，且可能有极少数构件必须及时采取措施
		Ⅳ	可靠性极不符合本标准对Ⅰ级的规定，已严重影响安全	必须及时或立即采取措施

注：表中本标准指《民用建筑可靠性鉴定标准》（GB 50292—2015）。

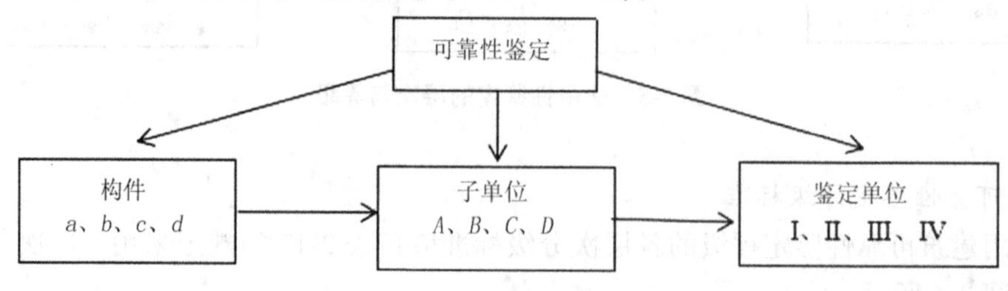

图 2-6　可靠性鉴定的层次与等级

2.9.1.7　施工验收资料缺失的房屋鉴定

施工验收资料缺失的房屋鉴定应包括建筑工程基础及上部结构实体质量的检验与评定；当检验难以按现行有关施工质量验收规范执行时，应进行结构安全性鉴定。建造在抗震设防区缺少施工验收资料房屋的鉴定，还应包括抗震鉴定。

1. 结构实体检测

1）施工质量检测

（1）对结构不存在过大变形、损伤和严重外观质量缺陷的情况，其实体工程质量检测可仅抽取少量试样。若抽样检验结果满足相应专业验收规范要求，则可评定为施工质量合格；若抽样检验结果不满足相应专业验收规范要求，则应进行抽样检验和评定。

（2）对于结构存在过大变形、损伤和严重外观质量缺陷的，地基基础和上部结构实体质量的检测内容、抽样数量和合格标准，应符合国家现行各专业施工质量验收规范的规定。

2）施工质量评定

施工验收资料缺失房屋的施工质量，应以地基基础和上部结构实体质量的检测结果为依据进行评定。

（1）项目和一般项目的抽样检验合格；或虽有少数项目不合格，但已按现行施工质量验收规范的要求采取技术措施予以整改；整改后检验合格的建筑工程，可评为质量验收合格。

（2）实体质量检测结果为质量验收不合格的建筑工程应按鉴定标准的规定进行安全性鉴定。

2. 验收资料缺失的房屋安全与抗震鉴定

（1）施工验收资料缺失的房屋，若《民用建筑可靠性鉴定标准》（GB 50292—2015）规定补检实体质量不合格，则应根据详细调查检测结果，对承重结构、构件的承载能力与抗震能力进行验算和构造鉴定。

（2）施工验收资料缺失的房屋结构，其安全性鉴定与抗震鉴定的要求如下：

①依据调查、检测结果进行建筑结构可靠性和抗震性能分析，并考虑建筑物结构的缺陷和损伤现状对结构安全性、抗震性能及耐久性能的影响；

②当按鉴定标准的规定和要求对未经竣工验收的房屋进行安全性鉴定时，应以 a_u 级和 A_u 级为合格标准；

③应按结构体系、结构布置、结构抗震承载力、整体性构造等进行分析，给出抗震能力综合鉴定结果；

④当未经竣工验收房屋满足鉴定标准 a_u 级和 A_u 级标准和抗震能力综合要求时，应予以验收；当不满足 a_u 级和 A_u 级标准或不满足抗震能力综合要求时，应进行加固处理，并应对加固处理部分重新进行施工质量验收和房屋结构安全性鉴定与抗震鉴定。

（3）对未经竣工验收房屋的安全性鉴定不适用。

2.9.1.8　地下工程施工对邻近建筑安全影响的鉴定

（1）怀疑地下工程（地下工程包括基坑、沟渠和地下隧道等工程）对邻近建筑的安全造成影响时，应进行下列调查、检测和鉴定：

①地下工程支护结构的变形、位移状况及其对邻近建筑安全的影响；

②地下水的控制状况及其失效对邻近建筑安全的影响；

③建筑物的变形、损伤状况及其对结构安全性的影响。

（2）工程支护结构和地下水控制措施的安全性鉴定，应符合现行国家标准《建筑地基基础设计规范》（GB 50007—2011）及《建筑地基基础工程施工质量验收标准》（GB 50202—2018）有关规定的要求。

（3）受地下工程施工影响的建筑，其安全性鉴定可按鉴定标准的有关规定进行。

2.9.1.9 构件安全性鉴定评级

1. 一般规定

（1）单个构件安全性的鉴定评级，应根据构件的不同种类，分别按鉴定标准的规定执行。

（2）当验算被鉴定结构或构件的承载能力时，应遵守鉴定标准的规定。

（3）当需通过荷载试验评估结构构件的安全性时，应按现行专门标准进行。若检验结果表明，其承载能力符合设计和规范要求，可根据其完好程度，定为 a_u 级或 b_u 级；若承载能力不符合设计和规范要求，可根据其严重程度，定为 c_u 级或 d_u 级。

（4）当建筑物中的构件同时符合下列条件时，可不参与鉴定。当有必要给出该构件的安全性等级时，可根据其实际完好程度定为 a_u 级或 b_u 级。

①该构件未受结构性改变、修复、修理或用途、或使用条件改变的影响；

②该构件未遭明显的损坏；

③该构件工作正常，且不怀疑其可靠性不足；

④在下一目标使用年限内，该构件所承受的作用和所处的环境，与过去相比不会发生显著变化。

（5）当检查一种构件的材料由于与时间有关的环境效应或其他均匀作用的因素引起的性能变化时，允许采用随机抽样的方法，在该种构件中取 5~10 个构件作为检测对象，并按现行检测方法标准规定的从每一构件上切取的试件数或划定的测点数，测定其材料强度或其他力学性能。

（6）当构件总数少于 5 个时，应逐个进行检测。当委托方对该种构件的材料强度检测有较严的要求时，也可通过协商适当增加受检构件的数量。

2. 混凝土结构构件

（1）混凝土结构构件的安全性鉴定包括：承载能力、构造、不适于继续承载的位移或变形和裂缝四个检查项目，分别评定每一个验算项目（如受弯承受力、受剪承受力等）的等级，然后取其中最低一级作为该项目的评定等级。

（2）当按承载能力评定混凝土结构构件的安全性等级时，应按鉴定标准的规定，分别评定构件安全性等级。每一验算项目的等级，应取其中最低等级作为该构件承载能力的安全性等级。

（3）当按构造评定混凝土结构构件的安全性等级时，应按鉴定标准的规定，分别评定每个检查项目的等级，并应取其中最低等级作为该构件构造的安全性等级。

(4) 当混凝土结构构件的安全性按不适于承载的位移或变形评定时，应符合鉴定标准的规定。

(5) 当混凝土结构构件不适于承载的裂缝宽度的评定时，应按标准规定进行评级，并应根据其实际严重程度定为 c_u 级或 d_u 级。

(6) 当混凝土结构构件出现下列情况之一的非受力裂缝时，也应视为不适于承载的裂缝，并应根据其实际严重程度定为 c_u 级或 d_u 级：

①因主筋锈蚀（或腐蚀），导致混凝土产生沿主筋方向开裂、保护层脱落或掉角；

②因温度、收缩等作用产生的裂缝，其宽度已比鉴定标准规定的弯曲裂缝宽度值超过50%，且分析表明已显著影响结构的受力。

(7) 当混凝土结构构件同时存在受力裂缝和非受力裂缝时，应按鉴定标准的规定分别评定其等级，并取其中较低一级作为该构件的裂缝等级。

(8) 当混凝土结构构件有较大范围损伤时，应根据其实际严重程度直接定为 c_u 级或 d_u 级。

2.9.1.10　构件使用性鉴定评级

1. 一般规定

(1) 单个构件使用性的鉴定评级，应根据其不同的材料种类，分别按鉴定标准的规定执行。

(2) 使用性鉴定，应以现场的调查、检测结果为基本依据。鉴定采用的检测数据，应符合鉴定标准的规定。

(3) 当遇到下列情况之一时，结构的主要构件鉴定，尚应按正常使用极限状态的要求进行计算分析与验算：

①检测结果需与计算值进行比较；

②检测只能取得部分数据，需通过计算分析进行鉴定；

③为改变建筑物用途、使用条件或使用要求而进行的鉴定。

(4) 对被鉴定的结构构件进行计算和验算，除应符合国家现行设计规范的规定和鉴定标准的规定外，尚应符合鉴定标准相关规定。

(5) 当同时符合下列条件时，构件的使用性等级，可根据实际工作情况直接评为 a_s 级或 b_s 级：

①经详细检查未发现构件有明显的变形、缺陷、损伤、腐蚀，也没有累积损伤问题；

②经过长时间的使用，构件状态仍然良好或基本良好，能够满足下一目标使用年限内的正常使用要求；

③在下一目标使用年限内，构件上的作用和环境条件与过去相比不会发生显著变化。

(6) 当需评估混凝土构件、钢结构构件和砌体构件的耐久性及其剩余耐久年限时，可分别按鉴定标准的规定进行评估。

2. 混凝土结构构件

（1）混凝土结构构件的使用性鉴定，应按位移或变形、裂缝、缺陷和损伤等四个检查项目，分别评定每一受检构件的等级，并取其中最低一级作为该构件使用性等级。

混凝土结构构件碳化深度的测定结果主要用于鉴定分析，不参与评级。但当构件主筋已处于碳化区内，应在鉴定报告中指出，并应结合其他项目的检测结果提出处理的建议。

（2）当混凝土桁架和其他受弯构件的使用性按其挠度检测结果评定时，宜按下列规定评级：

①当检测值小于计算值及国家现行设计规范限值时，可评为 a_s 级；

②当检测值大于或等于计算值，但不大于国家现行设计规范限值时，可评为 b_s 级；

③当检测值大于国家现行设计规范限值时，应评为 c_s 级。

（3）当混凝土柱的使用性需要按其柱顶水平位移或倾斜检测结果评定时，可按鉴定标准规定的评级。

（4）当混凝土结构构件的使用性按其裂缝宽度检测结果评定时，应符合相应规定。

（5）混凝土构件的缺陷和损伤等级的评定按相应的规定评级。

2.9.1.11　子单元安全性鉴定评级

1. 一般规定

（1）民用建筑安全性的第二层次鉴定评级，应按地基基础、上部承重结构和围护系统的承重部分划分为三个子单元，并应分别按相关规定的鉴定方法和评级标准进行评定。当不要求评定围护系统可靠性时，也可不将围护系统承重部分列为子单元，而将其安全性鉴定并入上部承重结构中。

（2）当需验算上部承重结构的承载能力时，其作用效应按鉴定标准的规定确定；当需验算地基变形或地基承载力时，其地基的岩土性能和地基承载力标准值，应由原有地质勘察资料和补充勘察报告提供。

（3）当仅要求对某个子单元的安全性进行鉴定时，该子单元与其他相邻子单元之间的交叉部位也应进行检查，并应在鉴定报告中提出处理意见。

2. 地基基础

（1）地基基础子单元的安全性鉴定评级，应根据地基变形或地基承载力的评定结果进行确定。对建在斜坡场地的建筑物，还应按边坡场地稳定性的评定结果进行确定。

（2）当鉴定地基、桩基的安全性时，应符合下列规定：

①一般情况下，宜根据地基、桩基沉降观测资料，以及其不均匀沉降在上部结构中反映的检查结果进行鉴定评级；

②当需对地基、桩基的承载力进行鉴定评级时，应以岩土工程勘察档案和有关检测资料为依据进行评定。若档案、资料不全，还应补充近位勘探点，进一步查明土层分布情况，并结合当地工程经验进行核算和评价；

③对建造在斜坡场地上的建筑物，应根据历史资料和实地勘察结果，对边坡场地的稳定性进行评级。

（3）当地基基础的安全性按地基变形观测资料或其上部结构反映的检查结果评定时，应按下列规定评级：

A_u 级：不均匀沉降小于现行国家标准 GB 50007—2011 规定的允许沉降差；建筑物无沉降裂缝、变形或位移。

B_u 级：不均匀沉降不大于现行国家标准 GB 50007—2011 规定的允许沉降差，且连续两个月地基沉降量小于每月 2 mm；建筑物的上部结构虽有轻微裂缝，但无发展迹象。

C_u 级：不均匀沉降大于现行国家标准 GB 50007—2011 规定的允许沉降差；或连续两个月地基沉降量大于每月 2 mm；或建筑物上部结构砌体部分出现宽度大于 5 mm 的沉降裂缝，预制构件连接部位可能出现宽度大于 1 mm 的沉降裂缝，且沉降裂缝短期内无终止趋势。

D_u 级：不均匀沉降远大于现行国家标准 GB 50007—2011 规定的允许沉降差；连续两个月地基沉降量大于每月 2 mm，且尚有变快趋势；或建筑物上部结构的沉降裂缝发展显著；砌体的裂缝宽度大于 10 mm；预制构件连接部位的裂缝宽度大于 3 mm；现浇结构个别部分也已开始出现沉降裂缝。

以上规定的沉降标准，仅适用于建成已 2 年以上，且建于一般地基土上的建筑物、在高压缩性黏性土或其他特殊性土地基上的建筑物，此年限宜根据当地经验适当加长。

（4）当地基基础的安全性按其承载力评定时，可根据鉴定标准规定的检测和计算分析结果采用下列规定评级：

①当地基基础承载力符合现行国家标准 GB 50007—2011 的要求时，可根据建筑物的完好程度评为 A_u 级或 B_u 级；

②当地基基础承载力不符合现行国家标准 GB 50007—2011 的要求时，可根据建筑物开裂损伤的严重程度评为 C_u 级或 D_u 级。

（5）当地基基础的安全性按边坡场地稳定性项目评级时，应按下列标准评定：

A_u 级：建筑场地地基稳定，无滑动迹象及滑动史。

B_u 级：建筑场地地基在历史上曾有过局部滑动，经治理后已停止滑动，且近期评估表明，在一般情况下，不会再滑动。

C_u 级：建筑场地地基在历史上发生过滑动，目前虽已停止滑动，但若触动诱发因素，今后仍有可能再滑动。

D_u 级：建筑场地地基在历史上发生过滑动，目前又有滑动或滑动迹象。

（6）在鉴定中当发现地下水位或水质有较大变化，或土压力、水压力有显著改变，且可能对建筑物产生不利影响时，应对此类变化所产生的不利影响进行评价，并提出处理的建议。

（7）地基基础子单元的安全性等级，应根据鉴定标准关于地基基础和场地的评定结果按其中最低一级确定。

3. 上部承重结构

（1）上部承重结构子单元的安全性鉴定评级，应根据其结构承载功能等级、结构整体性等级以及结构侧向位移等级的评定结果进行确定。

（2）上部结构承载功能的安全性评级，当有条件采用较精确的方法评定时，应在详细调查的基础上，根据结构体系的类型及其空间作用程度，按国家现行标准规定的结构分析方法和结构实际的构造确定合理的计算模型，通过对结构作用效应分析和抗力分析，并结合工程鉴定经验进行评定。

（3）当上部承重结构可视为由平面结构组成的体系，且其构件工作不存在系统性因素的影响时，其承载功能的安全性等级可按相关规定评定。

（4）当上部承重结构虽可视为由平面结构组成的体系，但其构件工作受到灾害或其他系统性因素的影响时，其承载功能的安全性等级可按相关规定评定。

（5）在代表层（或区）中，主要构件集安全性等级的评定，可根据该种构件集内每一受检构件的评定结果，按鉴定标准的分级标准评级。

（6）在代表层（或区）中，一般构件集安全性等级的评定，应按规定的分级标准评级。

（7）各代表层（或区）的安全性等级，应按该代表层（或区）中各主要构件集间的最低等级确定。当代表层（或区）中一般构件集的最低等级比主要构件集最低等级低二级或三级时，该代表层（或区）所评的安全性等级应降一级或降二级。

（8）上部结构承载功能的安全性等级，可按下列规定确定：

A_u 级：不含 C_u 级和 D_u 级代表层(或区)；可含 B_u 级，但含量不多于 30%。

B_u 级：不含 D_u 级代表层(或区)；可含 C_u 级，但含量不多于 15%。

C_u 级：可含 C_u 级和 D_u 级代表层(或区)；当仅含 C_u 级时，其含量不多于 50%；当仅含 D_u 级时，其含量不多于 10%；当同时含有 C_u 级和 D_u 级时，其 C_u 级含量不应多于 25%，D_u 级含量不多于 5%。

D_u 级：C_u 级或 D_u 级代表层(或区) 的含量多于 C_u 级的规定数。

（9）结构整体牢固性等级的评定，可按鉴定标准的规定，先评定其每一检查项目的等级，然后按下列原则确定该结构整体性等级：

①当四个检查项目均不低于 B_u 级时，可按占多数的等级确定。

②当仅一个检查项目低于 B_u 级时，可根据实际情况定为 B_u 级或 C_u 级。

③每个项目评定结果取 A_u 级或 B_u 级，应根据其实际完好程度确定；取 C_u 级或 D_u 级，应根据其实际严重程度确定。

（10）对上部承重结构不适于承载的侧向位移，应根据其检测结果，按相应规定评级。

（11）上部承重结构的安全性等级，应根据规定的评定结果，按相应原则确定。

（12）对检测、评估认为可能存在整体稳定性问题的大跨度结构，应根据实际检测结果建立计算模型，采用可行的结构分析方法进行整体稳定性验算；当验算结果尚能满足设计要求时，仍可评为 B_u 级；当验算结果不满足设计要求时，应根据其严重程度评为 C_u 级或 D_u 级，并应参与上部承重结构安全性等级评定。

4. 围护系统的承重部分

（1）围护系统承重部分的安全性，应在该系统专设的和参与该系统工作的各种承重构件的安全性评级的基础上，根据该部分结构承载功能等级和结构整体性等级的评定结果进行确定。

（2）当评定一种构件集的安全性等级时，应根据每一受检构件的评定结果及其构件类别，分别按鉴定标准的规定评级。

（3）当评定围护系统的计算单元或代表层的安全性等级时，应按鉴定标准的规定评级。

（4）围护系统的结构承载功能的安全性等级，应按鉴定标准的规定确定。

（5）当评定围护系统承重部分的结构整体性时，应按鉴定标准的规定评级。

（6）围护系统承重部分的安全性等级，可根据鉴定标准的评定结果，按下列规定确定：

①当仅有 A_u 级和 B_u 级时，按占多数级别确定；

②当含有 C_u 级或 D_u 级时，可按下列规定评级：当 C_u 级或 D_u 级属于结构承载功能问题时，按最低等级确定；当 C_u 级或 D_u 级属于结构整体性问题时，宜定为 C_u 级；

③围护系统承重部分评定的安全性等级，不得高于上部承重结构的等级。

2.9.1.12　子单元使用性鉴定评级

1. 一般规定

（1）民用建筑使用性的第二层次子单元鉴定评级，应按地基基础、上部承重结构和围护系统划分为三个子单元，并应分别按鉴定标准规定的方法和标准进行评定。

（2）当仅要求对某个子单元的使用性进行鉴定时，该子单元与其他相邻子单元之间的交叉部位也应进行检查。当发现存在使用性问题时，应在鉴定报告中提出处理意见。

（3）当需按正常使用极限状态的要求对被鉴定结构进行验算时，其所采用的分析方法和基本数据应符合鉴定标准的要求。

2. 地基基础

（1）地基基础的使用性，可根据其上部承重结构或围护系统的工作状态进行评定。

（2）当评定地基基础的使用性等级时，应按下列规定评级：

①当上部承重结构和围护系统的使用性检查未发现问题，或所发现问题与地基基础无关时，可根据实际情况定为 A_s 级或 B_s 级；

②当上部承重结构和围护系统所发现的问题与地基基础有关时，可根据上部承重结构和围护系统所评的等级，取其中较低一级作为地基基础使用性等级。

3. 上部承重结构

（1）上部承重结构子单元的使用性鉴定评级，应根据其所含各种构件集的使用性等级和结构的侧向位移等级进行评定。当建筑物的使用要求对振动有限制时，还应评估振动（或颤动）的影响。

（2）当评定一种构件集的使用性等级时，应按相应规定评级。

（3）在计算单元或代表层中，评定一种构件集的使用性等级时，应根据该层该种构件中每受检构件的评定结果，按相应规定评级。

（4）各计算单元或代表层的使用性等级，应按鉴定标准的规定进行确定。

（5）上部结构使用功能的等级，应根据计算单元或代表层所评的等级，按下列规定确定：

A_s 级：不含 C_s 级的计算单元或代表层；可含 B_s 级，但含量不宜多于30%；

B_s 级：可含 C_s 级的计算单元或代表层，但含量不多于20%；

C_s 级：在该计算单元或代表层中，C_s 级含量多于 B_s 级的规定值。

（6）当上部承重结构的使用性需考虑侧向位移的影响时，可采用检测或计算分析的方法进行鉴定，但应按相应规定进行评级。

（7）上部承重结构的使用性等级，应根据鉴定标准的评定结果，按上部结构使用功能和结构侧移所评等级，取其中较低等级作为其使用性等级。

（8）当遇到下列情况之一时，可不按鉴定标准相应条款的规定，而直接将该上部结构使用性等级定为 C_s 级。

①在楼层中，其楼面振动（或颤动）已使室内精密仪器不能正常工作，或已明显引起人体不适感；

②在高层建筑的顶部几层，其风振效应已使用户感到不安；

③振动引起的非结构构件或装饰层的开裂或其他损坏，已可通过目测判定。

4. 围护系统

（1）围护系统（子单元）的使用性鉴定评级，应根据该系统的使用功能及其承重部分的使用性等级进行评定。

（2）当对围护系统使用功能等级评定时，应按相应规定的检查项目及其评定标准逐项评级，并按下列原则确定围护系统的使用功能等级：

①一般情况下，可取其中最低等级作为围护系统的使用功能等级；

②当鉴定的房屋各检查项目的要求有主次之分时，也可取主要项目中的最低等级作为围护系统使用功能等级；

③当按上款主要项目所评的等级为 A_s 级或 B_s 级，但有多于一个次要项目为 C_s 级时，应将所评等级降为 C_s 级。

2.9.1.13 鉴定单元安全性评级及使用性评级

1. 鉴定单元安全性评级

（1）民用建筑鉴定单元的安全性鉴定评级，应根据其地基基础、上部承重结构和围护系统承重部分等的安全性等级，以及与整幢建筑有关的其他安全问题进行评定。

（2）鉴定单元的安全性等级，应根据鉴定标准的评定结果按下列原则规定：

①一般情况下，应根据地基基础和上部承重结构的评定结果按其中较低等级确定；

②当鉴定单元安全性等级按上款评为 A_u 级或 B_u 级但围护系统承重部分的等级为 C_u 级或 D_u 级时，可根据实际情况将鉴定单元所评等级降低一级或二级，但最后所定的等级不得低于 C_{su} 级。

（3）对下列任一情况，可直接评为 D_{su} 级：

①建筑物处于有危房的建筑群中，且直接受到其威胁；

②建筑物朝一方倾斜，且速度开始变快。

（4）当新测定的建筑物动力特性，与原先记录或理论分析的计算值相比，有下列变化时，可判其承重结构可能有异常，应经进一步检查、鉴定后再评定该建筑物的安全性等级。

①建筑物基本周期显著变长或基本频率显著下降；

②建筑物振型有明显改变或振幅分布无规律。

2. 鉴定单元使用性评级

（1）民用建筑鉴定单元的使用性鉴定评级，应根据地基基础、上部承重结构和围护系统的使用性等级，以及与整幢建筑有关的其他使用功能问题进行评定。

（2）鉴定单元的使用性等级，应根据鉴定标准的规定评定结果按三个子单元中最低的等级确定。

（3）当鉴定单元的使用性等级按鉴定标准评为 A_{ss} 级或 B_{ss} 级，但若遇到下列情况之一时，宜将所评等级降为 C_{ss} 级：

①房屋内外装修已大部分老化或残损；

②房屋管道、设备已需全部更新。

2.9.1.14　民用建筑可靠性评级

（1）民用建筑的可靠性鉴定，应按标准规定划分的层次，以其安全性和使用性的鉴定结果为依据逐层进行。

（2）当不要求给出可靠性等级时，民用建筑各层次的可靠性，宜采取直接列出其安全性等级和使用性等级的形式予以表示。

（3）当需要给出民用建筑各层次的可靠性等级时，可根据其安全性和正常使用性的评定结果，按下列原则确定：

①当该层次安全性等级低于 b_u 级、B_u 级或 B_{su} 级时，应按安全性等级确定；

②除上款情形外，可按安全性等级和正常使用性等级中较低的一个等级确定；

③当考虑鉴定对象的重要性或特殊性时，允许对上款的评定结果做不大于一级的调整。

2.9.1.15　鉴定报告的编写要求

1. 民用建筑可靠性鉴定报告的内容

（1）建筑物概况。

（2）鉴定的目的、范围和内容。

（3）检查、分析、鉴定的结果。

（4）结论与建议。

（5）附件。

2. 详细说明的内容

（1）鉴定报告中，应对 c_u 级、d_u 级构件及 C_u 级和 D_u 级检查项目的数量、所处位置及其处理建议，逐一做出详细说明。

（2）当房屋的构造复杂或问题很多时，尚应绘制 c 级和 d 级构件及 C 级和 D 级检查项目的分布图。

3. 安全性鉴定的处理措施

对承重结构或构件的安全性鉴定所查出的问题，应根据其严重程度和具体情况有选择地采取下列处理措施：

（1）减少结构上的荷载。

（2）加固或更换构件。

（3）临时支顶。

（4）停止使用。

（5）拆除部分结构或全部结构。

4. 使用性鉴定的处理措施

对承重结构或构件的使用性鉴定所查出的问题，可根据实际情况有选择地采取下列措施：

（1）考虑经济因素而接受现状。

（2）考虑耐久性要求而进行修补、封护或化学药剂处理。

（3）改变使用条件或改变用途。

（4）全面或局部修缮、更新。

（5）进行现代化改造。

5. 可靠性鉴定的说明

鉴定报告中应对可靠性鉴定结果进行说明，并应包含下列内容：

（1）对建筑物或其组成部分所评的等级，应仅作为技术管理或制订维修计划的依据。

（2）即使所评等级较高，也应及时对其中所含的 c_u 级和 d_u 级构件及 C_u 级和 D_u 级检查项目采取加固或拆换措施。

2.9.2 抗震鉴定

2.9.2.1 一般规定

现有建筑的抗震鉴定是根据建筑结构的特点、结构布置、构造和抗震承载力等因素，采用相应的逐级鉴定方法，进行综合抗震能力分析。对符合抗震鉴定要求的建筑应说明其后续使用年限，对不符合抗震鉴定要求的建筑提出相应的抗震减灾应对措施。

抗震鉴定分为两级：第一级鉴定应以宏观控制和构造鉴定为主进行综合评价；第二级鉴定应以抗震验算为主结合构造影响进行综合评价。

现有建筑宏观控制和构造鉴定主要从平立面布置、结构体系、材料强度、房屋高度和层数、构件构造措施、连接构造的整体性和可靠性、地基基础等方面，总结了抗震鉴定的内容和要求。

一般采用《建筑抗震鉴定标准》（GB 50023—2009）规定的方法进行抗震验算。

现有建筑的抗震鉴定的基本步骤和内容：收集原始资料，进行建筑物现在的调查，进行综合抗震能力的逐级分析，对现有建筑的整体抗震性能做出评价并给出相应的意见。

现有建筑应根据实际需要和可能，选择其相应的后续使用年限：

（1）在 20 世纪 70 年代及以前建造经耐久性鉴定可继续使用的现有建筑，其后续使用年限不应少于 30 年；在 80 年代建造的现有建筑，宜采用 40 年或更长，且不得少于 30 年。

（2）在 20 世纪 90 年代（按当时施行的抗震设计规范系列设计）建造的现有建筑，其后续使用年限不宜少于 40 年，条件许可时应采用 50 年。

（3）在 2001 年以后（按当时施行的抗震设计规范系列设计）建造的现有建筑，其后续使用年限宜采用 50 年。

不同后续使用年限的现有建筑，其抗震鉴定方法应符合下列要求：

（1）后续使用年限 30 年的建筑（简称 A 类建筑），应采用 A 类建筑抗震鉴定方法。

（2）后续使用年限 40 年的建筑（简称 B 类建筑），应采用 B 类建筑抗震鉴定方法。

（3）后续使用年限 50 年的建筑（简称 C 类建筑），应按现行国家标准《建筑抗震设计规范》（GB 50011—2010）的要求进行抗震鉴定。

2.9.2.2　场地、地基和基础的抗震鉴定

1. 收集场地、地基和基础资料

收集现有建筑的地勘资料、建筑地基和基础设计资料、地下管线资料、隐蔽工程资料、建筑物场地历史地震资料、地震危险分析和烈度变更等方面的法律文件等。

2. 抗震鉴定

（1）场地的抗震鉴定。

①烈度为 6 度、7 度时，建造于对抗震有利地段的建筑，可不进行场地对建筑影响的抗震鉴定；建造于危险地段的建筑，场地对建筑影响应按专门规定鉴定。

②烈度为 7~9 度时，建造于场地为条状突出山嘴、高耸孤立山丘、非岩石和强风化岩石陡坡、河岸和边坡的边缘等不利地段，应对其地震稳定性、地基滑移及对建筑的可能危害进行评估；非岩石和强风化岩石陡坡的坡度及建筑场地与坡脚的高差均较大时，应估算局部地形导致其地震影响增大的后果。

③建筑场地有液化侧向扩展且距常时水线 100 m 范围内，应判明液化后土体流滑与开裂的危险。

（2）地基和基础的抗震鉴定。

①可不进行地基基础的抗震鉴定情况：

丁类建筑；

地基主要受力层范围内不存在软弱土、饱和砂土和饱和粉土或严重不均匀土层的乙类、丙类建筑；

烈度为 6 度时的各类建筑；

烈度 7 度时，地基基础现状无严重静载缺陷的乙类、丙类建筑。

②地基基础现状鉴定。

基础无腐蚀、酥碱、松散和剥落，上部结构无不均匀沉降裂缝和倾斜，或虽有裂缝、倾斜但不严重且无发展趋势，该地基基础可评为无严重静载缺陷。

静载下已出现严重缺陷的地基基础，应同时审核其静载下的承载力。

存在软弱土、饱和砂土和饱和粉土的地基基础，应根据烈度、场地类别、建筑现状和基础类型，进行液化、震陷及抗震承载力的两级鉴定。符合第一级鉴定的规定时，应评为地基符合抗震要求，不再进行第二级鉴定。

（3）地基基础的第一级鉴定。

①基础下主要受力层存在饱和砂土或饱和粉土时，对下列情况可不进行液化影响的判别：

对液化沉陷不敏感的丙类建筑；

符合现行国家标准《建筑抗震设计规范》（GB 50011—2010）液化初步判别要求的建筑。

②基础下主要受力层存在软弱土时，对下列情况可不进行建筑在地震作用下沉陷的估算：

烈度为 8 度、9 度时，地基土静承载力特征值分别大于 80 kPa 和 100 kPa。

烈度为 8 度时，基础底面以下的软弱土层厚度不大于 5 m。

采用桩基的建筑，对下列情况可不进行桩基的抗震验算：现行国家标准《建筑抗震设计规范》（GB 50011—2010）规定可不进行桩基抗震验算的建筑；位于斜坡但地震时土体稳定的建筑。

（4）地基基础的第二级鉴定。

饱和土液化的第二级判别，应按现行国家标准《建筑抗震设计规范》（GB 50011—2010）的规定，采用标准贯入试验判别法。判别时，可计入地基附加应力对土体抗液化强度的影响。存在液化土时，应确定液化指数和液化等级，并提出相应的抗液化措施。

软弱土地基及 8 度、9 度时Ⅲ、Ⅳ类场地上的高层建筑和高耸结构，应进行地基和基础的抗震承载力验算。

（5）现有天然地基的抗震承载力验算。

①天然地基的竖向承载力验算。

按现行国家标准《建筑抗震设计规范》（GB 50011—2010）规定的方法验算，其中，地基土静承载力特征值应改用长期压密地基土静承载力特征值，其值可按下式计算：

$$f_{sE}=\zeta_s f_{sc} \tag{2-47}$$

$$f_{sc}=\zeta_c f_s \tag{2-48}$$

式中 f_{sE} ——调整后的地基土抗震承载力特征值，kPa；

ζ_s ——地基土抗震承载力调整系数，可按现行国家标准《建筑抗震设计规范》（GB 50011—2010）采用；

f_{sc} ——长期压密地基土静承载力特征值，kPa；

f_s——地基土静承载力特征值，kPa，可按现行国家标准《建筑地基基础设计规范》（GB 50007—2011）采用；

ζ_c——地基土静承载力长期压密提高系数。

②天然地基的水平抗滑验算。

抗滑阻力可采用基础底面摩擦力和基础正侧面土的水平抗力之和；基础正侧面土的水平抗力，可取其被动土压力的 1/3；抗滑安全系数不宜小于 1.1；当刚性地坪的宽度不小于地坪孔口承压面宽度的 3 倍时，尚可利用刚性地坪的抗滑能力。

（6）桩基的抗震承载力验算，可按现行国家标准《建筑抗震设计规范》(GB 50011—2010）规定的方法进行。

（7）烈度为 7~9 度时山区建筑的挡土结构、地下室或半地下室外墙的稳定性验算，可采用现行国家标准《建筑地基基础设计规范》（GB 50007—2011）规定的方法；抗滑安全系数不应小于 1.1，抗倾覆安全系数不应小于 1.2。验算时，土的重度应除以地震角的余弦，墙背填土的内摩擦角和墙背摩擦角应分别减去地震角和增加地震角。

（8）同一建筑单元存在不同类型基础或基础埋深不同时，宜根据地震时可能产生的不利影响，估算地震导致两部分地基的差异沉降，检查基础抵抗差异沉降的能力，并检查上部结构相应部位的构造抵抗附加地震作用和差异沉降的能力。

2.9.2.3　上部结构的抗震鉴定

（1）本节适用于现浇及装配整体式钢筋混凝土框架（包括填充墙框架）结构、框架-抗震墙结构及抗震墙结构。其最大高度（或层数）应符合下列规定：

①A 类钢筋混凝土房屋抗震鉴定时，房屋的总层数不超过 10 层。

②B 类钢筋混凝土房屋抗震鉴定时，房屋适用的最大高度应符合表 2-13 的要求，对不规则结构、有框支抗震墙结构或Ⅳ类场地上的结构，适用的最大高度应适当降低。

表 2-13　B 类现浇钢筋混凝土房屋适用的最大高度　（单位：m）

结构类型	烈度			
	6 度	7 度	8 度	9 度
框架结构	同非抗震设计	55	45	25
框架-抗震墙结构		120	100	50
抗震墙结构		120	100	60
框支抗震墙结构	120	100	80	不应采用

注意：房屋高度指室外地面到主要屋面板板顶的高度（不包括局部突出屋顶部分)；本章中的“抗震墙”指结构抗侧力体系中的钢筋混凝土剪力墙，不包括只承担重力荷载的混凝土墙。

（2）现有钢筋混凝土房屋的抗震鉴定，应依据其设防烈度重点检查下列薄弱部位：

①6 度时，应检查局部易掉落伤人的构件、部件以及楼梯间非结构构件的连接构造。

②7 度时，除应按 6 度时检查外，尚应检查梁柱节点的连接方式、框架跨数及不同结构体系之间的连接构造。

③8 度、9 度时，除应按 6 度、7 度时检查外，尚应检查梁、柱的配筋，材料强度，各构件间的连接，结构体形的规则性，短柱分布，使用荷载的大小和分布等。

（3）钢筋混凝土房屋的外观和内在质量宜符合下列要求：

①梁、柱及其节点的混凝土仅有少量微小开裂或局部剥落，钢筋无露筋、锈蚀。

②填充墙无明显开裂或与框架脱开。

③主体结构构件无明显变形、倾斜或歪扭。

（4）现有钢筋混凝土房屋的抗震鉴定，应按结构体系的合理性、结构构件材料的实际强度、结构构件的纵向钢筋和横向箍筋的配置及构件连接的可靠性、填充墙等与主体结构的拉结构造以及构件抗震承载力的综合分析，对整幢房屋的抗震能力进行鉴定。

当梁柱节点构造和框架跨数不符合规定时，应评为不满足抗震鉴定要求；当仅有出入口、人流通道处的填充墙不符合规定时，应评为局部不满足抗震鉴定要求。

（5）A 类钢筋混凝土房屋应进行综合抗震能力两级鉴定。当符合第一级鉴定的各项规定时，除 9 度外应允许不进行抗震验算而评为满足抗震鉴定要求；不符合第一级鉴定要求和 9 度时，除有明确规定的情况外，应在第二级鉴定中采用屈服强度系数和综合抗震能力指数的方法做出判断。

B 类钢筋混凝土房屋应根据所属的抗震等级进行结构布置和构造检查，并应通过内力调整进行抗震承载力验算；或按照 A 类钢筋混凝土房屋计入构造影响对综合抗震能力进行评定。

（6）当砌体结构与框架结构相连或依托于框架结构时，应加大砌体结构所承担的地震作用，再按《建筑抗震鉴定标准》（GB 50023—2009）第 5 章进行抗震鉴定；对框架结构的鉴定，应计入两种不同性质的结构相连导致的不利影响。

（7）砖女儿墙、门脸等非结构构件和突出屋面的小房间，应符合标准的有关规定。

2. 9. 2. 4　抗震措施鉴定

（1）现有 B 类钢筋混凝土房屋的抗震鉴定，应按表 2-14 确定鉴定时所采用的抗震等级，并按其所属抗震等级的要求核查抗震构造措施。

表 2-14　钢筋混凝土结构的抗震等级

<table>
<tr><td colspan="2" rowspan="2">结构类型</td><td colspan="9">烈度</td></tr>
<tr><td colspan="2">6 度</td><td colspan="2">7 度</td><td colspan="3">8 度</td><td colspan="2">9 度</td></tr>
<tr><td rowspan="2">框架结构</td><td>房屋高度（m）</td><td>≤25</td><td>>25</td><td>≤35</td><td>>35</td><td>≤35</td><td colspan="2">>35</td><td colspan="2">≤25</td></tr>
<tr><td>框架</td><td>四</td><td>三</td><td>三</td><td>二</td><td>二</td><td colspan="2">一</td><td colspan="2">一</td></tr>
<tr><td rowspan="3">框架-抗震墙结构</td><td>房屋高度（m）</td><td>≤50</td><td>>50</td><td>≤60</td><td>>60</td><td>≤50</td><td>50~80</td><td>>80</td><td>≤25</td><td>>25</td></tr>
<tr><td>框架</td><td>四</td><td>三</td><td>三</td><td>二</td><td>三</td><td>二</td><td>一</td><td>二</td><td>一</td></tr>
<tr><td>抗震墙</td><td colspan="2">三</td><td colspan="2">二</td><td>二</td><td colspan="2">一</td><td colspan="2">一</td></tr>
</table>

续表 2-14

结构类型		烈度								
		6 度		7 度		8 度			9 度	
抗震墙结构	房屋高度（m）	≤60	>60	≤80	>80	<35	35~80	>80	≤25	>25
	一般抗震墙	四	三	三	二	三	二	一	二	一
	有框支层的落地抗震墙底部加强部位	三	二	二		二	一	不宜采用	不应采用	
	框支层框架	三	二	二	一	二	一			

注：乙类设防时，抗震等级应提高 1 度查表。

（2）现有房屋的结构体系应按下列规定检查：

①框架结构不宜为单跨框架；乙类设防时不应为单跨框架结构，且 8 度、9 度时按梁柱的实际配筋、柱轴向力计算的框架柱的弯矩增大系数宜大于 1.1。

②结构布置宜按标准的要求检查其规则性，不规则房屋设有防震缝时，其最小宽度应符合现行国家标准《建筑抗震设计规范》（GB 50011—2010）的要求，并应提高相关部位的鉴定要求。

③钢筋混凝土框架房屋结构布置的检查，尚应按下列规定：框架应双向布置，框架梁与柱的中线宜重合。梁的截面宽度不宜小于 200 mm，梁截面的高宽比不宜大于 4，梁净跨与截面高度之比不宜小于 4。柱的截面宽度不宜小于 300 mm，柱净高与截面高度（圆柱直径）之比不宜小于 4；柱轴压比不宜超过表 2-15 的规定，超过时宜采取措施；柱净高与截面高度（圆柱直径）之比小于 4，Ⅳ类场地上较高的高层建筑的柱轴压比限值应适当减小。

表 2-15　轴压比限值

类别	抗震等级		
	一	二	三
框架柱	0.7	0.8	0.9
框架-抗震墙的柱	0.9	0.9	0.95
框支柱	0.6	0.7	0.8

④钢筋混凝土框架-抗震墙房屋的结构布置应按下列规定检查：

抗震墙宜双向设置，框架梁与抗震墙的中线宜重合；

抗震墙宜贯通房屋全高，且横向与纵向宜相连；

房屋较长时，纵向抗震墙不宜设置在端开间；

抗震墙无大洞口的楼盖、屋盖长宽比不宜超过表 2-16 的规定，超过时应计入楼盖平面内变形的影响；

表 2-16 B 类钢筋混凝土房屋抗震墙无大洞口的楼盖、屋盖长宽比

楼盖、屋盖类别	烈度			
	6 度	7 度	8 度	9 度
现浇、叠合梁板	4.0	4.0	3.0	2.0
装配式楼盖	3.0	3.0	2.5	不宜采用
框支层现浇梁板	2.5	2.5	2.0	不宜采用

抗震墙墙板厚度不应小于 160 mm 且不应小于层高的 1/20，在墙板周边应有由梁（或暗梁）和端柱组成的边框。

⑤钢筋混凝土抗震墙房屋的结构布置尚应按下列规定检查：

较长的抗震墙宜分成较均匀的若干墙段，各墙段（包括小开洞墙及联肢墙）的高宽比不宜小于 2；

抗震墙有较大洞口时，洞口位置宜上下对齐；

一、二级抗震墙和三级抗震墙加强部位的各墙肢应有翼墙、端柱或暗柱等边缘构件，暗柱或翼墙的截面范围按现行国家标准《建筑抗震设计规范》（GB 50011—2010）的规定检查；

两端有翼墙或端柱的抗震墙墙板厚度，一级不应小于 160 mm，且不宜小于层高的 1/20，二、三级不应小于 140 mm，且不宜小于层高的 1/25。

⑥房屋底部有框支层时，框支层的刚度不应小于相邻上层刚度的 50%；落地抗震墙间距不宜大于四开间和 24 m 的较小值，且落地抗震墙之间的楼盖长宽比不应超过表 2-16 规定的数值。

⑦抗侧力黏土砖填充墙应符合下列要求：

二级且层数不超过五层、三级且层数不超过八层和四级的框架结构，可计入黏土砖填充墙的抗侧力作用；

填充墙的布置应符合框架-抗震墙结构中对抗震墙的设置要求；

填充墙应嵌砌在框架平面内并与梁柱紧密结合，墙厚不应小于 240 mm，砂浆强度等级不应低于 M5，宜先砌墙后浇框架。

（3）梁、柱、墙实际达到的混凝土强度等级不应低于 C20。一级的框架梁、柱和节点不应低于 C30。

（4）现有框架梁的配筋与构造应按下列要求检查：

①梁端纵向受拉钢筋的配筋率不宜大于 2.5%，且混凝土受压区高度和有效高度之比，一级不应大于 0.25，二、三级不应大于 0.35。

②梁端截面的底面和顶面实际配筋量的比值，除按计算确定外，一级不应小于 0.5，二、三级不应小于 0.3。

③梁端箍筋实际加密区的长度、箍筋最大间距和最小直径应按表 2-17 的要求检查，当梁端纵向受拉钢筋配筋率大于 2%时，表 2-17 中箍筋最小直径数值应增大 2 mm。

表 2-17　梁加密区的长度、箍筋最大间距和最小直径

抗震等级	加密区长度（采用最大值）（mm）	箍筋最大间距（采用最小值）（mm）	箍筋最小直径（mm）
一	$2h_b$，500	$h_b/4$，$6d$，100	10
二	$1.5h_b$，500	$h_b/4$，$8d$，100	8
三	$1.5h_b$，500	$h_b/4$，$8d$，150	8
四	$1.5h_b$，500	$h_b/4$，$8d$，150	6

注：d 为纵向钢筋直径；h_b 为梁高。

④梁顶面和底面的通长钢筋，一、二级不应少于 2Φ14，且不应少于梁端顶面和底面纵向钢筋中较大截面面积的 1/4，三、四级不应少于 2Φ12。

⑤加密区箍筋肢距，一、二级不宜大于 200 mm，三、四级不宜大于 250 mm。

（5）现有框架柱的配筋与构造应按下列要求检查：

①柱实际纵向钢筋的总配筋率不应小于规范的规定，对Ⅳ类场地上较高的高层建筑，数值应增加 0.1。

②柱箍筋的加密区范围，应按下列规定检查：

柱端，为截面高度（圆柱直径）、柱净高的 1/6 和 500 mm 三者的最大值；

底层柱为刚性地面上下各 500 mm；

柱净高与柱截面高度之比小于 4 的柱（包括因嵌砌填充墙等形成的短柱）、框支柱、一级框架的角柱，为全高。

③柱加密区的箍筋最小体积配箍率不宜小于规范规定。一、二级时，净高与柱截面高度（圆柱直径）之比小于 4 的柱的体积配箍率不宜小于 1.0%。

④柱加密区箍筋肢距，一级不宜大于 200 mm，二级不宜大于 250 mm，三、四级不宜大于 300 mm，且每隔一根纵向钢筋宜在两个方向有箍筋约束。

⑤柱非加密区的实际箍筋量不宜小于加密区的 50%，且箍筋间距，一、二级不应大于 10 倍纵向钢筋直径，三级不应大于 15 倍纵向钢筋直径。

（6）框架节点核心区内箍筋的最大间距和最小直径宜按标准规定，一、二、三级的体积配箍率分别不宜小于 1.0%、0.8%、0.6%，但轴压比小于 0.4 时仍按标准检查。

（7）抗震墙墙板的配筋与构造应按下列要求检查：

①抗震墙墙板横向、竖向分布筋的配筋，均应符合表 2-18 的要求；Ⅳ类场地上三级较高的高层建筑，其一般部位的分布钢筋最小配筋率不应小于 0.2%。框架-抗震墙结构中的抗震墙板，其横向和竖向分布筋均不应小于 0.25%。

表 2-18　抗震墙墙板横向、竖向分布钢筋的配筋要求

抗震等级	最小配筋率（%）		最大间距（mm）	最小直径（mm）
	一般部位	加强部位		
一	0.25	0.25	300	8
二	0.20	0.25		
三、四	0.15	0.20		

②抗震墙边缘构件的配筋，应符合表 2-19 的要求；框架-抗震墙端柱在全高范围内箍筋，均应符合表 2-19 中底部加强部位的要求。

表 2-19　抗震墙边缘构件的配筋要求

抗震等级	底部加强部位			其他部位		
	纵向钢筋最小量（取较大值）	箍筋或拉筋		纵向钢筋最小量（取较大值）	箍筋或拉筋	
		最小直径（mm）	最大间距（mm）		最小直径（mm）	最大间距（mm）
一	$0.010A_c$ 4Φ16	8	100	$0.008A_c$ 4Φ14	8	150
二	$0.008A_c$ 4Φ14	8	150	$0.006A_c$ 4Φ12	8	200
三	$0.005A_c$ 2Φ14	6	150	$0.004A_c$ 2Φ12	6	200
四	2Φ12	6	200	2Φ12	6	250

注：A_c 为边缘构件的截面面积。

③抗震墙的竖向和横向分布钢筋，一级的所有部位和二级的加强部位，应为双排布置，二级的一般部位和三、四级的加强部位宜为双排布置。双排分布钢筋间拉筋的间距不应大于 600 mm，且直径不应小于 6 mm，对底部加强部位，拉筋间距尚应适当加密。

（8）钢筋的接头和锚固应符合现行国家标准 GB 50010—2010 的要求。

（9）填充墙应按下列要求检查：

①砌体填充墙在平面和竖向的布置，宜均匀对称。

②砌体填充墙，宜与框架柱柔性连接，但墙顶应与框架紧密结合。

③砌体填充墙与框架为刚性连接时，应符合下列要求：

沿框架柱高每隔 500 mm 有 2Φ6 拉筋，拉筋伸入填充墙内长度，一、二级框架宜沿墙全长拉通；三、四级框架不应小于墙长的 1/5 且不小于 700 mm。

墙长度大于 5 m 时，墙顶部与梁宜有拉结措施，墙高度超过 4 m 时，宜在墙高中部有与柱连接的通长钢筋混凝土水平系梁。

2.9.2.5　抗震承载力验算

（1）现有钢筋混凝土房屋，应根据现行国家标准《建筑抗震设计规范》（GB 50011—2010）规定的方法进行抗震分析，按《建筑抗震鉴定标准》（GB 50023—2009）的规定进行构件承载力验算，乙类框架结构尚应进行变形验算；当抗震构造措施不满足《建筑抗震鉴定标准》（GB 50023—2009）的要求时，可按《建筑抗震鉴定标准》（GB 50023—2009）规定的方法计入构造的影响进行综合评价。

（2）构件截面抗震验算时，其组合内力设计值的调整应符合《建筑抗震鉴定标准》（GB 50023—2009）附录 D 的规定，截面抗震验算应符合《建筑抗震鉴定标准》（GB 50023—2009）附录 E 的规定。

当场地处于《建筑抗震鉴定标准》（GB 50023—2009）规定的不利地段时，地震作用尚应乘以增大系数 1.1~1.6。

（3）考虑黏土砖填充墙抗侧力作用的框架结构，可按《建筑抗震鉴定标准》（GB 50023—2009）附录 F 进行抗震验算。

（4）B 类钢筋混凝土房屋的体系影响系数，可根据结构体系、梁柱箍筋、轴压比、墙体边缘构件等符合鉴定要求的程度和部位，按下列情况确定：

①当上述各项构造均符合现行国家标准《建筑抗震设计规范》（GB 50011—2010）的规定时，可取 1.1；

②当各项构造均符合本节的规定时，可取 1.0；

③当各项构造均符合《建筑抗震鉴定标准》（GB 50023—2009）A 类房屋鉴定的规定时，可取 0.8；

④当结构受损伤或发生倾斜但已修复纠正，上述数值尚宜乘以 0.8~1.0。

第 3 章　混凝土结构加固设计

3.1　增大截面加固法

3.1.1　设计规定

（1）增大截面加固，也称为外包混凝土加固，是通过增加原构件的受力钢筋，同时在外侧新浇筑混凝土以增大构件，来提高构件的强度、刚度、稳定性和抗裂性，部分情况也可以用来修补裂缝。这种加固法适用范围较广，主要适用于钢筋混凝土受弯构件和受压构件的加固。

（2）采用本方法时，按现场检测结果确定的原构件混凝土强度等级不应低于 C13。调查表明，在实际工程中虽曾遇到混凝土强度等级低达 C7.5 的柱子也在用增大截面法进行加固，但从其加固效果来看，新旧混凝土界面的黏结强度很难得到保证，若采用植入剪切摩擦筋来改善结合面的黏结抗剪能力和抗拉能力，也会因基材强度过低而无法提供足够的锚固力。因此，做出了原构件的混凝土强度等级不应低于 C13（旧标号 150）的规定。

（3）当被加固构件界面处理及其黏结质量符合《混凝土结构加固设计规范》（GB 50367—2013）规定时可按整体截面计算。增大截面加固法的构造规定，是以保证原构件与新增部分的结合面能可靠地传力、协同工作为目的的。

（4）采用增大截面加固钢筋混凝土结构构件时，其正截面承载力应按现行国家标准 GB 50010—2010 的基本假定进行计算。

（5）采用增大截面加固法对混凝土结构进行加固时，应采取措施卸除或大部分卸除作用在结构上的活荷载。

3.1.2　受弯构件正截面加固计算

梁、板等受弯构件承载力不足的外观表现是构件的挠度偏大，裂缝过宽，钢筋严重锈蚀或受压区混凝土有压坏迹象等。加固计算前需要分析结构的破坏特征。

3.1.2.1　正截面破坏特征

通过试验发现，钢筋混凝土梁、板等受弯构件的裂缝出现时，其荷载常为极限荷载的 15%~25%。对于适筋梁，当出现裂缝后，随着荷载的增加出现良好的塑性特征，并在梁破坏前，钢筋经历了较大的塑性伸长，出现明显的预兆。但是，当实际配筋量大于计算值时，形成实际的超筋梁。超筋梁的破坏始自受压区，破坏时其钢筋尚未达到屈服强度，挠度不大，其破坏是突然的，没有明显的预兆。尽管相关规范规定不允许设计成少筋梁，但由于施工中发生钢筋数量搞错、钢筋错位（如雨篷上部钢筋错位至下部）等情况，实际上已造成少筋梁。少筋梁所造成的破坏也是突然发生的。

采用增大截面加固受弯构件时，应根据原结构构造和受力的实际情况，选用在受压区或受拉区增设现浇钢筋混凝土外加层的加固方式。在混凝土受压区增设现浇钢筋混凝土外加层的做法，主要用于楼板的加固。对梁而言，仅在楼层或屋面允许梁顶面突出时才能使用。

3.1.2.2　正截面加固计算

1. 受压区加厚层加固钢筋混凝土受弯构件

当仅在受压区加固受弯构件时，其承载力、抗裂度、钢筋应力、裂缝宽度及挠度的计算和验算，可按现行国家标准 GB 50010—2010 中关于叠合式受弯构件的规定进行。当验算结果表明，仅需增设混凝土叠合层即可满足承载力要求时，也应按构造要求配置受压钢筋和分布钢筋。

2. 受拉区加固受弯构件

当在受拉区加固矩形截面受弯构件时，其正截面受弯承载力按下式计算：

$$M \leqslant a_s f_y A_s\left(h_0 - \frac{x}{2}\right) + f_{y0} A_{s0}\left(h_{01} - \frac{x}{2}\right) + f'_{y0} A'_{s0}\left(\frac{x}{2} - a'\right) \tag{3-1}$$

$$a_1 f_{c0} bx = f_{y0} A_{s0} + a_s f_y A_s - f'_{y0} A'_{s0} \tag{3-2}$$

$$2a' \leqslant x \leqslant \xi_b h_0 \tag{3-3}$$

式中　M—— 构件加固后弯矩设计值；

a_s—— 新增钢筋强度利用系数，取 $a_s = 0.9$；

f_y—— 新增钢筋的抗拉强度设计值；

A_s—— 新增受拉钢筋的截面面积；

h_0、h_{01}—— 构件加固后和加固前的截面有效高度；

x—— 等效矩形应力图形的混凝土受压高度，即混凝土受压区高度；

f_{y0}、f'_{y0}—— 原钢筋的抗拉、抗压强度设计值；

A_{s0}、A'_{s0}—— 原受拉钢筋和原受压钢筋的截面面积；

a'—— 纵向受压钢筋合力点至混凝土受压区边缘的距离；

a_1—— 受压区混凝土矩形应力图的应力值与混凝土轴心抗压强度设计值的比值，当混凝土强度等级不超过 C50 时，取 $a_1 = 1.0$，当混凝土强度等级为 C80 时，取 $a_1 = 0.94$，其间按线性内插法确定；

f_{c0}—— 原构件混凝土轴心抗压强度设计值；

b—— 矩形截面宽度；

ξ_b—— 构件增大截面加固后的相对界限受压区高度。

受弯构件增大截面加固后的相对界限受压区高度，应按下列公式确定：

$$\varepsilon_b = \frac{\beta_1}{1 + \dfrac{a_s f_y}{\varepsilon_{cu} E_s} + \dfrac{\varepsilon_{s1}}{\varepsilon_{cu}}} \tag{3-4}$$

$$\varepsilon_{s1} = \left(1.6\frac{h_0}{h_{01}} - 0.6\right)\varepsilon_{s0} \tag{3-5}$$

$$\varepsilon_{s0} = \frac{M_{0k}}{0.85h_{01}A_{s0}E_{s0}} \tag{3-6}$$

式中 β_1—— 计算系数，当混凝土强度等级不超过 C50 时，β_1 值取 0.80，当混凝土强度等级为 C80 时，β_1 值取 0.74，其间按线性内插法确定；

ε_{cu}—— 混凝土极限压应变，取 $\varepsilon_{cu} = 0.0033$；

ε_{s1}—— 新增钢筋位置处，按平截面假设确定的初始应变轴心抗值：当新增主筋与原主筋的连接采用短钢筋焊接时，可近似取 $h_{01} = h_0$，$\varepsilon_{s1} = \varepsilon_{s0}$；

M_{0k}—— 加固前受弯构件验算截面上原作用的弯矩标准值；

ε_{s0}—— 加固前，在初始弯矩 M_{0k} 作用下原受拉钢筋的应变值。

3.1.3 受弯构件斜截面加固计算

3.1.3.1 斜截面破坏特征

斜截面的受剪承载力主要取决于混凝土强度、截面尺寸和箍筋配置数量。另外，剪跨比和纵筋率对斜截面受剪承载力也有一定的影响。当箍筋配置数量过多时（尤其是薄腹梁），箍筋有效地制约了斜裂缝的发展，因而出现多条大致相互平行的斜裂缝，把腹板分割成若干个倾斜受压的棱柱体。最后，在箍筋未达到屈服的情况下，梁腹斜裂缝间的混凝土由于主压应力过大而发生斜压破坏。因此，这种梁的受剪承载力取决于构件截面尺寸及混凝土强度。当配筋率小于最小配筋率时，梁一旦出现斜裂缝，箍筋强度立即达到屈服强度，不再能阻止斜裂缝的发展，导致突然性斜拉破坏。对于这种构件，宜采用增加箍筋的办法进行加固。当配箍率在上、下限之间时，构件的受剪承载力可随腹筋配置量的增加而提高。

3.1.3.2 斜截面加固计算

受弯构件加固后的斜截面应符合下列条件：

当 $h_w/b \leqslant 4$ 时 $$V \leqslant 0.25\beta_c f_c bh_0 \tag{3-7}$$

当 $h_w/b \geqslant 6$ 时 $$V \leqslant 0.2\beta_c f_c bh_0 \tag{3-8}$$

当 $4 < h_w/b < 6$ 时，按线性内插法确定。

式中 V—— 构件加固后剪力设计值；

β_c ——混凝土强度影响系数，按 GB 50010—2010 的规定值采用；

b—— 矩形截面的宽度或 T 形、I 形截面的腹板宽度；

h_0—— 截面的有效高度；

h_w—— 截面的腹板高度：矩形截面，取有效高度，T 形截面，取有效高度减去翼缘高度，I 形截面，取腹板净高。

采用增大截面加固法加固受弯构件时，其斜截面受剪承载力应符合下列规定：

（1）当受拉区增设配筋混凝土层，并采用 U 形箍与原箍筋逐个焊接时：

$$V \leqslant 0.7f_{t0}bh_{01} + 0.7\alpha_c f_t b(h_0 - h_{01}) + 1.25f_{yv0}\frac{A_{sv0}}{s_0}h_0 \tag{3-9}$$

（2）当增设钢筋混凝土三面围套，并采用加锚式或胶锚式时：

$$V \leqslant 0.7f_{t0}bh_{01} + 0.7a_c f_t A_c + 1.25a_s f_{yv}\frac{A_{sv}}{s}h_0 + 1.25f_{yv0}\frac{A_{sv0}}{s_0}h_{01} \tag{3-10}$$

式中　a_c—— 新增混凝土强度利用系数，取 $a_c = 0.7$；

f_t、f_{t0}—— 新、旧混凝土轴心抗拉强度设计值；

A_c—— 三面围套新增混凝土截面面积；

a_s—— 新增箍筋强度利用系数，取 $a_s = 0.9$；

f_{yv} 和 f_{yv0}—— 新箍筋和原箍筋的抗拉强度设计值；

A_{sv} 及 f_{sv0}—— 同一截面内新箍筋各肢截面面积之和及原箍筋各肢截面面积之和；

s 或 s_0—— 新增箍筋或原箍筋沿构件长度方向的间距。

3.1.4　受压构件正截面加固计算

（1）采用增大截面加固法加固钢筋混凝土轴心受压构件时（见图 3-1），其正截面受压承载力应按下式确定：

$$N \leqslant 0.9\varphi[f_{c0}A_{c0} + f'_{y0}A'_{s0} + a_{cs}(f_c A_c + f'_y + A'_s)] \tag{3-11}$$

式中　N——构件加固后的轴向压力设计值，kN；

φ——构件稳定系数，根据加固后的截面尺寸，按现行国家标准 GB 50010—2010 的规定值采用；

A_{c0}、A_c——构件加固前混凝土截面面积和加固后新增部分混凝土截面面积，mm^2；

f'_y、f'_{y0}——新增纵向钢筋和原纵向钢筋的抗压强度设计值，N/mm^2；

A'_s——新增纵向受压钢筋的截面面积，mm^2；

a_{cs}—— 综合考虑新增混凝土和钢筋强度利用程度的降低系数，取 $a_{cs} = 0.8$。

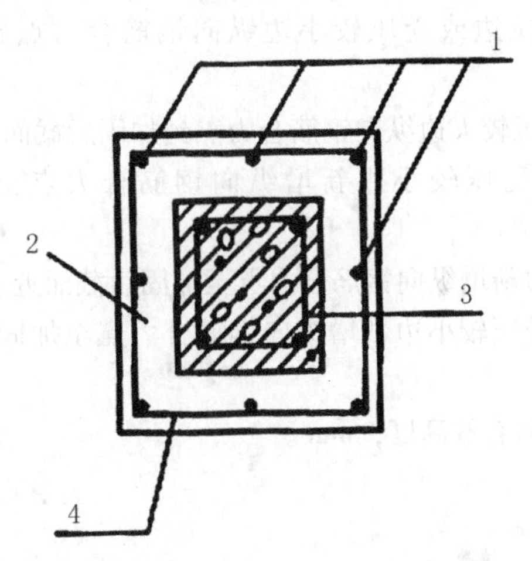

1—新增纵向受力钢筋；2—新增截面；3—原柱截面；4—新加箍筋

图 3-1　轴心受压构件增大截面加固

（2）采用增大截面加固法加固钢筋混凝土偏心受压构件时（见图 3-2），其矩形截面正截面承载力应按下列公式确定：

$$N \leqslant \alpha_1 f_{cc} bx + 0.9 f'_y A'_s + f'_{y0} A'_{s0} - \sigma_s A_s - \sigma_{s0} A_{s0} \quad (3\text{-}12)$$

$$Ne \leqslant \alpha_1 f_{cc} bx \left(h_0 - \frac{x}{2}\right) + 0.9 f'_y A'_s (h_0 - a'_s) + f'_{y0} A'_{s0} (h_0 - a'_{s0}) - \sigma_{s0} A_{s0} (a_{s0} - a_s) \quad (3\text{-}13)$$

$$\sigma_{s0} = \left(\frac{0.8 h_{01}}{x} - 1\right) E_{s0} \varepsilon_{cu} \leqslant f_{y0} \quad (3\text{-}14)$$

$$\sigma_s = \left(\frac{0.8 h_0}{x} - 1\right) E_s \varepsilon_{cu} \leqslant f_y \quad (3\text{-}15)$$

式中 f_{cc}—— 新、旧混凝土组合截面的混凝土轴心抗压强度设计值，N/mm^2，可近似按 $f_{cc} = \frac{1}{2}(f_{c0} + 0.9 f_c)$ 确定，若有可靠试验数据，也可按试验结果确定；

f_c、f_{c0}—— 新、旧混凝土轴心抗压强度设计值，N/mm^2；

σ_{s0}—— 原构件受拉边或受压较小边纵向钢筋应力，当为小偏心受压构件时，图 3-2 中 σ_{s0} 可能变向，当算得 $\sigma_{s0} > f_{y0}$ 时，取 $\sigma_{s0} = f_{y0}$；

σ_s—— 受拉边或受压较小边的新增纵向受力钢筋应力，N/mm^2，当算得 $\sigma_s > f_y$ 时，取 $\sigma_s = f_y$；

A_{s0}—— 原构件受拉边或受压较小边纵向钢筋截面面积，mm^2；

A'_{s0}—— 原构件受压较大边纵向钢筋截面面积，mm^2；

e—— 偏心距，为轴向压力设计值 N 的作用点至纵向受拉钢筋合力点的距离，应按现行国家标准 GB 50010—2010 的规定进行计算，对其增大系数 η 尚应乘以以下修正系数 φ_η：对于围套或其他对称形式的加固，当 $e_0/h \geqslant 0.3$ 时，$\varphi_\eta = 1.1$，当 $e_0/h < 0.3$ 时，$\varphi_\eta = 1.2$，对于非对称形式的加固，当 $e_0/h \geqslant 0.3$ 时，$\varphi_\eta = 1.2$，当 $e_0/h < 0.3$ 时，$\varphi_\eta = 1.3$；

a_{s0}—— 原构件受拉边或受压较小边纵向钢筋合力点到加固后截面近边的距离，mm；

a'_{s0}—— 原构件受压较大边纵向钢筋合力点到加固后截面近边的距离，mm；

a_s—— 受拉边或受压较小边新增纵向钢筋合力点至加固后截面近边的距离，mm；

a'_s—— 受压较大边新增纵向钢筋合力点至加固后截面近边的距离，mm；

h_0—— 受拉边或受压较小边新增纵向钢筋合力点至加固后截面受压较大边缘的距离，mm；

h_{01}—— 原构件截面有效高度，mm。

3.1.5 构造规定

（1）采用增大截面加固法时，新增截面部分，可用现浇混凝土、自密实混凝土或喷射混凝土浇筑而成，也可用掺有细石混凝土的水泥基灌浆材料灌注而成。其中需要注意的是，对灌浆材料的应用，应有可靠的工程经验，因为这种材料的性能更接近砂浆；

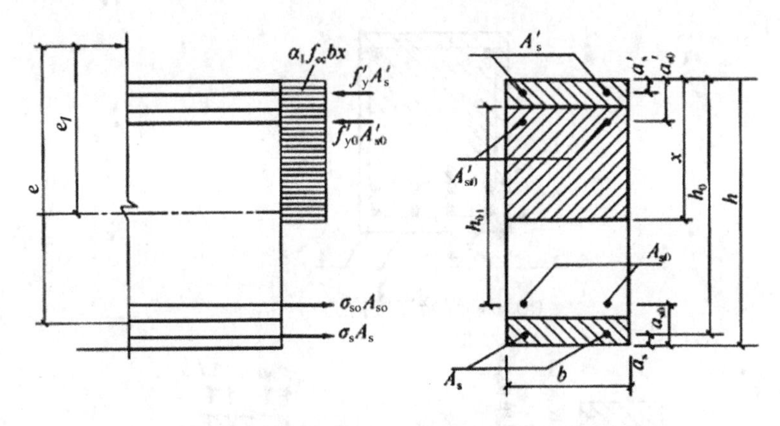

图 3-2　矩形截面偏心受压构件加固的计算

如果配制不当容易导致新增面层产生裂缝。从目前的经验来看，一是要使用优质的膨胀剂配制，如用的是德国进口的膨胀剂，其效果就比较好；二是要掺加 30%的细石混凝土，可以在很大程度上减少早期裂缝的产生；但若在灌浆材料中已掺加了粒径为 16~20 mm 的粗骨料，并且级配合理也可不再掺加细石混凝土。

（2）采用增大截面加固法时，原构件混凝土表面应经处理，设计文件应对所采用的界面处理方法和处理质量提出要求。一般情况下，除混凝土表面应予打毛外，尚应采取涂刷结构界面胶、种植剪切销钉或增设剪力键等措施，以保证新、旧混凝土共同工作。

（3）新增混凝土层的最小厚度，板不应小于 40 mm；梁、柱，采用现浇混凝土、自密实混凝土或灌浆材料时，不应小于 60 mm，采用喷射混凝土施工时，不应小于 50 mm。

（4）加固用的钢筋，应采用热轧钢筋。板的受力钢筋直径不应小于 8 mm；梁的受力钢筋直径不应小于 12 mm；柱的受力钢筋直径不应小于 14 mm；加锚式箍筋直径不应小于 8 mm；U 形箍直径应与原箍筋直径相同；分布筋直径不应小于 6 mm。

（5）新增受力钢筋与原受力钢筋的净间距不应小于 25 mm，并应采用短筋或箍筋与原钢筋焊接；其构造应符合下列规定：

①当新增受力钢筋与原受力钢筋的连接采用短筋［见图 3-3（a）］焊接时，短筋的直径不应小于 25 mm，长度不应小于其直径的 5 倍，各短筋的中距不应大于 500 mm；

②当截面受拉区一侧加固时，应设置 U 形箍［见图 3-3（b）］），U 形箍应焊在原有箍筋上，单面焊的焊缝长度应为箍筋直径的 10 倍，双面焊的焊缝长度应为箍筋直径的 5 倍；

③当用混凝土围套加固时，应设置环形箍筋或加锚式箍筋［见图 3-3（d）或（e）］；

④当受构造条件限制而需采用植筋方式埋设 U 形箍［见图 3-3（c）］时，应采用锚固型结构胶种植，不得采用未改性的环氧类胶粘剂和不饱和聚酯类的胶粘剂种植，也不得采用无机锚固剂（包括水泥基灌浆材料）种植；

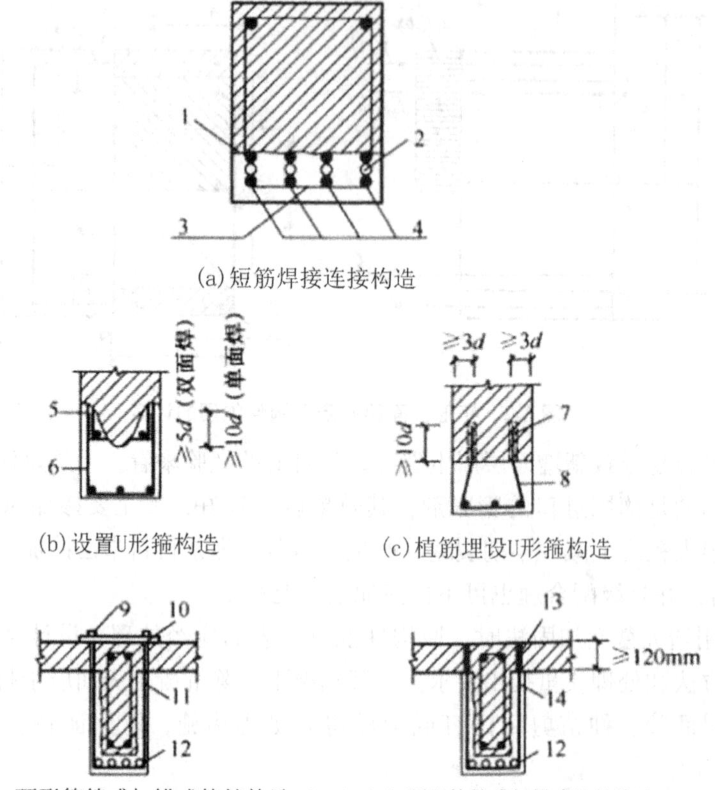

(a) 短筋焊接连接构造

(b) 设置U形箍构造　　(c) 植筋埋设U形箍构造

（d）环形箍筋或加锚式箍筋构造（一）（e）环形箍筋或加锚式箍筋构造（二）

1—原钢筋；2—连接短筋；3—Φ6 连系钢筋，对应在原箍筋位置；
4—新增钢筋；5—焊接于原箍筋上；6—新加 U 形箍；7—植筋用结构胶锚固；
8—新加箍筋；9—螺栓，螺帽拧紧后加点焊；10—钢板；11—加锚式箍筋；
12—新增受力钢筋；13—孔中用结构胶锚固；14—胶锚式箍筋；d—箍筋直径

图 3-3　增大截面配置新增箍筋的连接构造

⑤梁的新增纵向受力钢筋，其两端应可靠锚固；柱的新增纵向受力钢筋的下端应伸入基础并应满足锚固要求；上端应穿楼板与上层柱脚连接或在屋面板处封顶锚固。

3.1.6　示例

某市市民活动中心钢筋混凝土框架结构中一根梁，其截面尺寸为 $b \times h = 300$ mm×600 mm，采用 C30 混凝土，梁纵向受力钢筋采用 HRB335（$f_{y0} = f'_{y0} = 300$ N/mm^2），箍筋采用 HPB235（$f_{yv0} = 210$ N/mm^2），其跨中截面纵筋的配筋如图 3-4 所示。加固前，该梁跨中正弯矩值在原荷载的标准组合下 $M_{0k} = 240$ kN · m。现由于楼面使用功能改变，荷载增大，该梁跨中正弯矩值在荷载的基本组合下为 560 kN · m，现采用增大截面进行抗弯加固，在梁底增加 HRB400 纵向钢筋，配 4 Φ 25，采用 C35 混凝土，如图 3-4（b）所示。已知加固前 $a = a' = 35$ mm，$\varepsilon_{b0} = 0.550$，环境类别为一类。加固后的结构构件的安全等级为二级。

当梁底加固层厚度 $W=100$ mm 时，试问，加固后该梁跨中截面的抗弯承载力设计值 M_u（kN · m）为多少？

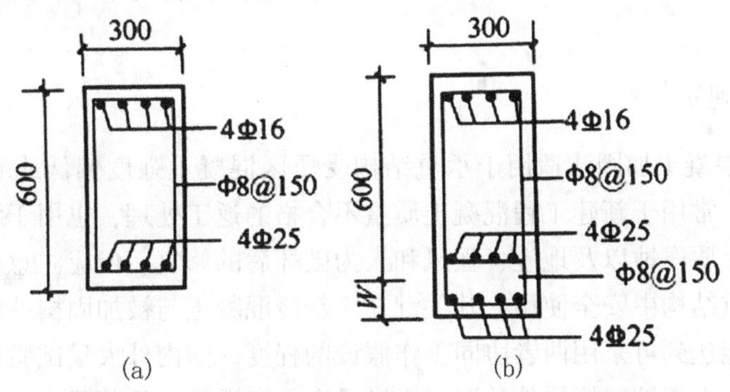

图 3-4　跨中截面纵筋的配筋　（单位：mm）

解：根据《混凝土结构加固设计规范》（GB 50367—2013）规定：

$$h=600+100=700(\text{mm})$$

$$h_0=700-\left(20+8+\frac{25}{2}\right)=659.5(\text{mm})$$

$$h_{01}=600-35=565(\text{mm})$$

由公式 $\alpha_1 f_{c0}bx=f_{y0}A_{s0}+\alpha_s f_y A_s-f'_{y0}A'_{s0}$ 得

$$1\times14.3\times300x=300\times1\,964+0.9\times360\times1\,964-300\times804$$

则 $x=229.4$ mm。

复核：

$$\frac{x}{h_{01}}=\frac{229.4}{565}=0.406<\varepsilon_{b0}=0.550$$

故原受拉钢筋取 f_{y0} 成立。

$$\varepsilon_{s0}=\frac{M_{0k}}{0.85h_{01}A_{s0}E_{s0}}=\frac{240\times10^6}{0.85\times565\times1\,954\times2\times10^5}=0.001\,27$$

$$\varepsilon_{s1}=\left(1.6\frac{h_0}{h_{01}}-0.6\right)\varepsilon_{s0}=\left(1.6\times\frac{659.5}{565}-0.6\right)\times0.001\,27=0.001\,61$$

$$\xi_b=\frac{0.8}{1+\dfrac{0.9\times360}{0.003\,3\times2\times10^5}+\dfrac{0.001\,61}{0.003\,3}}=0.404$$

$x=229.4\text{ mm}<\xi_b h_0=0.404\times659.5=266.4(\text{mm})$，满足。

由式(3-1) 有

$$M_u=0.9\times360\times1\,964\times\left(659.5-\frac{229.4}{2}\right)+300\times1\,964\times\left(565-\frac{229.4}{2}\right)+300\times804\times\left(\frac{229.4}{2}-35\right)=631.2\ (\text{kN}\cdot\text{m})$$

3.2 置换混凝土加固法

3.2.1 设计规定

（1）置换混凝土加固法适用于承重结构受压区混凝土强度偏低或有局部严重缺陷的加固。因此，常用于新建工程混凝土质量不合格的返工处理，也用于既有混凝土结构受火灾烧损、介质腐蚀以及地震、强风和人为破坏后的修复。但应注意的是，这种加固方法能否在承重结构中安全使用，其关键在于新浇混凝土与被加固构件原混凝土的界面处理效果是否能达到可采用两者协同工作假设的程度。国内外大量试验表明：新建工程的混凝土置换，由于被置换构件的混凝土尚具有一定活性，且其置换部位的混凝土表面处理已显露出坚实的结构层，因而可使新浇混凝土的胶体能在微膨胀剂的预压应力促进下渗入其中，并在水泥水化过程中黏合成一体。在这种情况下，采用两者协同工作的假设不会有安全问题。然而应注意的是，这一协同工作假设不能沿用于既有结构的旧混凝土，因为它已完全失去活性，此时新、旧混凝土界面的黏合必须依靠具有良好渗透性和黏结能力的结构界面胶才能保证新、旧混凝土协同工作；也正因此，在工程中选用界面胶时必须十分谨慎，一定要选用优质、可信的产品，并要求厂商出具质量保证书，以保证工程使用的安全。

（2）采用置换混凝土加固法加固梁式构件时，为了确保置换混凝土施工全过程中原结构、构件的安全，必须采取有效的支顶措施，使置换工作在完全卸荷的状态下进行。这样做还有助于加固后结构更有效地承受荷载。当采用置换混凝土加固法加固柱、墙等构件时，应对原结构、构件在施工全过程中的承载状态进行验算、观测和控制，置换界面处的混凝土不应出现拉应力，当控制有困难时，应采取支顶等措施进行卸荷。

（3）采用置换混凝土加固法加固混凝土结构构件时，其非置换部分的原构件混凝土强度等级，按现场检测结果不应低于该混凝土结构建造时规定的强度等级。

（4）当混凝土结构构件置换部分的界面处理及其施工质量符合 GB 50367—2013 的要求时，其结合面可按整体受力计算。

3.2.2 加固计算

（1）当采用置换混凝土加固法加固钢筋混凝土轴心受压构件时，其正截面承载力应符合下式规定：

$$N \leqslant 0.9\varphi(f_{c0}A_{c0} + \alpha_c f_c A_c + f'_{y0}A'_{s0}) \tag{3-16}$$

式中 N——构件加固后的轴向压力设计值，kN；

φ——受压构件稳定系数，按现行国家标准 GB 50010—2010 的规定值采用；

α_c——置换部分新增混凝土的强度利用系数，当置换过程无支顶时，取 α_c = 0.8，当置换过程采取有效的支顶措施时，取 $\alpha_c = 1.0$；

f_{c0}、f_c——原构件混凝土和置换部分新混凝土的抗压强度设计值，N/mm^2；

A_{c0}、A_c——原构件截面扣去置换部分后的剩余截面面积和置换部分的截面面积，mm^2。

（2）当采用置换混凝土加固法加固钢筋混凝土偏心受压构件时，其正截面承载力应按下列两种情况分别计算：

①压区混凝土置换深度 $h_n \geqslant x_n$，按新混凝土强度等级和现行国家标准 GB 50010—2010 的规定进行正截面承载力计算。

②压区混凝土置换深度 $h_n < x_n$，其正截面承载力应符合下列公式规定：

$$N \leqslant \alpha_1 f_c b h_n + \alpha_1 f_{c0} b (x_n - h_n) + f'_{y0} A'_{s0} - \sigma_{s0} A_{s0} \tag{3-17}$$

$$Ne \leqslant \alpha_1 f_c b h_n h_{0n} + \alpha_1 f_{c0} b (x_n - h_n) h_{00} + f'_{y0} A'_{s0} (h_0 - a'_s) \tag{3-18}$$

式中　N——构件加固后轴向压力设计值，kN；

e——轴向压力作用点至受拉钢筋合力点的距离，mm；

f_c——构件置换用混凝土抗压强度设计值，N/mm^2；

f_{c0}——原构件混凝土的抗压强度设计值，N/mm^2；

x_n——加固后混凝土受压区高度，mm；

h_n——受压区混凝土的置换深度，mm；

h_0——纵向受拉钢筋合力点至受压区边缘的距离，mm；

h_{0n}——纵向受拉钢筋合力点至置换混凝土形心的距离，mm；

h_{00}——受拉区纵向钢筋合力点至原混凝土($x_n - h_n$)部分形心的距离，mm；

A_{s0}、A'_{s0}——原构件受拉区、受压区纵向钢筋的截面面积，mm^2；

b——矩形截面的宽度，mm；

a'_s——纵向受压钢筋合力点至截面近边的距离，mm；

f'_{y0}——原构件纵向受压钢筋的抗压强度设计值，N/mm^2；

σ_{s0}——原构件纵向受拉钢筋的应力，N/mm^2。

（3）当采用置换混凝土加固法加固钢筋混凝土受弯构件时，其正截面承载力应按下列两种情况分别计算：

①压区混凝土置换深度 $h_n \geqslant x_n$，按新混凝土强度等级和现行国家标准 GB 50010—2010 的规定进行正截面承载力计算。

②压区混凝土置换深度 $h_n < x_n$，其正截面承载力应按下列公式计算：

$$M \leqslant \alpha_1 f_c b h_n h_{0n} + \alpha_1 f_{c0} b (x_n - h_n) h_{00} + f'_{y0} A'_{s0} (h_0 - a'_s) \tag{3-19}$$

$$\alpha_1 f_c b h_n + \alpha_1 f_{c0} b (x_n - h_n) = f_{y0} A_{s0} - f'_{y0} A'_{s0} \tag{3-20}$$

式中　M——构件加固后的弯矩设计值，kN·m；

f_{y0}、f'_{y0}——原构件纵向钢筋的抗拉、抗压强度设计值，N/mm^2。

3.2.3　构造规定

（1）置换用混凝土的强度等级应比原构件混凝土提高一级且不应低于C25。为考虑新、旧混凝土协调工作，并避免在局部置换的部位产生“销栓效应”，故要求新置换的混凝土强度等级不宜过高，一般以提高一级为宜。

（2）混凝土的置换深度，板不应小于 40 m；梁、柱，采用人工浇筑时，不应小于 60 mm，采用喷射法施工时，不应小于 5 mm，这样可保证置换混凝土的密实性。置换长度应按混凝土强度和缺陷的检测及验算结果确定，但对非全长置换的情况，其两端应分别延伸不小于 100 mm 的长度。

（3）梁的置换部分应位于构件截面受压区内，沿整个宽度剔除［见图 3-5（a）］，或沿部分宽度对称剔除［见图 3-5（b）］，但不得仅剔除截面的一隅［见图 3-5（c）］。考虑到置换部分的混凝土强度等级要比原构件混凝土高 1~2 级，在这种情况下，对梁的混凝土置换，若不对称地剔除被置换混凝土，可能造成梁截面受力不均匀或传力偏心。因此，规定不允许仅剔除截面的一隅。

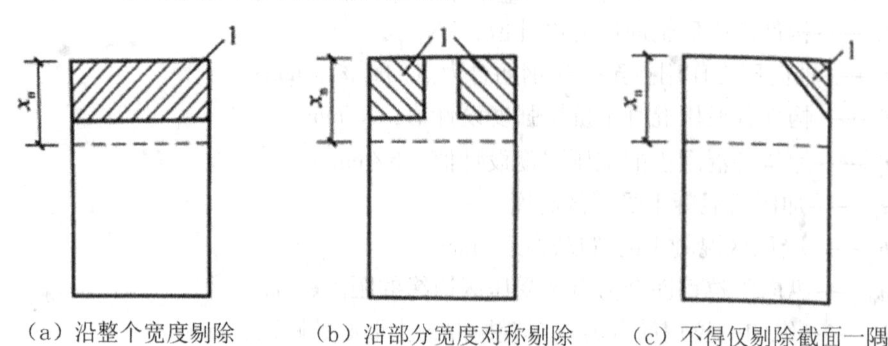

（a）沿整个宽度剔除　（b）沿部分宽度对称剔除　（c）不得仅剔除截面一隅

1—剔除区；x_n —受压区高度

图 3-5　梁置换混凝土的剔除部位

（4）置换范围内的混凝土表面处理，应符合现行国家标准《建筑结构加固工程施工质量验收规范》（GB 50550—2010）的规定；对既有结构，旧混凝土表面尚应刷界面胶，以保证新、旧混凝土的协同工作。

3.2.4 示例

某市商场钢筋混凝土框架柱为偏心受压柱，采用 C25 混凝土，纵向受力钢筋采用 HRB35 级，对称配筋（$A'_s=A_s$），单侧配筋 4 Φ 22，如图 3-6 所示。现结构加层，荷载增加，该柱在荷载的基本组合下的内力设计值为：轴压力 $N=1\,500$ kN，弯矩 $M=375$ kN · m。采用 C35 混凝土，对正截面进行置换加固，如图 3-6 所示，置换深度 $h_n=150$ mm。已知 $a_s=a'_s=40$ mm，加固后结构构件的安全等级为二级。

试问，加固后该柱正截力承载力验算，其左、右端（单位：kN · m）为多少？

解：根据《混凝土结构加固设计规范》（GB 50367—2013）规定，假定为大偏压，$h_n<x_n$，则

$$h_0=600-40=560(\text{mm})$$

$$1\,500\times10^3=1\times16.7\times400\times150+1\times11.9\times400\times(x_n-150)+0-0$$

$$x_n=255\text{ mm}<\varepsilon_b h_0=0.550\times560=308(\text{mm}),\ h_n=150\text{ mm}<255\text{ mm}$$

故假定成立。

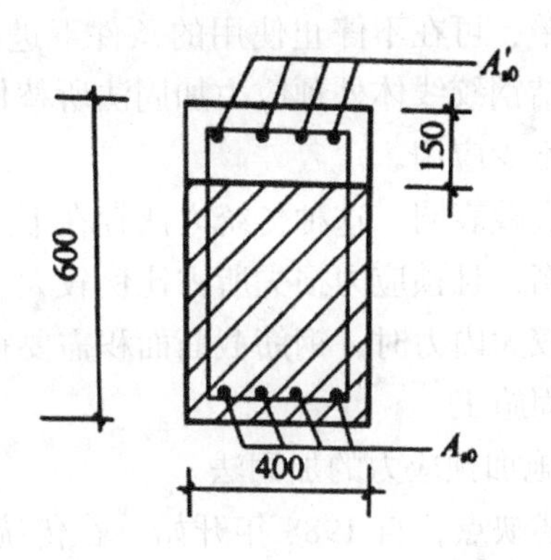

图 3-6　加固构件剖面图（一）（单位：mm）

由题中得知，$M_2=375\ \text{kN}\cdot\text{m}$，则

$$e_0=\frac{\varphi M_2}{N}=1.2\times\frac{375\times10^6}{1\ 500\times10^3}=300(\text{mm})$$

$$e_i=e_0+e_a=300+20=320(\text{mm})$$

$$e=e_i+\frac{h}{2}-a=\frac{M}{N}+\frac{h}{2}-a_s=320+\frac{600}{2}-40=580(\text{mm})$$

$$Ne=1\ 500\times10^3\times580=870(\text{kN}\cdot\text{m})$$

$$\text{公式右端}=1\times16.7\times400\times150\times\left(560-\frac{150}{2}\right)+1\times11.9\times400\times(255-150)\times$$

$$\left(560-150-\frac{255-150}{2}\right)+300\times1\ 520\times(560-40)=901.8(\text{kN}\cdot\text{m})$$

3.3　体外预应力加固法

预应力加固的受弯构件，由于预应力筋拉力通过新设置的传力点，在加固构件中产生偏心受压作用，该作用抵消了部分外荷载产生的弯矩，从而提高了构件的抗弯能力，同时构件裂缝发展得以缓解和控制，斜截面受剪承载能力也得到提高。

预应力技术适用于大跨度结构加固、增大结构跨度或减小结构变形的结构构件加固。施工方法常采用后张体外预应力；预应力钢材一般采用钢绞线、钢棒等；预应力黏结状态有有黏结、无黏结或缓黏结等。无黏结钢绞线、环氧喷涂钢绞线、镀锌钢绞线等涂层钢绞线具有更好的防腐性能，已广泛应用于加固领域。

体外预应力加固法在工程上采用了三种不同钢材作为预应力杆件，且各有特点，现结合这项技术的发展过程说明如下：

（1）以普通钢筋施加预应力的加固法。

本方法的应用始于 20 世纪 50 年代；60 年代中期开始进入我国，主要用于工业厂房加固。这是一种传统的方法，其之所以沿用至今，是这种方法无须将原构件表层混凝土全部凿除来补焊钢筋，而只需在连接处开出孔槽，将补强的预应力筋锚固即可。因此，具有取材方便、施工简单，可在不停止使用的条件下进行加固的优点。近几年来，这种加固方法虽然常被无黏结钢绞线体外预应力加固法所替代，但在中小城市，尤其是一些中小跨度结构中仍然有不少应用。

尽管如此，但大量工程实践表明，这种传统方法存在下述缺点：

①可建立的预应力值不高，且预应力损失所占比例较大。

②当需要补强拉杆承担较大内力时，钢筋截面面积需要很大。

③不易对连续跨进行加固施工。

（2）以普通高强钢绞线施加预应力的加固法。

为了克服传统方法的上述缺点，自 1988 年开始，在传统的下撑式预应力拉杆加固法基础上，发展了用普通高强钢绞线作为补强拉杆的体外预应力加固法（当时我国尚未生产无黏结高强钢绞线）。这是一种高效的预应力技术，与传统方法相比，具有下述优点：

①钢绞线强度高，作为补强拉杆承受较大内力时，其截面面积也无须很大。

②张拉应力高，预应力损失所占比例小，长期预应力效果好。

③端部锚固有现成的锚具产品可以利用，安全可靠，且无须现场电焊。

④钢绞线的柔性好，易形成设计所要求的外形。

⑤钢绞线长度很长，可以进行连续跨的加固施工。

但这种方法也有缺点，即张拉时在转折点处会产生很大摩擦力，所以当市场上出现无黏结高强钢绞线后，这种施加预应力的材料便很快被取代了。

（3）以无黏结高强钢绞线施加预应力的加固法。

这种方法与普通钢绞线施加预应力加固法相比，具有下述优点：

①在转折点处摩擦力较小，钢绞线的应力较均匀。

②张拉应力可以加大，一般可达 $0.7f_{ptk}$。

③钢绞线布置较灵活，跨中水平段的钢绞线可不设在梁底。

④钢绞线防腐蚀性能较好，防腐措施较简单。

⑤储存方便，不易锈蚀。

（4）以型钢为预应力撑杆的加固法。

这是一种通过对型钢撑杆施加预压应力，以使原柱产生设计所要求的卸载量，从而保证撑杆与原柱能很好地共同工作，以达到提高柱加固后承载能力的加固方法。这种预应力方法不属于上述体系，但发展得也很早，20 世纪 50 年代便已问世，1964 年传入我国，主要用于工业厂房钢筋混凝土柱的加固。这种方法虽属传统加固法，但由于它所能提高的柱的承载力可达 1 200 kN，且安全可靠，因而一直为历年加固规范所收录。

基于以上所述，设计人员可根据实际情况和要求，选用适宜的预应力加固方法。

3.3.1 设计规定

（1）本方法适用于下列钢筋混凝土结构构件的加固：

①以无黏结钢绞线为预应力下撑式拉杆时，宜用于连续梁和大跨简支梁的加固；

②以普通钢筋为预应力下撑式拉杆时，宜用于一般简支梁的加固；

③以型钢为预应力撑杆时，宜用于柱的加固。

（2）本方法不适用于素混凝土构件（包括纵向受力钢筋一侧配筋率小于 0.2%的构件）的加固。

（3）采用体外预应力加固法对钢筋混凝土结构构件进行加固时，其原构件的混凝土强度等级不宜低于 C20。

（4）采用本方法加固混凝土结构时，其新增的预应力拉杆、锚具、垫板、撑杆、缀板以及各种紧固件等均应进行可靠的防锈蚀处理。

（5）采用本方法加固的混凝土结构，其长期使用的环境温度不应高于 60 ℃。

（6）当被加固构件的表面有防火要求时，应按现行国家标准《建筑设计防火规范（2018 年版）》（GB 50016—2014）规定的耐火等级及耐火极限要求，对预应力杆件及其连接进行防护。

（7）采用体外预应力加固法对钢筋混凝土结构进行加固时，可不采取卸载措施。

3.3.2　无黏结钢绞线体外预应力的加固计算

（1）采用无黏结钢绞线预应力下撑式拉杆加固受弯构件时，除应符合现行国家标准 GB 50010—2010 正截面承载力计算的基本假定外，尚应符合下列规定：

①构件达到承载能力极限状态时，假定钢绞线的应力等于施加预应力时的张拉控制应力，亦即假定钢绞线的应力增量值与预应力损失值相等。

②当采用一端张拉，而连续跨的跨数超过两跨；或当采用两端张拉，而连续跨的跨数超过四跨时，距张拉端两跨以上的梁，其由摩擦力引起的预应力损失有可能大于钢绞线的应力增量。此时可采用下列两种方法加以弥补：

方法一：在跨中设置拉紧螺栓，采用横向张拉的方法补足预应力损失值；

方法二：将钢绞线的张拉预应力提高至 $0.75f_{ptk}$，计算时仍按 $0.70f_{ptk}$ 取值。

③无黏结钢绞线体外预应力产生的纵向压力在计算中不予计入，仅作为安全储备。

④在达到受弯承载力极限状态前，无黏结钢绞线锚固可靠。

（2）受弯构件加固后的相对界限受压区高度 ξ_{pb} 可采用下式计算，即加固前控制值的 85%：

$$\xi_{pb} = 0.85\xi_b \tag{3-21}$$

式中　ξ_{pb}——构件加固前的相对界限受压区高度，按现行国家标准 GB 50010—2010 的规定计算。

（3）当采用无黏结钢绞线体外预应力加固矩形截面受弯构件时（见图 3-7），其正截面承载力应按下列公式确定：

$$M \leqslant \alpha_1 f_{c0} bx\left(h_p - \frac{x}{2}\right) + f'_{y0}A'_{s0}(h_p - a') - f_{y0}A_{s0}(h_p - h_0) \tag{3-22}$$

$$\alpha_1 f_{c0} bx = \sigma_p A_p + f_{y0}A_{s0} - f'_{y0}A'_{s0} \tag{3-23}$$

$$2a' \leqslant x \leqslant \xi_{pb} h_0 \tag{3-24}$$

式中 M——弯矩（包括加固前的初始弯矩）设计值，kN · m；

α_1——计算系数：当混凝土强度等级不超过 C50 时，取 $\alpha_1 = 1.0$，当混凝土强度等级为 C80 时，取 $\alpha_1 = 0.94$，其间按线性内插法确定；

f_{c0}——混凝土轴心抗压强度设计值，N/mm²；

x——混凝土受压区高度，mm；

f_{y0}、f'_{y0}——原构件受拉钢筋和受压钢筋的抗拉、抗压强度设计值，N/mm²；

A_{s0}、A'_{s0}——原构件受拉钢筋和受压钢筋的截面面积，mm²；

a'——纵向受压钢筋合力点至混凝土受压区边缘的距离，mm；

h_0——构件加固前的截面有效高度，mm；

h_p——构件截面受压边至无黏结钢绞线合力点的距离，mm，可近似取 $h_p = h$；

b、h——矩形截面的宽度和高度，mm；

σ_p——预应力钢绞线应力值，N/mm²，取 $\sigma_p = \sigma_{p0}$；

σ_{p0}——预应力钢绞线张拉控制应力，N/mm²；

A_p——预应力钢绞线截面面积，mm²。

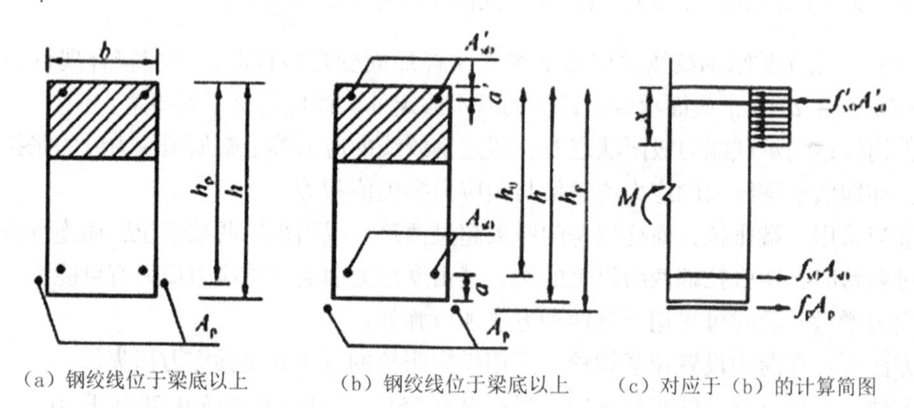

（a）钢绞线位于梁底以上　（b）钢绞线位于梁底以上　（c）对应于（b）的计算简图

图 3-7　矩形截面正截面受弯承载力计算

一般加固设计时，根据式（3-23）即可求出预应力钢绞线的截面面积 A_p。

（4）当采用无黏结钢绞线体外预应力加固矩形截面受弯构件时，其斜截面承载力应按下列公式确定：

$$V \leq V_{b0} + V_{bp} \tag{3-25}$$

$$V_{bp} = 0.8\sigma_p A_p \sin\alpha \tag{3-26}$$

式中 V——支座剪力设计值，kN；

V_{b0}——加固前梁的斜截面承载力，应按现行国家标准 GB 50010—2010 计算，kN；

V_{bp}——采用无黏结钢绞线体外预应力加固后，梁的斜截面承载力的提高值，kN；

α——支座区段钢绞线与梁纵向轴线的夹角。

3.3.3　普通钢筋体外预应力的加固计算

（1）采用普通钢筋预应力下撑式拉杆加固简支梁时，应按下列规定进行计算：

①估算预应力下撑式拉杆的截面面积 A_p：

$$A_p = \frac{\Delta M}{f_{py}\eta h_{02}} \tag{3-27}$$

式中　A_p——预应力下撑式拉杆的总截面面积，mm^2；

f_{py}——下撑式钢拉杆抗拉强度设计值，N/mm^2；

h_{02}——由下撑式拉杆中部水平段的截面形心到被加固梁上缘的垂直距离，mm；

η——内力臂系数，取 0.80。

②计算在新增外荷载作用下该拉杆中部水平段产生的作用效应增量 ΔN。

③确定下撑式拉杆应施加的预应力值 σ_p。确定时，除应按现行国家标准 GB 50010—2010 的规定控制张拉应力并计入预应力损失值外，尚应按下式进行验算：

$$\sigma_p + (\Delta N / A_p) < \beta_1 f_{py} \tag{3-28}$$

式中　β_1——下撑式拉杆的协同工作系数，取 0.80。

④验算梁的正截面及斜截面承载力。

⑤预应力张拉控制量应按所采用的施加预应力方法计算。当采用千斤顶纵向张拉时，可按张拉力 $\sigma_p A_p$ 控制；当要求按伸长率控制时，伸长率中应计入裂缝闭合的影响。

（2）当采用两根预应力下撑式拉杆进行横向张拉时，其拉杆中部横向张拉量 ΔH 可按下式验算：

$$\Delta H \leqslant (L_2/2)\sqrt{2\sigma_p / E_s} \tag{3-29}$$

式中　L_2——拉杆中部水平段的长度，mm。

（3）加固梁挠度 ω 的近似值，可按下式进行计算：

$$\omega = \omega_1 - \omega_p + \omega_2 \tag{3-30}$$

式中　ω_1——加固前梁在原荷载标准值作用下产生的挠度，mm，计算时，梁的刚度 B_1 可根据原梁开裂情况，近似取 $0.35E_cI_0 \sim 0.50E_cI_0$；

ω_p——张拉预应力引起的梁的反拱，mm，计算时，梁的刚度 B_p 可近似取为 $0.75E_cI_0$；

ω_2——加固结束后，在后加荷载作用下梁所产生的挠度，mm，计算时，梁的刚度 B_2 可取等于 B_p；

E_c——原梁的混凝土弹性模量，MPa；

I_0——原梁的换算截面惯性矩，mm^4。

3.3.4　型钢预应力撑杆的加固计算

（1）采用预应力双侧撑杆加固轴心受压的钢筋混凝土柱时，应按下列规定进行计算：

①确定加固后轴向压力设计值 N。

②按下式计算原柱的轴心受压承载力 N_0 设计值：

$$N_0 = 0.9\varphi(f_{c0}A_{c0} + f'_{y0}A'_{s0}) \tag{3-31}$$

式中　φ——原柱的稳定系数；

A_{c0}——原柱的截面面积，mm^2；

f_{c0}——原柱的混凝土抗压强度设计值，N/mm^2；

A'_{s0}——原柱的纵向钢筋总截面面积，mm^2；

f'_{y0}——原柱的纵向钢筋抗压强度设计值，N/mm^2。

③按下式计算撑杆承受的轴向压力 N_1 设计值：

$$N_1 = N - N_0 \tag{3-32}$$

式中　N——柱加固后轴向压力设计值，kN。

④按下式计算预应力撑杆的总截面面积：

$$N_1 \leqslant \varphi\beta_2 f'_{py}A'_p \tag{3-33}$$

式中　β_2——撑杆与原柱的协同工作系数，取 0.9；

f'_{py}——撑杆钢材的抗压强度设计值，N/mm^2；

A'_p——预应力撑杆的总截面面积，mm^2。

⑤柱加固后轴心受压承载力设计值可按下式验算：

$$N \leqslant 0.9\varphi(f_{c0}A_{c0} + f'_{y0}A'_{s0} + \beta_3 f'_{py}A'_p \tag{3-34}$$

⑥缀板应按现行国家标准《钢结构设计标准》（GB 50017—2017）进行设计计算，其尺寸和间距应保证撑杆受压肢及单根角钢在施工时不致失稳。

⑦设计应规定撑杆安装时需预加的压应力值 σ'_p，并可按下式验算：

$$\sigma'_p \leqslant \varphi_1\beta_3 f'_{py} \tag{3-35}$$

式中　φ_1——撑杆的稳定系数，确定该系数所需的撑杆计算长度，当采用横向张拉方法时，取其全长的 1/2，当采用顶升法时，取其全长，按格构式压杆计算其稳定系数；

β_3——经验系数，取 0.75。

⑧设计规定的施工控制量，应按采用的施加预应力方法计算：

当用千斤顶、楔子等进行竖向顶升安装撑杆时，顶升量 ΔL 可按下式计算：

$$\Delta L = \frac{L\sigma'_p}{\beta_4 E_a} + a_1 \tag{3-36}$$

式中　E_a——撑杆钢材的弹性模量；

L——撑杆的全长；

a_1——撑杆端顶板与混凝土间的压缩量，取 2~4 mm；

β_4——经验系数，取 0.90。

当用横向张拉法（见图 3-8）安装撑杆时，横向张拉量 ΔH 按下式验算：

$$\Delta H \leqslant \frac{L}{2}\sqrt{\frac{2.2\sigma'_p}{E_a}} + a_2 \tag{3-37}$$

式中　a_2——综合考虑各种误差因素对张拉量影响的修正项，可取 $a_2=5\sim7$ mm。

实际弯折撑杆肢时，宜将长度中点处的横向弯折量取为 $\Delta H+3\sim5$ mm，但施工中只收紧 ΔH，使撑杆处于预压状态。

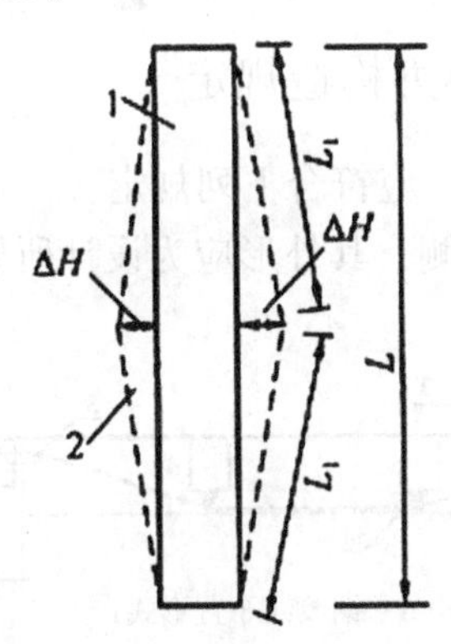

1—被加固柱；2—撑杆

图 3-8　预应力撑杆横向张拉量计算图

（2）采用单侧预应力撑杆加固弯矩不变形的偏心受压柱时，应按下列规定进行计算：

①确定该柱加固后轴向压力 N 和弯矩 M 的设计值。

② 确定撑杆肢承载力，可试用两根较小的角钢或一根槽钢做撑杆肢，其有效受压承载力取为 $0.9f'_{py}A'_p$。

③原柱加固后需承受的偏心受压荷载应按下列公式计算：

$$N_{01}=N-0.9f'_{py}A'_p \tag{3-38}$$

$$M_{01}=M-0.9f'_{py}A_p a/2 \tag{3-39}$$

④原柱截面偏心受压承载力应按下列公式验算：

$$N_{01}\leqslant\alpha_1 f_{c0}bx+f'_{y0}A'_{s0}-\sigma_{s0}A_{s0} \tag{3-40}$$

$$N_{01}e\leqslant\alpha_1 f_{c0}bx(h_0-0.5x)+f'_{y0}A'_{s0}(h_0-a'_{s0}) \tag{3-41}$$

$$e=e_0+0.5h-a'_{s0} \tag{3-42}$$

$$e_0=M_{01}/N_{01} \tag{3-43}$$

式中　b——原柱宽度，mm；

x——原柱的混凝土受压区高度，mm；

σ_{s0}——原柱纵向受拉钢筋的应力，N/mm^2；

e——轴向力作用点至原柱纵向受拉钢筋合力点之间的距离，mm；

a'_{s0}——纵向受压钢筋合力点至受压边缘的距离，mm。

当原柱偏心受压承载力不满足上述要求时，可加大撑杆截面面积，再重新验算。

⑤缀板的设计应符合现行国家标准《钢结构设计标准》（GB 50017—2017）的有关规定，并应保证撑杆肢或角钢在施工时不失稳。

⑥撑杆施工时应预加的压应力值 σ'_p 宜取为 50~80 MPa。

（3）采用双侧预应力撑杆加固弯矩变号的偏心受压钢筋混凝土柱时，可按受压荷载较大一侧用单侧撑杆加固的步骤进行计算。选用的角钢截面面积应能满足柱加固后需要承受的最不利偏心受压荷载；柱的另一侧应采用同规格的角钢组成压杆肢，使撑杆的双侧截面对称。

3.3.5 无黏结钢绞线体外预应力构造规定

（1）钢绞线的布置（见图3-9）应符合下列规定：

①钢绞线应成对布置在梁的两侧；其外形应为设计所要求的折线形；钢绞线形心至梁侧面的距离宜取为40 mm。

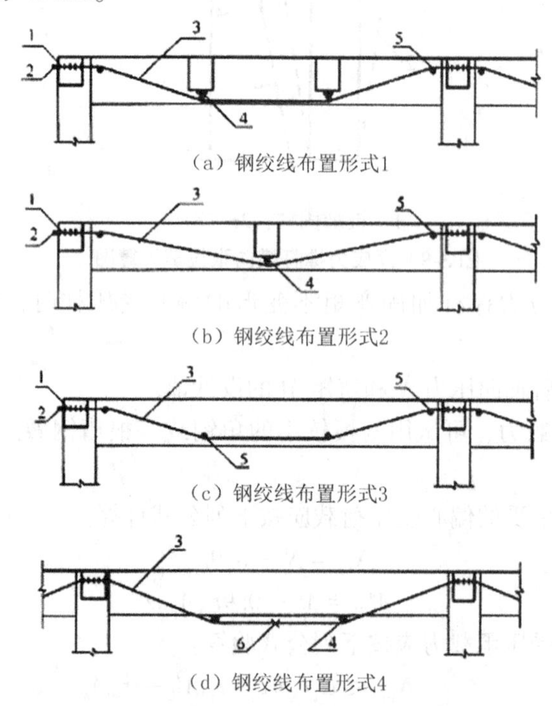

（a）钢绞线布置形式1

（b）钢绞线布置形式2

（c）钢绞线布置形式3

（d）钢绞线布置形式4

1—钢垫板；2—锚具；3—无黏结钢绞线；
4—支承垫板；5—钢吊棍；6—拉紧螺栓

图3-9 钢绞线的几种布置方式

②钢绞线跨中水平段的支承点，对纵向张拉，宜设在梁底以上的位置；对横向张拉，应设在梁的底部；若纵向张拉的应力不足，尚应依靠横向拉紧螺栓补足，则支承点也应设在梁的底部。

（2）中间连续节点的支承构造，应符合下列规定：

①当中柱侧面至梁侧面的距离不小于100 mm时，可将钢绞线直接支承在柱上［见图3-10（a）］。

②当中柱侧面至梁侧面的距离小于100 mm时，可将钢绞线支承在柱侧的梁上［见图3-10（b）］。

③柱侧无梁时可用钻芯机在中柱上钻孔，设置钢吊棍，将钢绞线支承在钢吊棍上［见图3-10（c）］。

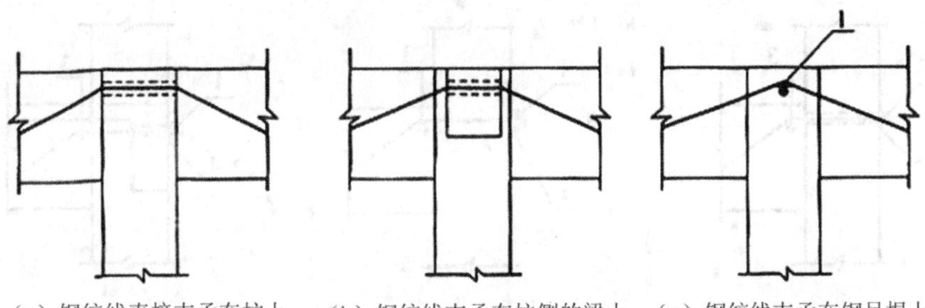

（a）钢绞线直接支承在柱上　（b）钢绞线支承在柱侧的梁上　（c）钢绞线支承在钢吊棍上

1—钢吊棍

图 3-10　中间连续节点构造方法

④当钢绞线在跨中的转折点设在梁底以上位置时，应在中间支座的两侧设置钢吊棍，以减小转折点处的摩擦力。若钢绞线在跨中的转折点设在梁底以下位置，则中间支座可不设钢吊棍。

⑤钢吊棍可采用 Φ50 mm 或 Φ60 mm 厚壁钢管制作，内灌细石混凝土。若混凝土孔洞下部的局部承压强度不足，可增设内径与钢吊棍相同的钢管垫，用锚固型结构胶或堵漏剂坐浆。

⑥当支座负弯矩承载力不足需要加固时，中间支座水平段钢绞线的长度应按计算确定。此时若梁端截面的受剪承载力不足，可采用粘贴碳纤维 U 形箍或粘贴钢板箍的方法解决。

（3）端部锚固构造应符合下列规定：

①钢绞线端部的锚固宜采用圆套筒三夹片式单孔锚。端部支承可采用下列四种方法：

当边柱侧面至梁侧面的距离不小于 100 mm 时，可将柱子钻孔，钢绞线穿过柱，其锚具通过钢垫板支承于边柱外侧面；若为纵向张拉，尚应在梁端上部设钢吊棍，以减小张拉的摩擦力［见图 3-11（a）］。

当边柱侧面至梁侧面距离小于 100 mm 时，对于纵向张拉，宜将锚具通过槽钢垫板支承于边柱外侧面，并在梁端上方设钢吊棍［见图 3-11（b）］。

当柱侧有次梁时，对于纵向张拉，可将锚具通过槽钢垫板支承于次梁的外侧面，并在梁端上方设钢吊棍［见图 3-11（c）］；对于横向张拉，可将槽钢改为钢板，并可不设钢吊棍。

当无法设置钢垫板时，可用钻芯机在梁端或边柱上钻孔，设置圆钢销棍，将锚具通过圆钢销棍支承于梁端［见图 3-11（d）］或边柱上［见图 3-11（e）］。圆钢销棍可采用直径为 60 mm 的 45 号钢制作，锚具支承面处的圆钢销棍应加工成平面。

②当梁的混凝土质量较差时，在销棍支承点处，可设置内径与圆钢销棍直径相同的钢管垫，用锚固型结构胶或堵漏剂坐浆。

③端部钢垫板接触面处的混凝土面应平整，当不平整时，应采用快硬水泥砂浆或堵漏剂找平。

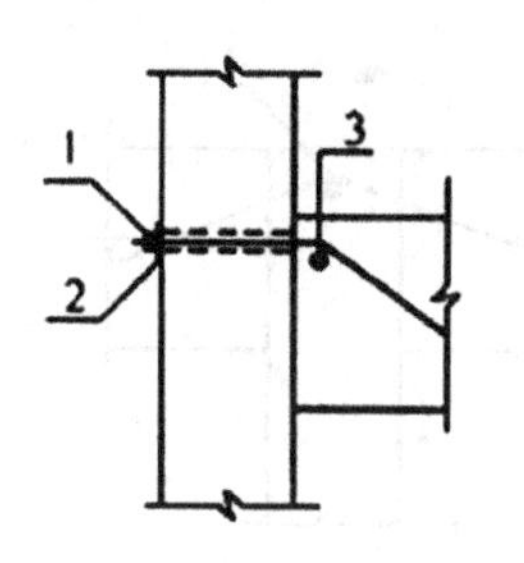

（a）端部钻孔锚固于柱侧

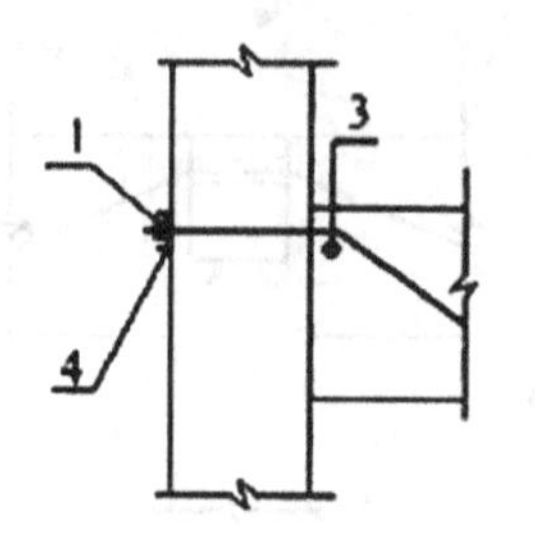

（b）端部不钻孔锚固于柱

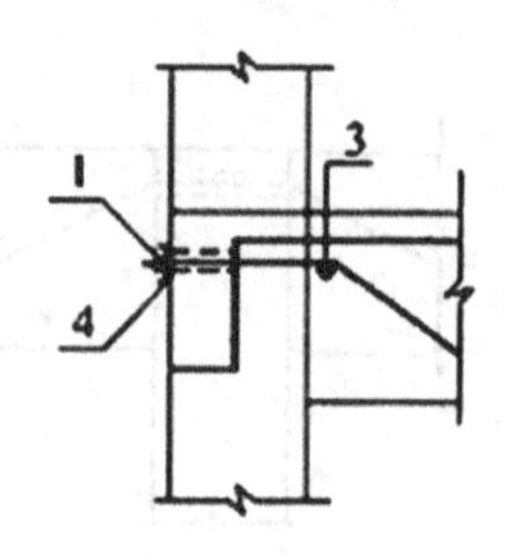

（c）端部锚固于梁侧面

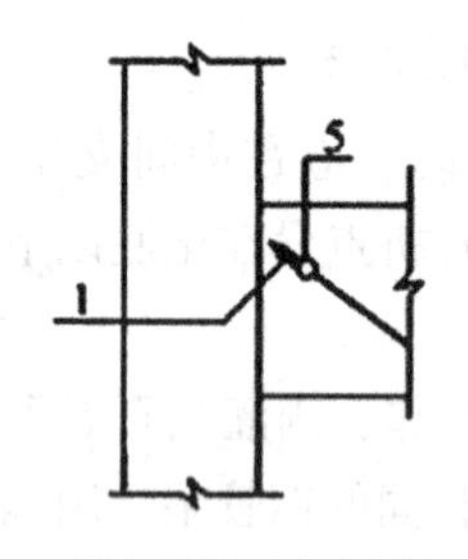

（d）端部锚固于自身梁端

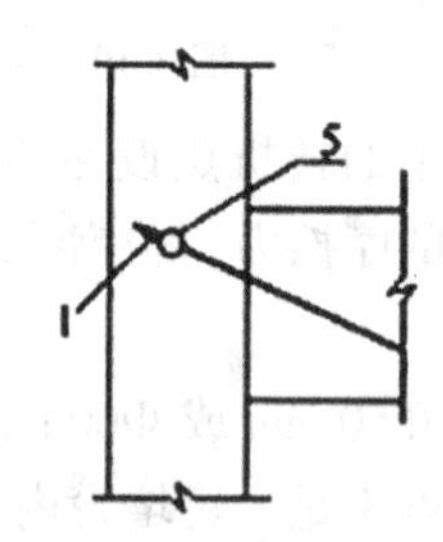

（c）端部锚固于边柱之上

1—锚具；2—钢板垫板；3—圆钢吊棍；4—槽钢垫板；5—圆钢销棍

图 3-11　端部锚固构造示意图

（4）钢绞线的张拉应力控制值，对于纵向张拉，宜取 $0.70f_{ptk}$；当连续梁的跨数较多时，可取为 $0.75f_{ptk}$；f_{ptk} 为钢绞线抗拉强度标准值；对于横向张拉，钢绞线的张拉应力控制值宜取 $0.60f_{ptk}$。

（5）采用横向张拉时，每跨钢绞线被支撑垫板、中间撑棍和拉紧螺栓分为若干个区段［见图 3-12］。中间撑棍的数量应通过计算确定，对于跨长 6~9 m 的梁，可设置 1 根中间撑棍和 2 根拉紧螺栓；对于跨长小于 6 m 的梁，可不设中间撑棍，仅设置 1 根拉紧螺栓；对于跨长大于 9 m 的梁，宜设置 2 根中间撑棍及 3 根拉紧螺栓。

（6）钢绞线横向张拉后的总伸长量，应根据中间撑棍和拉紧螺栓的设置情况，按下列规定计算：

①当不设中间撑棍，仅有 1 根拉紧螺栓时，其总伸长量 Δl 可按下式计算：

$$\Delta l = 2(c_1 - a_1) = 2 \times (\sqrt{a_1^2 + b^2} - a_1) \tag{3-44}$$

式中　a_1——拉紧螺栓至支承垫板的距离，mm；

b——拉紧螺栓处钢绞线的横向位移量，mm，可取为梁宽的 1/2；

c_1——a_1 与 b 的几何关系连线［见图 3-13］，mm。

②当设 1 根中间撑棍和 2 根拉紧螺栓时，其总伸长量 Δl 应按下式计算：

$$\Delta l = 2 \times (\sqrt{a_1^2 + b_1^2} + \sqrt{a_2^2 + b^2} - a_1 - a_2) \tag{3-45}$$

式中　a_2——拉紧螺栓至中间撑棍的距离，mm。

③当设 2 根中间撑棍和 3 根拉紧螺栓时，其总伸长量 Δl 应按下式计算：

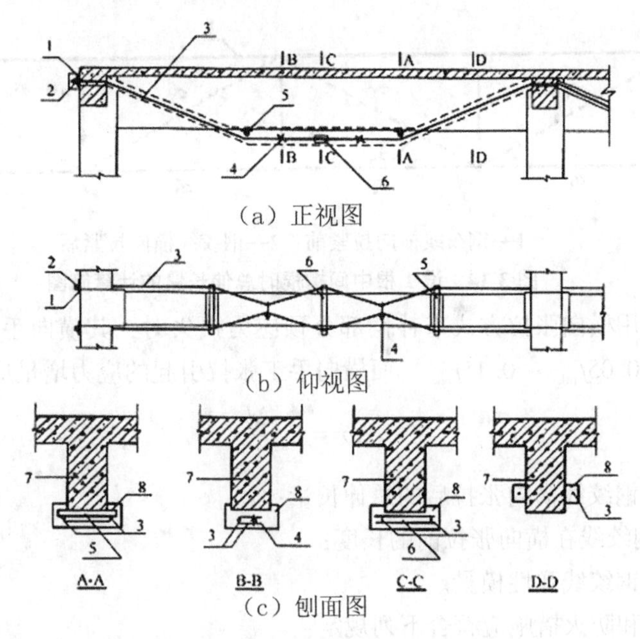

（a）正视图

（b）仰视图

（c）刨面图

1—钢垫板；2—锚具；3—无黏结钢绞线，成对布置在梁侧；4—拉紧螺栓；
5—支承垫板；6—中间撑棍；7—加固梁；8—C25 混凝土

图 3-12　采用横向张拉法施加预应力

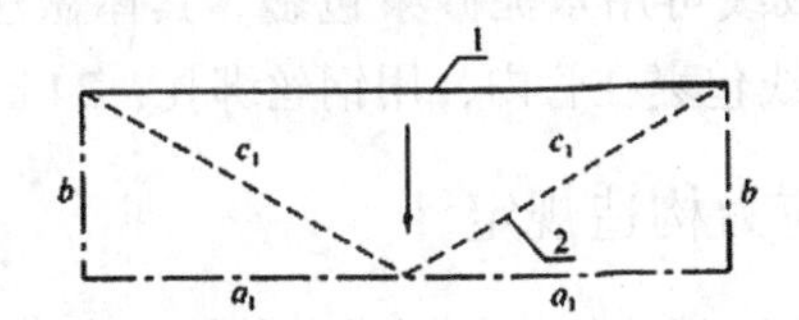

1—钢绞线横向拉紧前；2—钢绞线横向拉紧后

图 3-13　不设中间撑棍时总伸长量的计算简图

$$\Delta l = 2\sqrt{a_1^2 + b^2} + 4\sqrt{a_2^2 + b^2} - 2a_1 - 4a_2 \tag{3-46}$$

（7）拉紧螺栓位置的确定应符合下列规定：

①当不设中间撑棍时，可将拉紧螺栓设在中点位置。

②当设 1 根中间撑棍时，为使拉紧螺栓两侧的钢绞线受力均衡，减少钢绞线在拉紧螺栓处的纵向滑移量，应使 $a_1 < a_2$，并符合下式规定：

$$\frac{c_1 - a_1}{0.5l - a_2} \approx \frac{c_2 - a_2}{a_2} \tag{3-47}$$

式中　l——梁的跨度，mm；

c_2——a_2 与 b 的几何关系连线［见图 3-14］，mm。

③当设有 2 根中间撑棍时，为使拉紧螺栓至中间撑棍的距离相等，并使两边拉紧螺栓至支撑垫板的距离相靠近，应符合下式规定：

$$\frac{c_2 - a_2}{a_2} \approx \frac{c_1 - a_1}{0.5l - a_2} \tag{3-48}$$

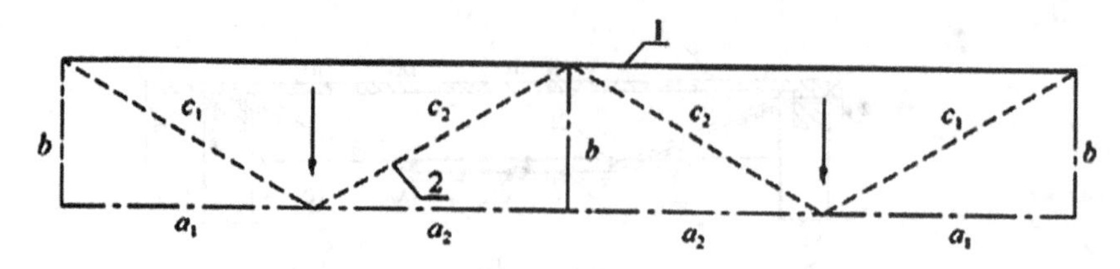

1—钢绞线横向拉紧前；2—钢绞线横向拉紧后

图 3-14 设 1 根中间撑棍时总伸长量的计算简图

（8）当采用横向张拉方式来补偿部分预应力损失时，其横向手工张拉引起的应力增量应控制为 $0.05f_{ptk} \sim 0.15f_{ptk}$，而横向手工张拉引起的应力增量应按下列公式计算：

$$\Delta\sigma = E_s \frac{\Delta l}{l} \tag{3-49}$$

式中 Δl—— 钢绞线横向张拉后的总伸长量；

l—— 钢绞线在横向张拉前的长度；

E_s ——钢绞线弹性模量。

（9）防腐和防火措施应符合下列规定：

①当外观要求较高时，可用 C25 细石混凝土将钢部件和钢绞线整体包裹；端部锚具也可用 C25 细石混凝土包裹。

②当无外观要求时，钢绞线可用水泥砂浆包裹。具体做法为采用 80PVC 管对开，内置 1∶2 水泥砂浆，将钢绞线包裹在管内，用钢丝绑扎；24 h 后将 PVC 管拆除。

3.3.6 普通钢筋体外预应力构造规定

（1）采用普通钢筋预应力下撑式拉杆加固时，其构造应符合下列规定：

①采用预应力下撑式拉杆加固梁，当其加固的张拉力不大于 150 kN，可用 2 根 HPB300 级钢筋；当加固的预应力较大，宜用 HRB400 级钢筋。

②预应力下撑式拉杆中部的水平段距被加固梁下缘的净空宜为 30~80 mm。

③预应力下撑式拉杆［见图 3-15］的斜段宜紧贴在被加固梁的梁肋两旁；在被加固梁下应设厚度不小于 10 mm 的钢垫板，其宽度宜与被加固梁宽相等，其梁跨度方向的长度不应小于板厚的 5 倍；钢垫板下应设直径不小于 20 mm 的钢筋棒，其长度不应小于被加固梁宽加 2 倍拉杆直径再加 40 mm；钢垫板宜用结构胶固定位置，钢筋棒可用点焊固定位置。

（2）预应力下撑式拉杆端部的锚固构造应符合下列规定：

①被加固构件端部有传力预埋件可利用时，可将预应力拉杆与传力预埋件焊接，通过焊缝传力。

②当无传力预埋件时，宜焊制专门的钢套箍，套在梁端，与焊在负筋上的钢挡板相抵承，也可套在混凝土柱上与拉杆焊接。钢套箍可用型钢焊成，也可用钢板加焊加劲肋制成。钢套箍与混凝土构件间的空隙，应用细石混凝土或自密实混凝土填塞。钢套箍与原构件混凝土间的局部受压承载力应经验算合格。

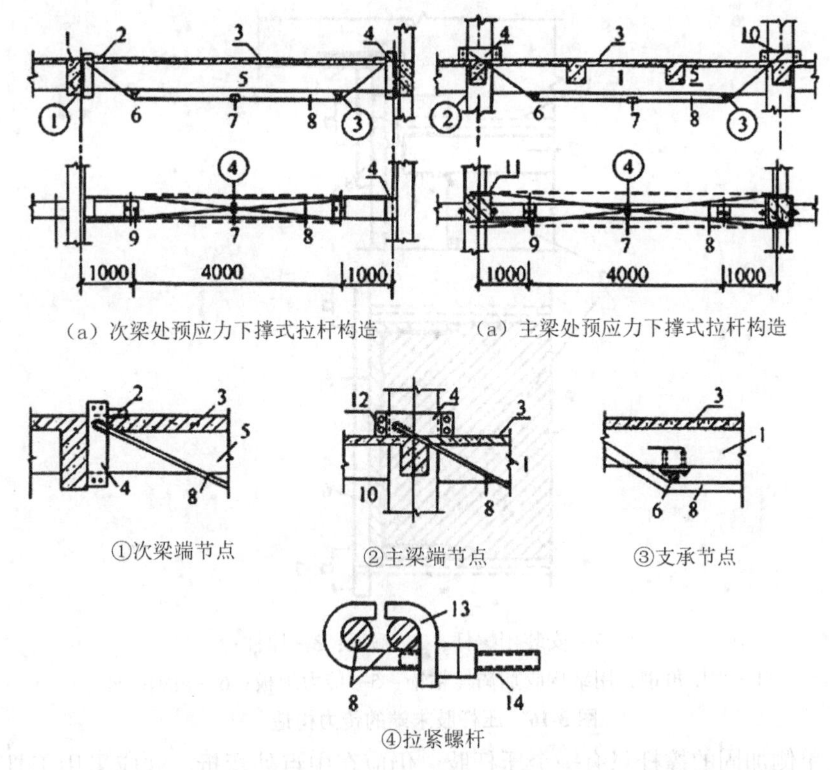

1—主梁；2—挡板；3—楼板；4—钢套箍；5—次梁；6—支撑垫板及钢筋棒；
7—拉紧螺栓；8—拉杆；9—螺栓；10—柱；11—钢托套；
12—双帽螺栓；13—L 形卡板；14—弯钩螺栓

图 3-15 预应力下撑式拉杆构造

（3）横向张拉宜采用工具式拉紧螺杆。拉紧螺杆的直径应按张拉力的大小计算确定，但不应小于 16 mm，其螺帽的高度不得小于螺杆直径的 1.5 倍。

3.3.7 型钢预应力撑杆构造规定

（1）采用预应力撑杆进行加固时，其构造设计应符合下列规定：

①预应力撑杆用的角钢，其截面不应小于 50 mm×50 mm×5 mm。压杆肢的 2 根角钢用缀板连接，形成槽形截面；也可用单根槽钢做压杆肢。缀板的厚度不得小于 6 mm，其宽度不得小于 80 mm，其长度应按角钢与被加固柱之间的空隙大小确定。相邻缀板间的距离应保证单个角钢的长细比不大于 40。

②压杆肢末端的传力构造［见图 3-16］，应采用焊在压杆肢上的顶板与承压角钢顶紧，通过抵承传力。承压角钢嵌入被加固柱的柱身混凝土或柱头混凝土内不应少于 25 mm。传力顶板宜用厚度不小于 16 mm 的钢板，其与角钢肢焊接的板面及与承压角钢抵承的面均应刨平。承压角钢截面不得小于 100 mm×75 mm×12 mm。

（2）当预应力撑杆采用螺栓横向拉紧的施工方法时，双侧加固的撑杆，其两个压杆肢的中部应向外弯折，并应在弯折处采用工具式拉紧螺杆建立预应力并复位［见

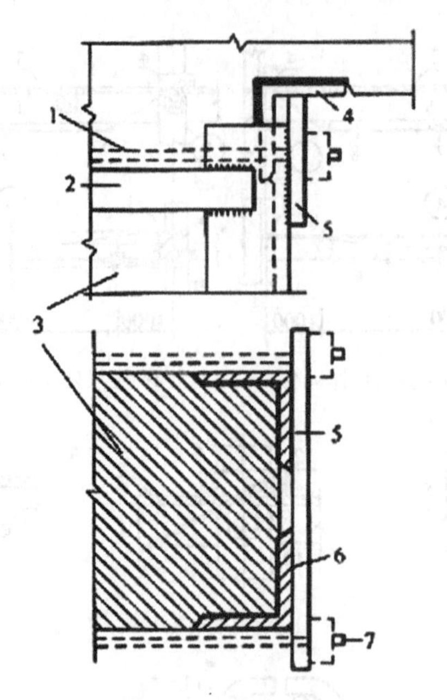

1，7—安装用螺杆；2—箍板；3—原柱；
4—承压角钢，用结构胶加锚栓粘锚；5—传力顶板；6—角钢撑杆

图 3-16　压杆肢末端的传力构造

图 3-17］。单侧加固的撑杆只有一个压杆肢，仍应在中点处弯折，并应采用工具式拉紧螺杆进行横向张拉与复位［见图 3-18］。

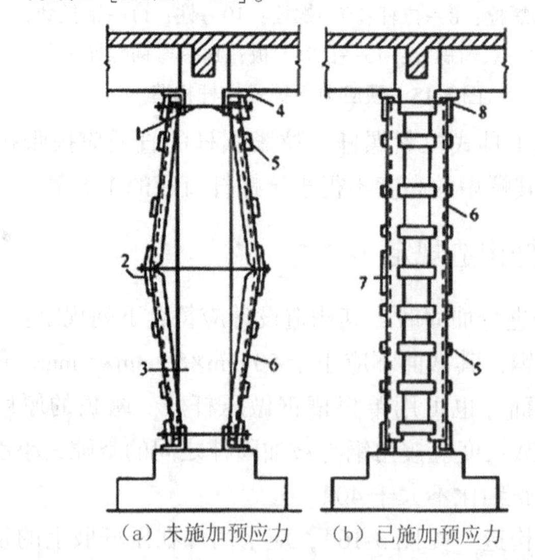

（a）未施加预应力　（b）已施加预应力

1—安装螺栓；2—工具式拉紧螺杆；3—被加固柱；4—传力角钢；
5—箍板；6—角钢撑杆；7—加宽箍板；8—传力顶板

图 3-17　钢筋混凝土柱双侧预应力加固撑杆构造

（3）压杆肢的弯折与复位的构造应符合下列规定：

①弯折压杆肢前，应在角钢的侧立肢上切出三角形缺口。缺口背面，应补焊钢板予

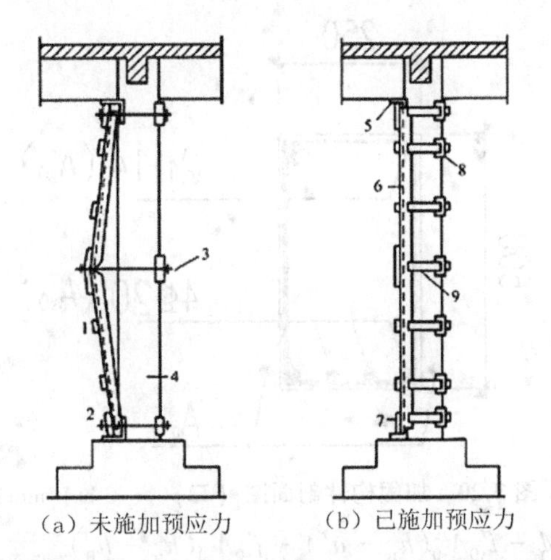

（a）未施加预应力　　　（b）已施加预应力

1—箍板；2—安装螺栓；3—工具式拉紧螺栓；4—被加固柱；5—传力角钢；
6—角钢撑杆；7—传力顶板；8—短角钢；9—加宽箍板

图 3-18　钢筋混凝土柱单侧预应力加固撑杆构造

以加强［见图 3-19］。

②弯折压杆肢的复位应采用工具式拉紧螺杆，其直径应按张拉力的大小计算确定，但不应小于 16 mm，其螺帽高度不应小于螺杆直径的 1.5 倍。

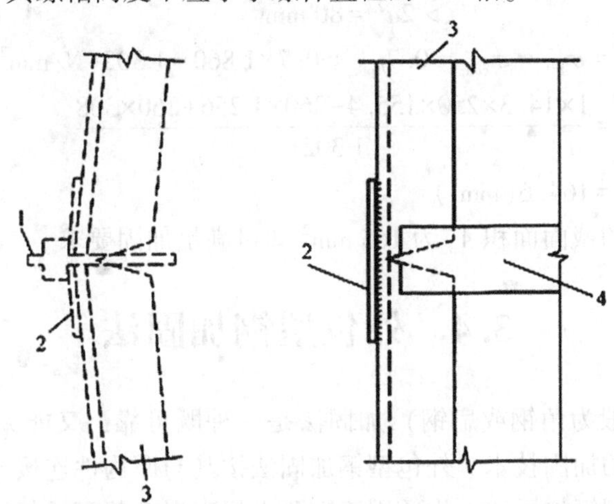

1—工具式拉紧螺杆；2—补强钢板；3—角钢撑杆；4—剖口处箍板

图 3-19　角钢缺口处加焊钢板补强

3.3.8　示例

某工程一层框架混凝土梁，采用 C30 混凝土，纵向受力钢筋采用 HRB400 钢筋，其截面尺寸与纵筋配置如图 3-20 所示。现因改造需要，荷载增加，在荷载的基本组合下梁跨中正弯矩值为 260 kN · m。需要在改造前对其进行加固处理。

现采用无黏结钢绞线进行体外预应力抗弯加固，选用 f_{ptk} = 1 860 MPa 的钢绞线。张拉控制应力 $\sigma_{con} = \sigma_{P0} = 0.7f_{ptk}$，$h_p$ = 465 mm。

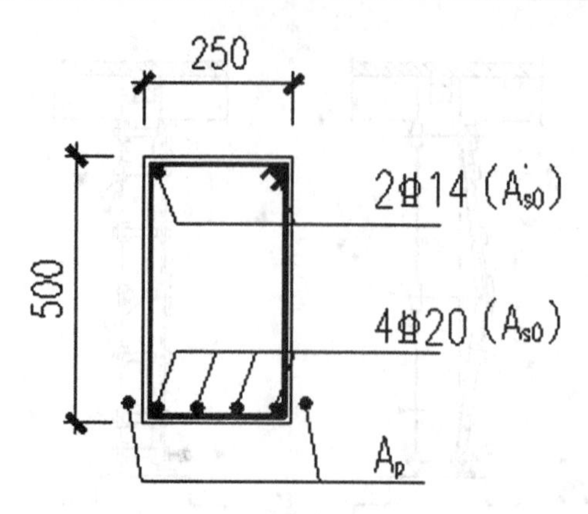

图 3-20　加固构件剖面图（二）（单位：mm）

$$M' = M - f'_{y0}A'_{s0}(h_p - a') + f_{y0}A_{s0}(h_p - h_0)$$
$$= 260\times10^6 - 360\times308\times(465-40) + 360\times1\,256\times(465-460)$$
$$= 215\,136\,800(\text{N}\cdot\text{m})$$

$$x = h_p - \sqrt{h_p^2 - \frac{2\times M'}{\alpha_1 f_{c0} b}} = 465 - \sqrt{465^2 - \frac{2\times215\,136\,800}{1\times14.3\times250}}$$
$$= 155.4(\text{mm}) < 0.85\xi_s h_0 = 0.85\times0.55\times460 = 215(\text{mm})$$
$$> 2a' = 80\ \text{mm}$$

$$\sigma_p = \sigma_{P0} = \sigma_{con} = 0.7f_{ptk} = 0.7\times1\,860 = 1\,302(\text{N/mm}^2)$$

$$A_p = \frac{1\times14.3\times250\times155.4 - 360\times1\,256 + 260\times308}{1\,302}$$
$$= 164.6(\text{mm}^2)$$

预应力钢绞线的截面面积 A_p 为 165 mm^2 即可满足加固要求。

3.4　外包型钢加固法

外包型钢（一般为角钢或扁钢）加固法是一种既可靠，又能大幅度提高原结构承载能力和抗震能力的加固技术。外包型钢加固法按其与原构件连接方式分为外粘型钢加固法和无黏结外包型钢加固法，均适用于需要大幅度提高截面承载能力和抗震能力的钢筋混凝土柱及梁的加固。

当采用结构胶黏合混凝土构件与型钢构架时，称为有黏结外包型钢加固法，也称外粘型钢加固法，或湿式外包钢加固法，属复合构件范畴；当不使用结构胶，或仅用水泥砂浆堵塞混凝土与型钢间缝隙时，称为无黏结外包型钢加固法，也称干式外包型钢加固法。这种加固方法属组合构件范畴；由于型钢与原构件间无有效的连接，因而其所受的外力只能按原柱和型钢的各自刚度进行分配，而不能视为复合构件受力，以致很费钢材，仅在不宜使用胶粘的场合使用。

3.4.1　设计规定

（1）当工程要求不使用结构胶粘剂时，宜选用无黏结外包型钢加固法，也称干式外包型钢加固法。其设计应符合下列规定：

①当原柱完好，但需提高其设计荷载时，可按原柱与型钢构架共同承担荷载进行计算。此时，型钢构架与原柱所承受的外力可按各自截面刚度比例进行分配。柱加固后的总承载力为型钢构架承载力与原柱承载力之和。

②当原柱尚能工作，但需降低原设计承载力时，原柱承载力降低程度应由可靠性鉴定结果进行确定；其不足部分由型钢构架承担。

③当原柱存在不适于继续承载的损伤或严重缺陷时，可不考虑原柱的作用，其全部荷载由型钢骨架承担。

④型钢构架承载力应按现行国家标准《钢结构设计标准》（GB 50017—2017）规定的格构式柱进行计算，并乘以与原柱协同工作的折减系数 0.9。

⑤型钢构架上下端应可靠连接、支承牢固。

（2）当工程允许使用结构胶粘剂，且原柱状况适于采取加固措施时，宜选用外粘型钢加固法［见图 3-21］。该方法属复合截面加固法，其设计应符合本章规定。

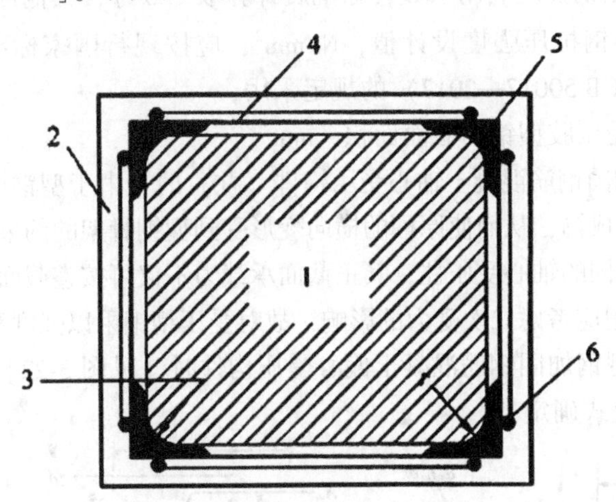

1—原柱；2—防护层；3—注胶；4—缀板；5—角钢；6—缀板与角钢焊缝

图 3-21　外粘型钢加固法

（3）混凝土结构构件采用符合 GB 50367—2013 设计规定的外粘型钢加固时，其加固后的承载力和截面刚度可按整截面计算；其截面刚度 EI 的近似值可按下式计算：

$$EI = E_{c0}I_{c0} + 0.5E_aA_aa_a^2 \tag{3-50}$$

式中　E_{c0}、E_a ——原构件混凝土和加固型钢的弹性模量，MPa；

I_{c0}——原构件截面惯性矩，mm^4；

A_a ——加固构件一侧外粘型钢截面面积，mm^2；

a_a ——受拉与受压两侧型钢截面形心间的距离，mm。

（4）采用外包型钢加固法对钢筋混凝土结构进行加固时，应采取措施卸除或大部分卸除作用在原结构上的活荷载。

（5）对型钢构架的涂装工程（包括防腐涂料涂装和防火涂料涂装）的设计，应符合现行国家标准《钢结构设计标准》（GB 50017—2017）及《钢结构工程施工质量验收规范》（GB 50205—2020）的规定。

3.4.2　加固计算

（1）采用外粘型钢（角钢或扁钢）加固钢筋混凝土轴心受压构件时，其正截面承载力应按下式验算：

$$N \leqslant 0.9\varphi(\psi_{sc}f_{c0}A_{c0}+f'_{y0}A'_{s0}+\alpha_a f'_a A'_a) \tag{3-51}$$

式中　N——构件加固后轴向压力设计值，kN；

φ——轴心受压构件的稳定系数，应根据加固后的截面尺寸，按现行国家标准 GB 50010—2010 采用；

ψ_{sc}——考虑型钢构架对混凝土约束作用引入的混凝土承载力提高系数，对于圆形截面柱，取 1.15，对于截面高宽比 $h/b\leqslant 1.5$、截面高度 $h\leqslant 600$ mm 的矩形截面柱，取 1.1，对于不符合上述规定的矩形截面柱，取 1.0；

α_a——新增型钢强度利用系数，除抗震计算取 1.0 外，其他计算均取 0.9；

f'_a——新增型钢抗压强度设计值，N/mm^2，应按现行国家标准《钢结构设计标准》（GB 50017—2017）的规定采用；

A'_a——全部受压肢型钢的截面面积，mm^2。

采用外粘型钢加固钢筋混凝土轴心受压构件（柱）时，由于型钢可靠地黏结于原柱，并有卡紧的缀板焊接成箍，从而使原柱的横向变形受到型钢骨架的约束作用。在这种构造条件下，外粘型钢加固的轴心受压柱，其正截面承载力不仅可按整截面计算，而且可引入 ψ_{sc} 系数予以提高，但应考虑二次受力的影响，故对受压型钢乘以强度利用系数 α_a。

（2）采用外粘型钢加固钢筋混凝土偏心受压构件时［见图 3-22］，其矩形截面正截面承载力应按下列公式确定：

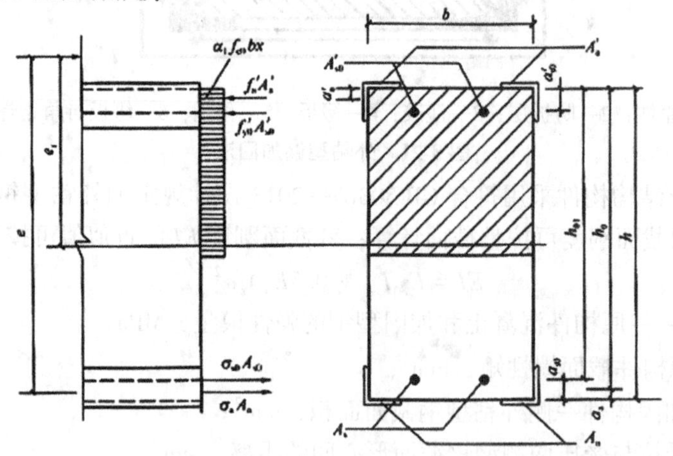

图 3-22　外粘型钢加固偏心受压柱的截面计算简图

$$N \leqslant \alpha_1 f_{c0} bx + f'_{y0} A'_{s0} - \sigma_{s0} A_{s0} + \alpha_a f'_a A'_a - \sigma_a A_a \tag{3-52}$$

$$Ne \leqslant \alpha_1 f_{c0} bx\left(h_0 - \frac{x}{2}\right) + f'_{y0} A'_{s0}(h_0 - a'_{s0}) - \sigma_{s0} A_{s0}(a_{s0} - a_a) + a_a f'_a A'_a(h_0 - a'_a) \tag{3-53}$$

$$\sigma_{s0} = \left(\frac{0.8h_{01}}{x} - 1\right) E_{s0} \varepsilon_{cu} \tag{3-54}$$

$$\sigma_a = \left(\frac{0.8h_0}{x} - 1\right) E_a \varepsilon_{cu} \tag{3-55}$$

式中　N——构件加固后轴向压力设计值，kN；

b——原构件截面宽度，mm；

x——混凝土受压区高度，mm；

f_{c0}——原构件混凝土轴心抗压强度设计值，N/mm^2；

f'_{y0}——原构件受压区纵向钢筋抗压强度设计值，N/mm^2；

A'_{s0}——原构件受压较大边纵向钢筋截面面积，mm^2；

σ_{s0}——原构件受拉边或受压较小边纵向钢筋应力，N/mm^2，当为小偏心受压构件时，图3-22中 σ_{s0} 可能变号，当 $\sigma_{s0} > f_{y0}$ 时，应取 $\sigma_{s0} = f_{y0}$；

A_{s0}——原构件受拉边或受压较小边纵向钢筋截面面积，mm^2；

α_a——新增型钢强度利用系数，除抗震设计取 $\alpha_a = 1.0$ 外，其他取 $\alpha_a = 0.9$；

f'_a——型钢抗压强度设计值，N/mm^2；

A'_a——全部受压肢型钢截面面积，mm^2；

σ_a——受拉肢或受压较小肢型钢的应力，N/mm^2；

A_a——全部受拉肢型钢截面面积，mm^2；

e——偏心距，mm，为轴向压力设计值作用点至受拉区型钢形心的距离；

h_{01}——加固前原截面有效高度，mm；

h_0——加固后受拉肢或受压较小肢型钢的截面形心至原构件截面受压较大边的距离，mm；

a'_{s0}——原截面受压较大边纵向钢筋合力点至原构件截面近边的距离，mm；

a'_a——受压较大肢型钢截面形心至原构件截面近边的距离，mm；

a_{s0}——原构件受拉边或受压较小边纵向钢筋合力点至原截面近边的距离，mm；

a_a——受拉肢或受压较小肢型钢截面形心至原构件截面近边的距离，mm；

E_a——型钢的弹性模量，MPa。

采用外粘型钢加固的钢筋混凝土偏心受压构件，其受压肢型钢，由于存在应变滞后的问题，计算正截面承载力时，必须乘以强度利用系数 α_a 予以折减。至于受拉肢型钢，在大偏心受压工作条件下，尽管其应力一般都能达到抗拉强度设计值，但考虑到受拉肢工作的重要性，以及黏结传力总不如原构件中的钢筋可靠，故有必要适当提高其安全储备，以保证被加固结构受力的安全。

（3）采用外粘型钢加固钢筋混凝土梁时，应在梁截面的四隅粘贴角钢，当梁的受压区有翼缘或有楼板时，应将梁顶面两隅的角钢改为钢板。

3.4.3　构造要求

（1）采用外粘型钢加固法时，应优先选用角钢；角钢的厚度不应小于 5 mm，角钢的边长，对于梁和桁架，不应小于 50 mm，对于柱，不应小于 75 mm。沿梁、柱轴线方向应每隔一定距离用扁钢制作的箍板［见图 3-23］或缀板［见图 3-24（a）、（b）］与角钢焊接。当有楼板时，U 形箍板或其附加的螺杆应穿过楼板，与另加的条形钢板焊接［见图 3-23（a）、（b）］或嵌入楼板后予以胶锚［见图 3-23（c）］。箍板与缀板均应在胶粘前与加固角钢焊接。当钢箍板需穿过楼板或胶锚时，可采用半重叠钻孔法，将圆孔扩成矩形扁孔；待箍板穿插安装、焊接完毕后，再用结构胶注入孔中予以封闭、锚固。箍板或缀板截面不应小于 40 mm×4 mm，其间距不应大于 20r(r 为单根角钢截面的最小回转半径)，且不应大于 500 mm；在节点区，其间距应适当加密。

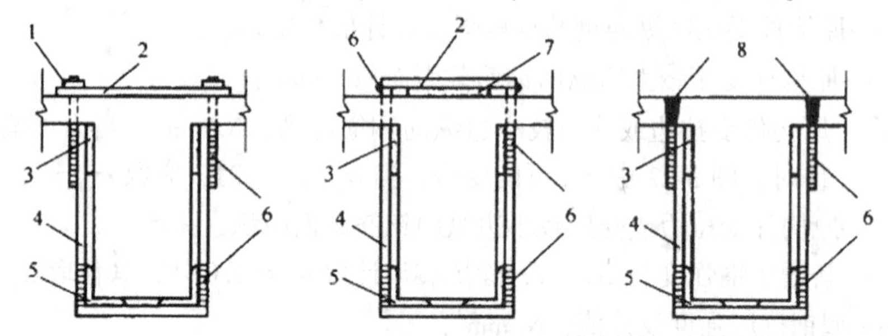

(a)端部栓焊连接加锚式箍板 (b)端部栓焊连接加锚式箍板 (c)端部胶锚连接加锚式箍板

1—与钢板点焊；2—条形钢板；3—钢垫板；4—箍板；
5—加固角钢；6—焊缝；7—加固钢板；8—嵌入箍板后胶锚

图 3-23　加锚式箍板

（2）外粘型钢的两端应有可靠的连接和锚固［见图 3-24］。对于柱的加固，角钢下端应锚固于基础；中间应穿过各层楼板，上端应伸至加固层的上一层楼板底或屋面板底；当相邻两层柱的尺寸不同时，可将上下柱外粘型钢交汇于楼面，并利用其内外间隔嵌入厚度不小于 10 mm 的钢板焊成水平钢框，与上下柱角钢及上柱钢箍相互焊接固定。对于梁的加固，梁角钢（或钢板）应与柱角钢相互焊接。必要时，可加焊扁钢带或钢筋条，使柱两侧的梁相互连接［见图 3-24（c）］；对于桁架的加固，角钢应伸过该杆件两端的节点，或设置节点板将角钢焊在节点板上。

为保证力的可靠传递，外粘型钢必须通长、连续设置，中间不得断开；若型钢长度受限制，应通过焊接方法接长；型钢的上下两端应与结构顶层（或上一层）构件和底部基础可靠地锚固。

（3）当按 GB 50367—2013 中构造要求采用外粘型钢加固排架柱时，应将加固的型钢与原柱顶部的承压钢板相互焊接。对于二阶柱，上下柱交接处及牛腿处的连接构造应予加强。

（4）外粘型钢加固梁、柱时，应将原构件截面的棱角打磨成半径 r 大于或等于 7 mm 的圆角。外粘型钢的注胶应在型钢构架焊接完成后进行。外粘型钢的胶缝厚度宜控

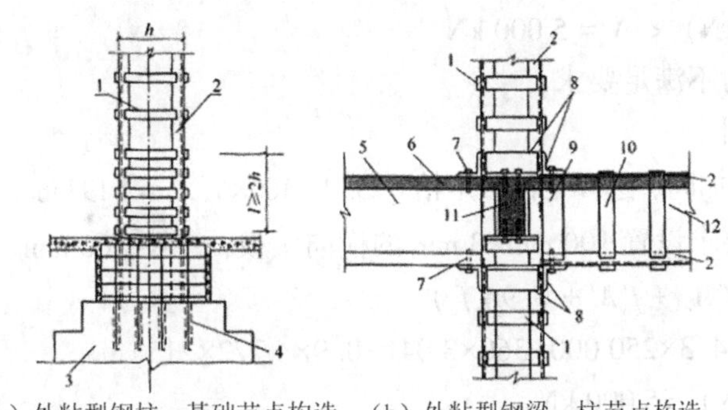

（a）外粘型钢柱、基础节点构造　（b）外粘型钢梁、柱节点构造

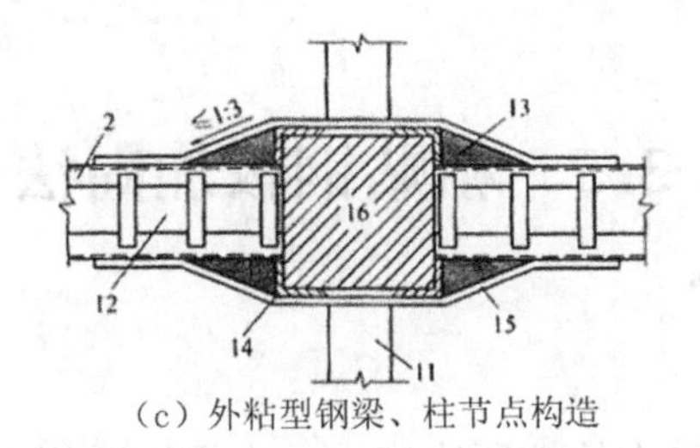

（c）外粘型钢梁、柱节点构造

1—缀板；2—加固角钢；3—原基础；4—植筋；5—不加固主梁；6—楼板；
7—胶锚螺栓；8—柱加强角钢箍；9—梁加强扁钢箍；10—箍板；11—次梁；
12—加固主梁；13—环氧砂浆填实；14—角钢；15—扁钢带；16—柱；l—缀板加密区长度

图 3-24　外粘型钢梁、柱、基础节点构造

制在 3~5 mm；局部允许有长度不大于 300 mm、厚度不大于 8 mm 的胶缝，但不得出现在角钢端部 600 mm 范围内。

（5）采用外包型钢加固钢筋混凝土构件时，型钢表面（包括混凝土表面）应抹厚度不小于 25 mm 的高强度等级水泥砂浆（应加钢丝网防裂）做防护层，也可采用其他具有防腐蚀和防火性能的饰面材料加以保护。当外包型钢构架的表面防护按钢结构的涂装工程（包括防腐涂料涂装和防火涂料涂装）设计时，应符合现行国家标准《钢结构设计标准》（GB 50017—2017）及《钢结构工程施工质量验收规范》（GB 50205—2020）的规定。

3.4.4　示例

某工程一层框架柱为轴心受压构件，$H=5$ m，截面尺寸为 500 mm×500 mm，混凝土强度等级为 C30。柱纵向钢筋配置为 8 Φ 22。因该房屋使用功能发生变动，该框架柱承受荷载值大于原设计荷载，根据该房屋后续使用要求，经核算后该框架柱承受竖向承载力设计值为 5 000 kN。需要在投入使用前对其进行加固处理。

（1）原框架柱正截面受压承载力验算。

已知 $L_0=5$ m，$L_0/b=5\,000/500=10$，$\varphi=0.98$，$\psi=1.0$，$A_1=500\times500=250\,000$（$\mathrm{mm}^2$），$A'_s=3\,041\ \mathrm{mm}^2$，$N=5\,000$ kN，原柱轴心受压承载力为

$$N_{u1}=0.9\varphi(f_cA_c+f'_yA'_s)=0.9\times0.98\times(14.3\times250\,000+360\times3\,041)$$

$=4\ 119(kN) < N = 5\ 000\ kN$

正截面承载力不满足要求。

（2）加固设计。

采用外粘型钢加固。选择在柱四角粘 Q235 ∟ 100×6，$A_s=1\ 193\ mm^2$，$A_a=1\ 193\times4=4\ 772\ (mm^2)$，按构造要求设置 100 mm×3 mm 的横向缀板，中距 300 mm。

$$N_u = 0.9\times(f_cA_c + f'_yA'_s + 0.9A_af_a)$$
$$=0.9\times(14.3\times250\ 000+360\times3\ 041+0.9\times4\ 772\times215)$$
$$=5\ 034(kN) > 5\ 000\ kN$$

满足设计要求。

3.5 粘贴钢板加固法

3.5.1 设计规定

（1）由所加固构件的受力特性所决定的，本方法适用于对钢筋混凝土受弯、大偏心受压和受拉构件的加固。同时应注意本方法不适用于素混凝土构件（包括纵向受力钢筋配筋率不符合现行设计规范 GB 50010—2010 最小配筋率构造要求的构件），以及纵向受力钢筋一侧配筋率小于 0.2%的构件。

（2）在实际检测加固过程中时常会遇到原结构的混凝土强度低于现行设计规范规定的最低强度等级的情况。如果原结构混凝土强度过低，它与钢板的黏结强度也必然很低，此时极易发生呈脆性的剥离破坏造成加固失效。为避免此类事故的发生，就要保证原结构被加固的混凝土结构构件现场实测混凝土强度等级不得低于 C15，且混凝土表面的正拉黏结强度不得低于 1.5 MPa。

（3）粘贴钢板需要一个相对稳定的环境，复杂的应力会严重影响施工的质量以及加固的效果，加固钢筋混凝土结构构件时，应将钢板受力方式设计成仅承受轴向应力作用。

（4）粘贴在混凝土构件表面上的钢板需要进行防护处理，加固钢板的厚度一般为 3~5 mm，相对较薄，若发生锈蚀将会显著削弱截面甚至引起黏合面剥离破坏，造成安全事故，且需保证表面防锈蚀的材料对钢板及胶粘剂应无害。

（5）采用 GB 50367—2013 规定的胶粘剂粘贴钢板加固混凝土结构时，按常温条件下使用的普通型树脂，其长期使用的环境温度不应高于 60 ℃；当采用与钢板匹配的耐高温树脂为胶粘剂时，可不受此规定限制，但应受现行钢结构设计规范有关规定的限制。处于特殊环境（如振动、高温、高湿、介质侵蚀、放射等）的混凝土结构采用本方法加固时，除应按国家现行有关标准的规定采取相应的防护措施外，尚应采用耐环境因素作用的胶粘剂，并按专门的工艺要求进行粘贴。

（6）采用粘贴钢板对钢筋混凝土结构进行加固，为减少二次受力的影响，降低钢板的滞后应变，使得加固后的钢板能充分发挥强度，应采取措施卸除或大部分卸除作用在结构上的活荷载。

（7）粘贴钢板的胶粘剂一般是可燃的，当被加固构件的表面有防火要求时，应按现行国家标准《建筑设计防火规范(2018 年版)》(GB 50016—2014)规定的耐火等级及耐火极限要求以及相关规范的防火构造规定，对胶粘剂和钢板进行防护。

3.5.2　受弯构件正截面加固计算

（1）采用粘贴钢板对梁、板等受弯构件进行加固时，除应符合现行国家标准 GB 50010—2010 中正截面承载力计算的基本假定外，尚应符合下列规定：

①构件达到受弯承载能力极限状态时，外贴钢板的拉应变 ξ_{sp} 应按截面应变保持平面的假设确定；

②钢板应力 σ_{sp} 取等于拉应变 ξ_{sp} 与弹性模量 E_{sp} 的乘积；

③当考虑二次受力影响时，应按构件加固前的初始受力情况，确定粘贴钢板的滞后应变；

④在达到受弯承载能力极限状态前，外贴钢板与混凝土之间不致出现黏结剥离破坏。

（2）粘钢板加固中为避免因加固量过大而导致超筋性质的脆性破坏，粘钢量实际存在“最大加固量”，受弯构件加固后的相对界限受压区高度 $\xi_{b,sp}$ 应按加固前控制值的 85%采用，若按 HRB335 级钢筋计算，达到界限时相应的钢筋应变约为 1.5 倍屈服应变，具有一定延性。

$$\xi_{b,sp}=0.85\xi_b \tag{3-56}$$

式中　ξ_b——构件加固前的相对界限受压区高度，按现行国家标准 GB 50010—2010 的规定计算。

（3）在矩形截面受弯构件的受拉面和受压面粘贴钢板进行加固时［见图 3-25］，其正截面承载力应符合下列规定：

力矩平衡公式为

$$M\leqslant\alpha_1 f_{c0}bx\left(h-\frac{x}{2}\right)+f'_{y0}A'_{s0}(h-a')+f'_{sp}A'_{sp}h-f_{y0}A_{s0}(h-h_0) \tag{3-57}$$

轴向力平衡公式为

$$\alpha_1 f_{c0}bx=\Psi_{sp}f_{sp}A_{sp}+f_{y0}A_{s0}-f'_{y0}A'_{s0}-f'_{sp}A'_{sp} \tag{3-58}$$

根据应变平截面假定推导得到

$$\Psi_{sp}=\frac{0.8\varepsilon_{cu}h/x-\varepsilon_{cu}-\varepsilon_{sp,0}}{f_{sp}/E_{sp}} \tag{3-59}$$

$$x\geqslant 2a' \tag{3-60}$$

式中　M——构件加固后弯矩设计值，kN · m；

x——混凝土受压区高度，mm；

b、h——矩形截面宽度和高度，mm；

f_{sp}、f'_{sp}——加固钢板的抗拉、抗压强度设计值，N/mm^2；

A_{sp}、A'_{sp}——受拉钢板和受压钢板的截面面积，mm^2；

A_{s0}、A'_{s0}——原构件受拉和受压钢筋的截面面积，mm^2；

a'——纵向受压钢筋合力点至截面近边的距离，mm；

h_0——构件加固前的截面有效高度，mm；

Ψ_{sp}——考虑二次受力影响时，受拉钢板抗拉强度有可能达不到设计值而引用的折减系数，当 $\Psi_{sp} > 1.0$ 时，取 $\Psi_{sp} = 1.0$；

ε_{cu}——混凝土极限压应变，取 $\varepsilon_{cu} = 0.0033$；

$\varepsilon_{sp,0}$——考虑二次受力影响时，受拉钢板的滞后应变，若不考虑二次受力影响，取 $\varepsilon_{sp,0} = 0$。

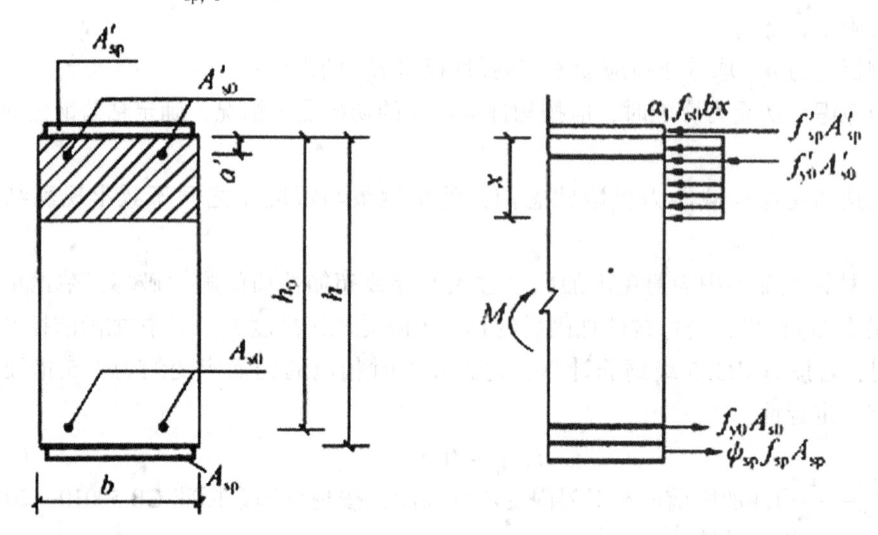

图 3-25 矩形截面正截面受弯承载力计算

当 $x < 2a'$ 时，之所以近似地取 $x = 2a'$ 进行计算，是为了确保安全而采用了受压钢筋合力作用点与压区混凝土合力作用点重合的假定。

（4）当受压面没有粘贴钢板（即 $A'_{sp} = 0$）时，可根据式(3-57) ~ 式(3-59) 计算出混凝土受压区的高度 x、强度折减系数 Ψ_{sp} 和受拉面应粘贴的加固钢板量 A_{sp}。另外，当"$\Psi_{sp} > 1.0$ 时，取 $\Psi_{sp} = 1.0$"的规定，是用以控制钢板的"最小加固量"。

（5）对受弯构件正弯矩区的正截面加固，其受拉面沿轴向粘贴的钢板的截断位置，应从其强度充分利用的截面算起，取不小于按下式确定的粘贴延伸长度：

$$l_{sp} \geqslant (f_{sp} t_{sp} / f_{bd}) + 200 \tag{3-61}$$

式中 l_{sp}——受拉钢板粘贴延伸长度，mm；

t_{sp}——粘贴的钢板总厚度，mm；

f_{sp}——加固钢板的抗拉强度设计值，N/mm^2；

f_{bd}——钢板与混凝土之间的黏结强度设计值，N/mm^2，取 $f_{bd} = 0.5 f_t$，f_t 为混凝土抗拉强度设计值，按现行国家标准 GB 50010—2010 的规定值采用，当 f_{bd} 计算值低于 0.5 MPa 时，取 f_{bd} 为 0.5 MPa，当 f_{bd} 计算值高于 0.8 MPa 时，

取 f_{bd} 为 0.8 MPa。

（6）对框架梁和独立梁的梁底进行正截面粘钢加固时，受拉钢板的粘贴应延伸至支座边或柱边，且延伸长度 l_{sp} 应满足规范的规定。当受实际条件限制无法满足此规定时，可在钢板的端部锚固区加贴 U 形箍板（见图 3-26）。此时，U 形箍板数量的确定应符合下列规定：

①当 $f_{sv}b_1 \leqslant 2f_{bd}h_{sp}$ 时：

$$f_{sv}A_{sp} \leqslant 0.5f_{bd}l_{sp}b_1 + 0.7nf_{sv}b_{sp}b_1 \tag{3-62}$$

②当 $f_{sv}b_1 > 2f_{bd}h_{sp}$ 时：

$$f_{sv}A_{sp} \leqslant 0.5f_{bd}l_{sp}b_1 + nf_{bd}b_{sp}h_{sp} \tag{3-63}$$

式中　f_{sv} ——钢对钢黏结强度设计值，N/mm²，对 A 级胶取为 3.0 MPa，对 B 级胶取为 2.5 MPa；

A_{sp} ——加固钢板的截面面积，mm²；

n ——加固钢板每端加贴 U 形箍板的数量；

b_1——加固钢板的宽度，mm；

b_{sp} ——U 形箍板的宽度，mm；

h_{sp} ——U 形箍板单肢与梁侧面混凝土黏结的竖向高度，mm。

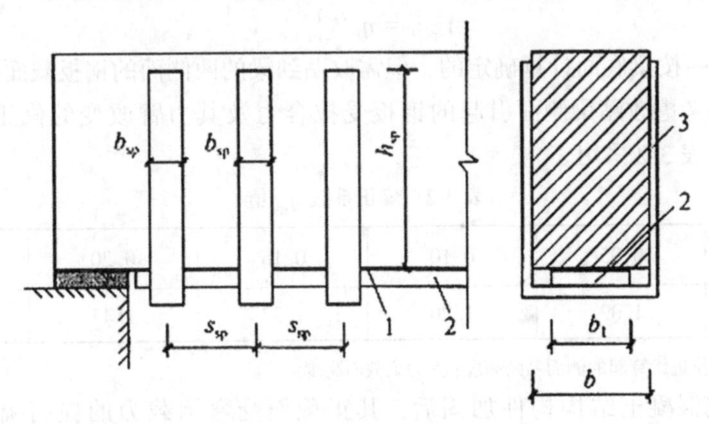

1—胶层；2—加固钢板；3—U 形箍板

图 3-26　梁端增设 U 形箍板锚固

（7）对受弯构件负弯矩区的正截面加固，钢板的截断位置距充分利用截面的距离，除应根据负弯矩包络图按式（3-61）确定外，尚宜按 GB 50367—2013 中第 9.6.4 条的构造规定进行设计。

（8）对翼缘位于受压区的 T 形截面受弯构件的受拉面粘贴钢板进行受弯加固时，不仅应考虑 T 形截面的有利作用，而且须符合有关翼缘计算宽度取值的限制性规定，应按 GB 50367—2013 中的相关原则和现行国家标准 GB 50010—2010 中关于 T 形截面受弯承载力的计算方法进行计算。

（9）当考虑二次受力影响时，加固钢板的滞后应变 $\varepsilon_{sp,0}$ 应按下式计算：

$$\varepsilon_{sp,0}=\frac{\alpha_{sp}M_{0k}}{E_sA_sh_0} \tag{3-64}$$

式中　M_{0k}——加固前受弯构件验算截面上作用的弯矩标准值，kN · m；

α_{sp}——综合考虑受弯构件裂缝截面内力臂变化、钢筋拉应变不均匀以及钢筋排列影响的计算系数，按表 3-1 的规定采用。

表 3-1　计算系数 α_{sp} 值

ρ_{te}	≤0.007	0.010	0.020	0.030	0.040	≥0.060
单排钢筋	0.70	0.90	1.15	1.20	1.25	1.30
双排钢筋	0.75	1.00	1.25	1.30	1.35	1.40

注：1. ρ_{te} 为原有混凝土有效受拉截面的纵向受拉钢筋配筋率，即 $\rho_{te}=A_s/A_{te}$；A_{te} 为有效受拉混凝土截面面积，按现行国家标准 GB 50010—2010 的规定计算。

2. 当原构件钢筋应力 ρ_{s0}≤150 MPa，且 ρ_{te}≤0.05 时，表中 α_{sp} 值可乘以调整系数 0.9。

（10）当钢板全部粘贴在梁底面（受拉面）有困难时，允许将部分钢板对称地粘贴在梁的两侧面。此时，侧面粘贴区域应控制在距受拉边缘 1/4 梁高范围内，且应按下式计算确定梁的两侧面实际需粘贴的钢板截面面积 $A_{sp,1}$。

$$A_{sp,1}=\eta_{sp}A_{sp,b} \tag{3-65}$$

式中　$A_{sp,b}$——按梁底面计算确定的，但需改贴到梁的两侧面的钢板截面面积；

η_{sp}——考虑改贴梁侧面引起的钢板受拉合力及其力臂改变的修正系数，应按表 3-2 采用。

表 3-2　修正系数 η_{sp} 值

h_{sp}/h	0.05	0.10	0.15	0.20	0.25
η_{sp}	1.09	1.20	1.33	1.47	1.65

注：h_{sp} 为从梁受拉边缘算起的侧面粘贴高度；h 为梁截面高度。

（11）钢筋混凝土结构构件加固后，其正截面受弯承载力的提高幅度不应超过 40%，其目的是控制加固后构件的裂缝宽度和变形，也是强调“强剪弱弯”设计原则的重要性。应验算其受剪承载力，避免受弯承载力提高后而导致构件受剪破坏先于受弯破坏。

（12）为了钢板的可靠锚固以及节约材料，粘贴钢板的加固量，对于受拉区和受压区，分别不应超过 3 层和 2 层，且钢板总厚度不应大于 10 mm。

3.5.3　受弯构件斜截面加固计算

（1）受弯构件斜截面受剪承载力不足，应采用胶粘的箍板进行加固，不允许仅在侧面粘贴钢条受剪，箍板宜设计成加锚封闭箍、胶锚 U 形箍或钢板锚 U 形箍的构造方式［见图 3-27（a）］。当受力很小时，也可采用一般 U 形箍，箍板应垂直于构件轴线方向粘贴［见图 3-27（b）］；不得采用斜向粘贴。

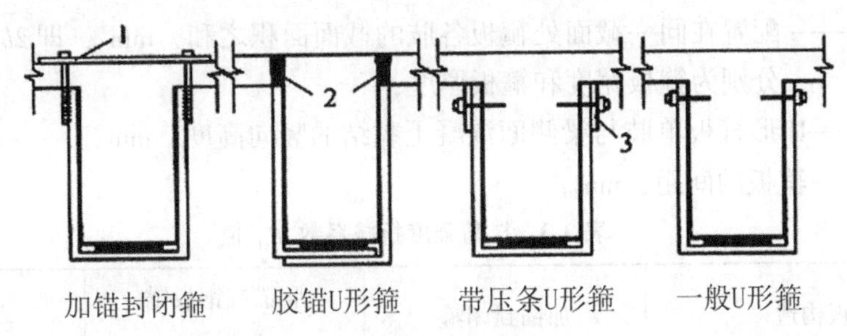

(a) 构造方式

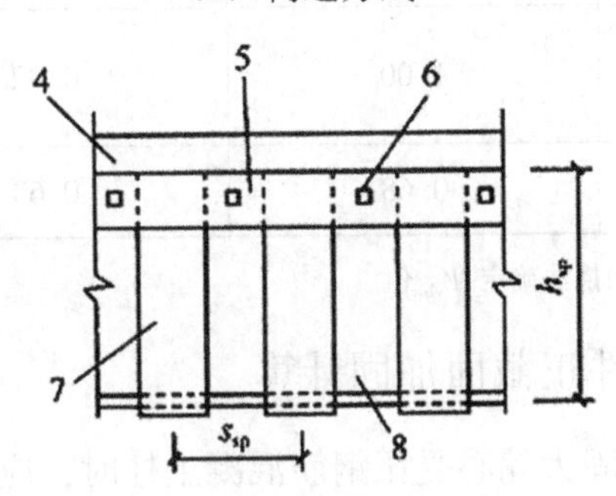

(b) U形箍加纵向钢板压条

1—扁钢；2—胶锚；3—粘贴钢板压条；4—板；5—钢板底面空鼓处应加钢垫板；
6—钢板压条附加锚栓锚固；7—U 形箍；8—梁

图 3-27 扁钢抗剪箍及其粘贴方式

(2) 受弯构件加固后的斜截面应符合下列规定：

当 $h_w/b \leqslant 4$ 时

$$V \leqslant 0.25\beta_c f_{c0} b h_0 \tag{3-66}$$

当 $h_w/b \geqslant 6$ 时

$$V \leqslant 0.20\beta_c f_{c0} b h_0 \tag{3-67}$$

当 $4 < h_w/b < 6$ 时，按线性内插法确定。

式中 V——构件斜截面加固后的剪力设计值；

β_c——混凝土强度影响系数，按现行国家标准 GB 50010—2010 规定值采用；

b——矩形截面的宽度、T 形或 I 形截面的腹板宽度；

h_w——截面的腹板高度：对于矩形截面，取有效高度，对于 T 形截面，取有效高度减去翼缘高度，对于 I 形截面，取腹板净高。

(3) 采用加锚封闭箍或其他 U 形箍对钢筋混凝土梁进行抗剪加固时，其斜截面承载力应符合下列公式规定：

$$V \leqslant V_{b0} + V_{b,sp} \tag{3-68}$$

$$V_{b,sp} = \Psi_{vb} f_{sp} A_{b,sp} h_{sp} / S_{sp} \tag{3-69}$$

式中 V_{b0}——加固前梁的斜截面承载力，kN，按现行国家标准 GB 50010—2010 计算；

$V_{b,sp}$——粘贴钢板加固后，对梁斜截面承载力的提高值，kN；

Ψ_{vb}——与钢板的粘贴方式及受力条件有关的抗剪强度折减系数，按表 3-3 确定；

$A_{b,\ sp}$——配置在同一截面处箍板各肢的截面面积之和，mm^2，即$2b_{sp}t_{sp}$，b_{sp}和t_{sp}分别为箍板宽度和箍板厚度；

h_{sp}——U 形箍板单肢与梁侧面混凝土黏结的竖向高度，mm；

S_{sp}——箍板的间距，mm。

表 3-3 抗剪强度折减系数 Ψ_{vb} 值

箍板构造		加锚封闭箍	胶锚或钢板锚U 形箍	一般 U 形箍
受力条件	均布荷载或剪跨比 $\lambda \geqslant 3$	1.00	0.92	0.85
	剪跨比 $\lambda \leqslant 1.5$	0.68	0.63	0.58

注：当 λ 为中间值时，按线性内插法确定 Ψ_{vb} 值。

3.5.4 大偏心受压构件正截面加固计算

（1）采用粘贴钢板加固大偏心受压钢筋混凝土柱时，应将钢板粘贴于构件受拉区，且钢板长向应与柱的纵轴线方向一致。

（2）在矩形截面大偏心受压构件受拉边混凝土表面上粘贴钢板加固时，其正截面承载力应按下列公式确定：

$$N \leqslant \alpha_1 f_{c0} bx + f'_{y0}A'_{s0} - f_{y0}A_{s0} - f_{sp}A_{sp} \tag{3-70}$$

$$Ne \leqslant \alpha_1 f_{c0} bx\left(h_0 - \frac{x}{2}\right) + f'_{y0}A'_{s0}(h_0 - a') + f_{sp}A_{sp}(h - h_0) \tag{3-71}$$

$$e = e_i + \frac{h}{2} - a \tag{3-72}$$

$$e_i = e_0 + e_a \tag{3-73}$$

式中 N——加固后轴向压力设计值，kN；

e——轴向压力作用点至纵向受拉钢筋和钢板合力作用点的距离，mm；

e_i——初始偏心距，mm；

e_0——轴向压力对截面重心的偏心距，mm，取 $e_0 = M/N$；

e_a——附加偏心距，按偏心方向截面最大尺寸 h 确定，当 $h \leqslant 600$ mm 时，$e_a = 20$ mm，当 $h > 600$ mm 时，$e_a = h/30$；

a、a'——纵向受拉钢筋和钢板合力点、纵向受压钢筋合力点至截面近边的距离，mm；

f_{sp}——加固钢板的抗拉强度设计值，N/mm^2。

3.5.5 受拉构件正截面加固计算

（1）采用外贴钢板加固钢筋混凝土受拉构件时，应按原构件纵向受拉钢筋的配置方式，将钢板粘贴于相应位置的混凝土表面上，且应处理好端部的连接构造及锚固。

（2）轴心受拉构件的加固，其正截面承载力应按下式确定：

$$N \leqslant f_{y0}A_{s0} + f_{sp}A_{sp} \tag{3-74}$$

式中　N——加固后轴向拉力设计值；

f_{sp}——加固钢板的抗拉强度设计值。

（3）矩形截面大偏心受拉构件的加固，其正截面承载力应符合下列规定：

$$N \leqslant f_{y0}A_{s0} + f_{sp}A_{sp} - \alpha_1 f_{c0}bx - f'_{y0}A'_{s0} \tag{3-75}$$

$$Ne \leqslant \alpha_1 f_{c0}bx\left(h_0 - \frac{x}{2}\right) + f'_{y0}A'_{s0}(h_0 - a') + f_{sp}A_{sp}(h - h_0) \tag{3-76}$$

式中　N——加固后轴向拉力设计值，kN；

e——轴向拉力作用点至纵向受拉钢筋合力点的距离，mm。

3.5.6　构造规定

（1）粘钢加固的钢板宽度不宜大于 100 mm。采用手工涂胶粘贴的钢板厚度不应大于 5 mm，采用压力注胶黏结的钢板厚度不应大于 10 mm，且应按外粘型钢加固法的焊接节点构造进行设计。允许使用较厚（包括总厚度较厚）的钢板，但为了防止钢板与混凝土黏结的劈裂破坏，应要求其端部与梁柱节点的连接构造必须符合外粘型钢焊接及注胶方法的规定。

（2）对钢筋混凝土受弯构件进行正截面加固时，均应在钢板的端部（包括截断处）及集中荷载作用点的两侧，对梁设置 U 形钢箍板；对板应设置横向钢压条进行锚固。因为在受弯构件受拉区粘贴钢板，其板端一段由于边缘效应，往往会在胶层与混凝土黏合面之间产生较大的剪应力峰值和法向正应力的集中，成为粘钢的最薄弱部位。若锚固不当或粘贴不规范，均易导致脆性剥离或过早剪坏。为此，有必要采取如本条所规定的加强锚固措施。

（3）当粘贴的钢板延伸至支座边缘仍不满足规范要求延伸长度的规定时，应采取下列锚固措施：

①对于梁，应在延伸长度范围内均匀设置 U 形箍（见图 3-28），且应在延伸长度的端部设置一道加强箍。U 形箍的粘贴高度应为梁的截面高度；梁有翼缘（或有现浇楼板），应伸至其底面。U 形箍的宽度，对端箍不应小于加固钢板宽度的 2/3，且不应小于 80 mm；对中间箍不应小于加固钢板宽度的 1/2，且不应小于 40 mm。U 形箍的厚度不应小于受弯加固钢板厚度的 1/2，且不应小于 4 mm。U 形箍的上端应设置纵向钢压条；压条下面的空隙应加胶粘钢垫块填平。

②对于板，应在延伸长度范围内通长设置垂直于受力钢板方向的钢压条。钢压条一般不宜少于 3 条；钢压条应在延伸长度范围内均匀布置，且应在延伸长度的端部设置一道。钢压条的宽度不应小于受弯加固钢板宽度的 3/5，钢压条的厚度不应小于受弯加固钢板厚度的 1/2。

（4）当采用钢板对受弯构件负弯矩区进行正截面承载力加固时，应采取下列构造措施：

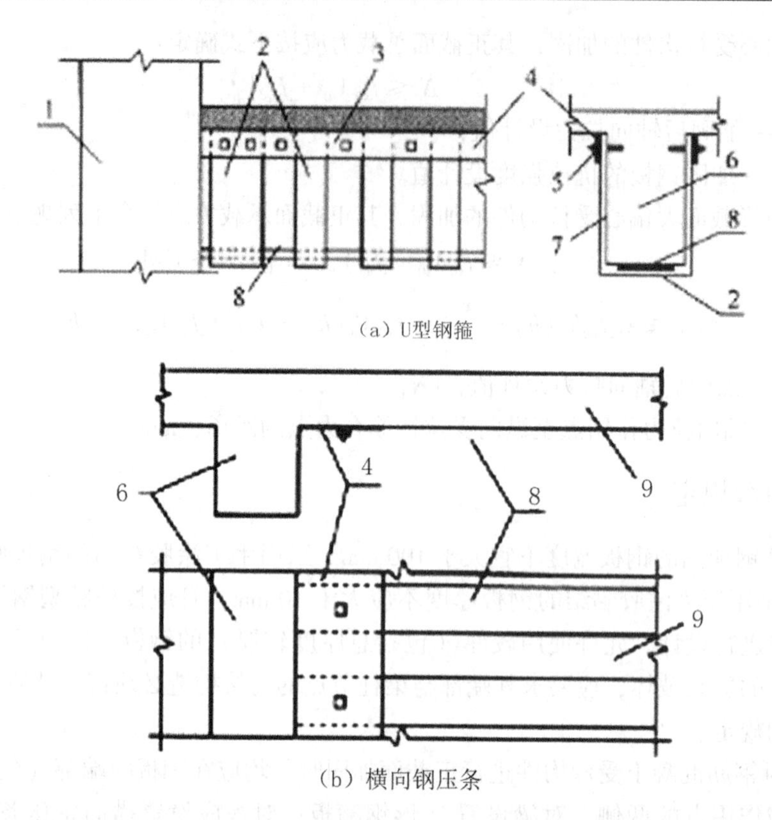

1—柱；2—U 形箍；3—压条与梁之间空隙应加垫板；4—钢压条；5—化学锚栓（锚栓布置是示意，其直径、数量和位置应由设计人员按实际需要确定）；6—梁；7—胶层；8—加固钢板；9—板

图 3-28　梁粘贴钢板端部锚固措施

①支座处无障碍时，钢板应在负弯矩包络图范围内连续粘贴；其延伸长度的截断点应按规范的原则确定。在端支座无法延伸的一侧，尚应按图 3-29 所示的构造方式进行锚固处理。

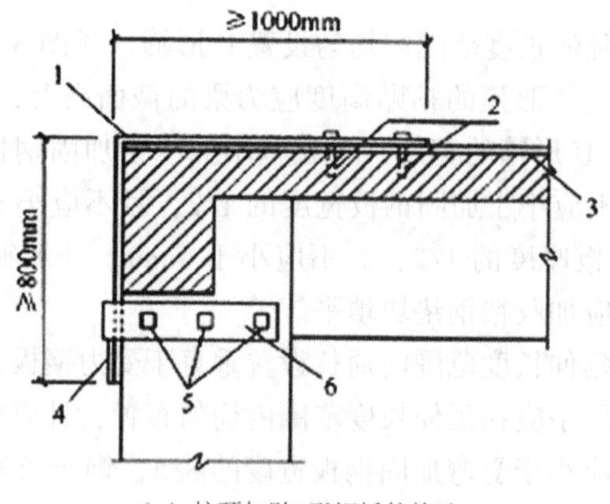

（a）柱顶加贴L形钢板的构造

图 3-29　梁柱节点处粘贴钢板的机械锚固措施

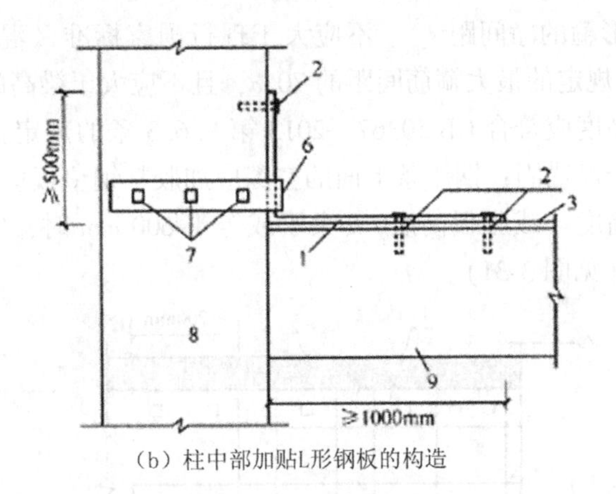

（b）柱中部加贴L形钢板的构造

1—粘贴 L 形钢板（可采用等代钢筋进行设计）；2—M12 锚栓；3—加固钢板；4—加焊顶板（预焊）；5—直径大于或等于 M16 的 6.8 级锚栓；6—胶粘于柱上的 U 形钢箍板（可采用等代钢筋进行设计）；7—直径大于或等于 M22 的 6.8 级锚栓及其钢垫板；8—柱；9—梁

续图 3-29

②支座处虽有障碍，但梁上有现浇板时，允许绕过柱位，在梁侧 4 倍板厚（$4h_0$）范围内，将钢板粘贴于板面上。因为试验表明，在这样的条件下，能充分发挥钢板的作用；如果远离该位置，钢板的作用将会降低（见图 3-30）。

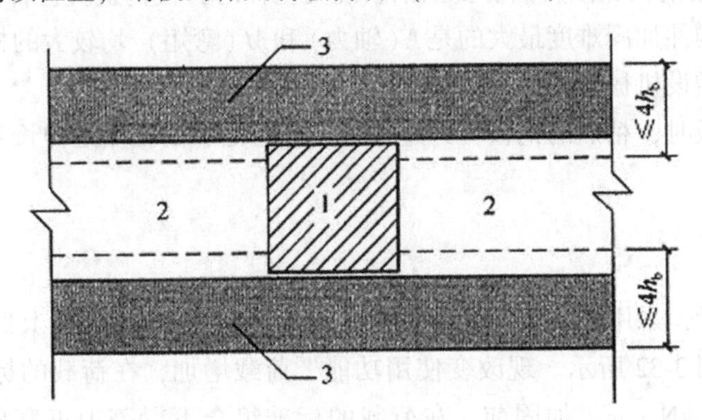

1—柱；2—梁；3—板顶面粘贴的钢板；h_b —板厚

图 3-30　绕过柱位粘贴钢板

③当梁上负弯矩区的支座处需采取加强锚固措施时，可采用图 3-29 所示的构造方式进行锚固处理。

（5）当加固的受弯构件粘贴不止一层钢板时，相邻两层钢板的截断位置应错开不小于 300 mm，并应在截断处加设 U 形箍（对梁）或横向压条（对板）进行锚固。

（6）当采用粘贴钢板箍对钢筋混凝土梁或大偏心受压构件的斜截面承载力进行加固时，其构造应符合下列规定：

①宜选用封闭箍或加锚的 U 形箍；若仅按构造需要设箍，也可采用一般 U 形箍。

②受力方向应与构件轴向垂直。

③封闭箍及U形箍的净间距 $s_{sp,n}$ 不应大于现行国家标准《混凝土结构设计规范》（GB 50010—2010）规定的最大箍筋间距的70%，且不应大于梁高的25%。

④箍板的粘贴高度应符合GB 50367—2013第9.6.3条的规定；一般U形箍的上端应粘贴纵向钢压条予以锚固；钢压条下面的空隙应加胶粘钢垫板填平。

⑤当梁的截面高度（或腹板高度）h 大于或等于600 mm时，应在梁的腰部增设一道纵向腰间钢压条（见图3-31）。

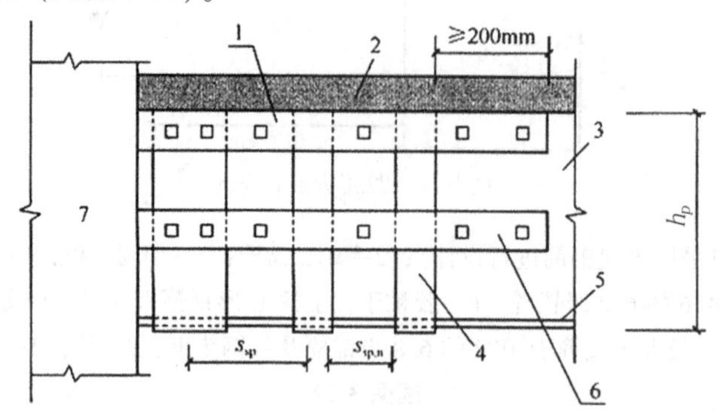

1—纵向钢压条；2—楼板；3—梁；4—U形箍板；5—加固钢板；6—纵向腰间钢压条；7—柱

图3-31　纵向腰间钢压条

（7）当采用粘贴钢板加固大偏心受压钢筋混凝土柱时，其构造应符合下列规定：

①因偏心受压构件加固难度最大的是 N（轴力）和 M（弯矩）均较大的柱底和柱顶两处，故柱的两端应增设机械锚固措施；

②柱上端有楼板时，粘贴的钢板应穿过楼板，应有足够的粘贴延伸长度，才能保证传力的安全。

3.5.7　示例

某钢筋混凝土梁，采用C25混凝土，纵向受力钢筋采用HRB335，其跨中截面尺寸及纵向钢筋配筋如图3-32所示。现改变使用功能，荷载增加，在荷载的标准组合下梁跨中正弯矩值为235 kN·m。加固前，在荷载的标准组合下梁跨中正弯矩值为 M_{0k} = 140 kN·m。现采用在梁底粘贴Q235钢板对其跨中正截面受弯承载力进行加固，已知 $a = a' = 35$ mm，$\xi_b = 0.550$，加固设计考虑二次受力影响。加固后结构构件的安全等级为二级。

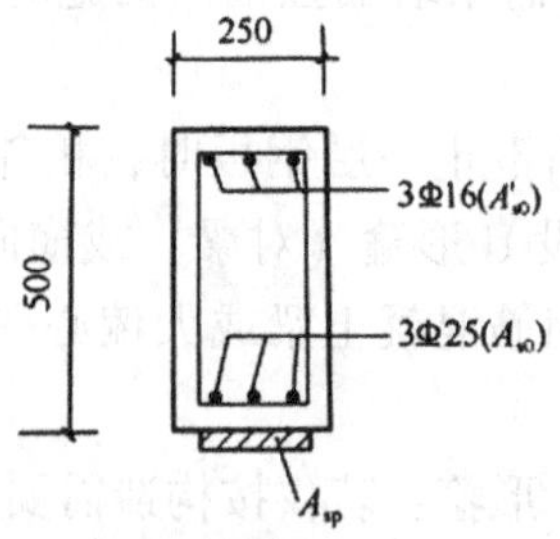

图3-32　加固构件剖面图（三）　（单位：mm）

试问，该加固钢板的截面面积 A_{sp}（mm^2），下列何项最经济合理？

（A）500　（B）600　（C）700　（D）800

解：$h=500\ mm$，$h_0=500-35=465(mm)$。

$$M'=M-f'_{y0}A'_{s0}(h-a')+f_{y0}A_{s0}(h-h_0)$$
$$=235\times10^6-300\times603\times(500-35)+300\times1\ 473\times(500-465)$$
$$=166\ 348\ 000(N\cdot mm)$$

$$x=h-\sqrt{h^2-\frac{2M'}{\alpha_1 f_{c0}b}}=500-\sqrt{500^2-\frac{2\times166\ 348\ 000}{1\times11.9\times250}}$$
$$=128.3(mm)<0.85\xi_b h_0=0.85\times0.550\times465=217(mm)>2a'=70\ mm$$

满足：

$$\rho_{te}=\frac{A_s}{0.5bh}=\frac{1\ 473}{0.5\times250\times500}=0.024$$

$$\rho_{s0}=\frac{M_{0k}}{0.85h_0A_s}=\frac{140\times10^6}{0.85\times465\times1\ 473}=240(N/mm^2)>150\ N/mm^2$$

$$\alpha_{sp}=1.15+\frac{0.024-0.020}{0.030-0.020}\times(1.20-1.15)=1.17$$

由式（3-64）、式（3-59）有

$$\varepsilon_{sp,0}=\frac{1.17\times140\times10^6}{2\times10^5\times1\ 473\times465}=0.012$$

$$\Psi_{sp}=\frac{0.8\times0.003\ 3\times500/128.3-0.003\ 3-0.001\ 2}{\frac{215}{206\times10^3}}=5.5>1$$

故取 $\Psi_{sp}=1$。

$$A_{sp}=\frac{1\times11.9\times250\times128.3-300\times1\ 473+300\times603}{1\times215}=561(mm^2)$$

故选（B）项。

3.6　粘贴纤维复合材加固法

粘贴纤维复合材加固混凝土结构技术是 20 世纪 80 年代末 90 年代初在美、日等发达国家兴起的一项新型加固技术。近年来，我国工程界也已普遍采用粘贴纤维复合材料方法对混凝土结构构件进行加固。

粘贴纤维复合材加固法是将纤维布或板材粘贴于被加固构件的表面，纤维复合材料承受拉应力，与结构或构件变形协调、共同工作，达到对结构构件加固的目的。

目前结构加固施工用的增强纤维材料基本上有三种：碳纤维、玻璃纤维、芳纶纤维，它们的施工方法基本一致。由于碳纤维材料在工程中较为常用，以下着重介绍碳纤维材料在工程中的应用。

3.6.1　特点及优点

3.6.1.1　碳纤维复合材料的特点

（1）力学性能优异：碳纤维复合材料的抗拉强度是钢材的十几倍，其弹性模量是钢材的 1~2 倍，其可以代替钢筋用于混凝土构件的抗弯、抗剪加固。采用碳纤维布（简称碳布）环向裹筋方式，可以间接提高柱核心区域的强度和延性。

（2）轻质：碳纤维布一般常用规格为，密度 200 g/m^2，厚度 0.111 mm；密度 300 g/m^2，厚度 0.167 mm 等。因此，材料自重轻。

3.6.1.2　碳纤维复合材料加固法的优点

（1）采用碳纤维复合材料加固混凝土构件，混凝土基层与碳纤维复合材料粘贴面，除要求平整、洁净外，无特殊要求，胶粘剂及碳纤维复合材料均为成品，施工工艺过程操作简单，施工条件要求较为宽松。

（2）采用碳纤维复合材料加固混凝土构件，对原结构构件截面尺寸影响较少，加固后对建筑使用功能影响较小，且加固后附加荷载较少。

（3）粘贴纤维复合材施工质量易于把控，施工时，碳纤维复合材料有效粘贴率可达 100%，同时具有良好的耐酸、碱、盐和大气环境腐蚀等性能。

3.6.2　注意事项及使用范围

3.6.2.1　碳纤维复合材料加固法的注意事项

（1）采用碳纤维复合材料加固时，一般原结构混凝土会先于碳纤维复合材料达到极限强度和极限应变，因而会造成碳纤维复合材料受力滞后；为了减少其影响，采用碳纤维复合材料加固混凝土构件时，应尽量采取有效措施对原结构作用活荷载进行卸载。

（2）为了防止构件的脆性剥离破坏，该方法不适用于实测混凝土强度等级等于 C15 的钢筋混凝土构件，且加固后，混凝土表面的正拉结强度不得低于 1.5 MPa。

（3）该方法加固钢筋混凝土构件时，构件最小配筋率需满足 GB 50010—2010 中最小配筋率的要求。

（4）粘贴纤维复合材加固法不适用于素混凝土构件的加固。

（5）采用粘贴纤维复合材的胶粘剂的温度膨胀系数、极限性质、弹性模量等要与碳纤维复合材料相近，保证二者能协调工作。

（6）当被加固的构件表面有防火要求时，应按照国家现行标准《建筑设计防火规范》（GB 50016—2014）规定的耐火极限要求，对碳纤维复合材料进行防护。

（7）由于一般粘贴纤维复合材的胶粘剂不耐高温，因此被加固构件工作环境不能长期高于 60 ℃；当采用耐高温胶粘剂时，不受此限制。

（8）黏结在混凝土构件表面上的碳纤维复合材料不得直接暴露于阳光或有害介质中，处于特殊环境（如高温、高湿、介质侵蚀、放射等）的混凝土结构采用本方法加固时，除应按国家现行有关标准的规定采取相应的防护措施外，尚应采用耐环境因素作用的胶粘剂，并按专门的工艺要求进行施工。表面防护材料应对纤维及胶粘剂无害，且应与胶粘剂有可靠的黏结强度及相互协调的变形性能。

3.6.2.2 碳纤维复合材料加固法的使用范围

根据粘贴纤维复合材的受力特性，本法适用于混凝土结构的梁、板、柱、剪力墙以及特种构件的受拉、弯、剪、扭、大偏心受压（拉）受力状况的加固，对加强结构强度有较好的效果。碳纤维复合材料加固除可以提高构件的承载力外，还可以在抗震加固中提高框架柱的延性，增强框架柱的抗震性能。

设计外贴纤维复合材加固钢筋混凝土结构构件时，一般不考虑碳纤维材料承担抵抗压力的作用，将纤维受力方式设计成仅承受拉应力作用，同时对于小偏心受压构件的加固同样不建议采用此方法。小偏心受压构件受力时，一般受拉区钢筋不屈服，采用此方法加固小偏心受压构件会造成材料的极大浪费。

3.6.3 受弯构件正截面计算

3.6.3.1 碳纤维复合材料加固受弯构件的常用方式

碳纤维复合材料加固梁板，常用的粘贴方式是在受弯构件底部粘贴条带，对于梁受弯构件，需增加U形箍和压条等，如图3-33、图3-34所示。

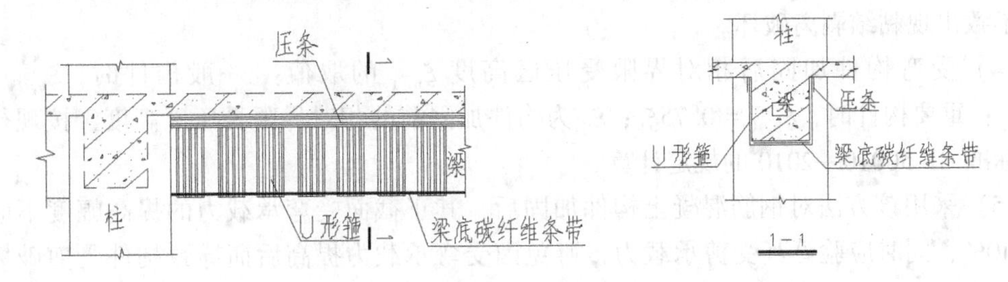

图3-33 梁底粘碳纤维条带加固示意图

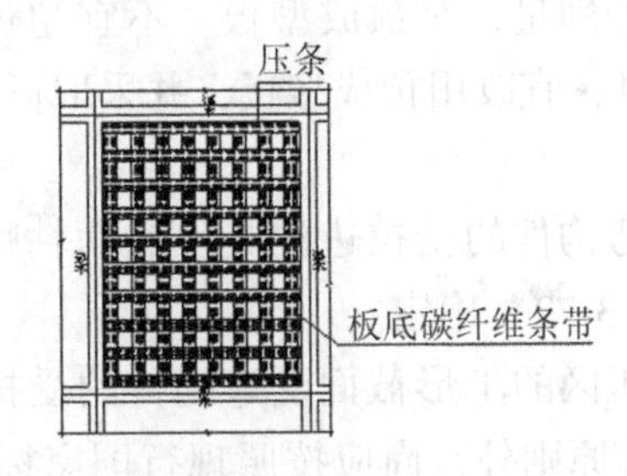

图3-34 板底粘碳纤维条带加固示意图

3.6.3.2 碳纤维复合材料加固受弯构件破坏形态

试验表明，粘贴纤维复合材加固梁的抗弯破坏形态主要有七种：

（1）受压区混凝土破坏。

（2）纤维复合材拉断破坏。

（3）端部保护层混凝土黏结破坏（混凝土粘在纤维复合材上）。

（4）混凝土胶界面黏结破坏（混凝土几乎没有粘在纤维复合材上）。

（5）纤维界面黏结破坏（多层纤维复合材加固时）。

（6）从梁中部弯曲裂缝处开始的黏结破坏。

（7）从剪切裂缝处开始的黏结破坏。

破坏形式造成因素包括荷载情况，梁的跨高比、剪跨比，混凝土强度、配筋率、配箍率，纤维复合材的厚度（层数）和弹性模量、锚固性能，以及胶的弹性模量、剪切强度、厚度和极限延伸率等。

3.6.3.3 基本假定

加固试验研究表明，碳纤维加固受弯构件，通过截面应变分布情况，加固构件受力时，平截面假定仍然适用；在二次受力情况下，平截面假定对二次受力时，截面应变增量的分布也适用。因此，采用纤维复合材对梁、板等受弯构件进行加固时，符合现行国家标准 GB 50010—2010 正截面承载力计算的基本假定，但尚应符合下列规定：

（1）纤维复合材的应力与应变关系取直线式，其拉应力 σ_f 等于拉应变 ε_f 与弹性模量 E_f 的乘积。

（2）当考虑二次受力影响时，应按构件加固前的初始受力情况，确定纤维复合材的滞后应变。

（3）在相关构造措施保证构件达到受弯承载能力极限状态前，加固材料与混凝土之间不致出现黏结剥离破坏。

（4）受弯构件加固后相对界限受压区高度 $\xi_{b,f}$ 的取值：一般构件时，$\xi_{b,f}=0.85\xi_b$；重要构件时，$\xi_{b,f}=0.75\xi_b$；ξ_b 为构件加固前的相对界限受压区高度，按现行国家标准 GB 50010—2010 的规定计算。

（5）采用该方法对钢筋混凝土构件加固后，其正截面受弯承载力的提高幅度不应超过 40%，同时应验算其受剪承载力，避免因受弯承载力提高后而导致构件受剪破坏先于受弯破坏。

（6）纤维复合材的加固量，对预成型板，不宜超过 2 层；对湿法铺层的织物，不宜超过 4 层，超过 4 层时，宜改用预成型板，并采取可靠的加强锚固措施。

3.6.3.4 计算方法

（1）在矩形截面受弯构件的受拉边混凝土表面粘贴碳纤维进行加固时，正截面承载力按式（3-77）~式（3-79）确定。

（2）对翼缘位于受压区的 T 形截面受弯构件的受拉面粘贴纤维复合材进行受弯加固时，除应按下式的计算原则外，尚应按照现行国家标准 GB 50010—2010 中关于 T 形截面受弯承载力的计算方法进行计算。

$$M \leqslant \alpha_1 f_{c0} bx\left(h-\frac{x}{2}\right)+f'_{y0}A'_{s0}(h-a')-f_{y0}A_{s0}(h-h_0) \tag{3-77}$$

$$a_1 f_{c0} bx = f_{y0}A_{s0}+\Psi_f f_f A_{fe}-f'_{y0}A'_{s0} \tag{3-78}$$

$$\Psi_f=\frac{(0.8\varepsilon_{cu}h/x)-\varepsilon_{cu}-\varepsilon_{f0}}{\varepsilon_f} \tag{3-79}$$

式中　M——构件加固后弯矩设计值，kN · m；

x ——混凝土受压区高度，mm；

b、h ——矩形截面宽度和高度，mm；

f_{y0}、f'_{y0}——原截面受拉钢筋和受压钢筋的抗拉、抗压强度设计值，N/mm^2；

A_{s0}、A'_{s0}——原截面受拉钢筋和受压钢筋的截面面积，mm^2；

a' ——纵向受压钢筋合力点至截面近边的距离，mm；

h_0——构件加固前的截面有效高度，mm；

f_f ——纤维复合材的抗拉强度设计值，N/mm^2，应根据纤维复合材的品种，分别按规范采用；

A_{fe} ——纤维复合材的有效截面面积，mm^2；

Ψ_f—— 考虑纤维复合材实际抗拉应变达不到设计值而引入的强度利用系数，当 $\Psi_f > 1.0$ 时，取 $\Psi_f = 1.0$；

ε_{cu}— 混凝土极限压应变，取 $\varepsilon_{cu} = 0.0033$；

ε_f ——纤维复合材拉应变设计值，应根据纤维复合材的品种按规范采用；

ε_{f0}—— 考虑二次受力影响时纤维复合材的滞后应变，应按规范的规定计算，若不考虑二次受力影响，取 $\varepsilon_{f0} = 0$。

加固设计时，可根据式（3-77）~式（3-79）计算出混凝土受压区高度 x、强度利用系数 Ψ_f、受拉面粘贴的纤维复合材的有效截面面积 A_{fe}。

（3）实际粘贴纤维复合材截面面积 A_f 计算。

碳纤维粘贴受拉边：考虑由于粘贴松动、应力滞后、复合材料间受力不均匀等施工过程中不利因素的影响，实际粘贴截面面积大于理论计算截面面积，实际粘贴截面面积按下式计算：

$$A_f = A_{fe}/k_m \tag{3-80}$$

纤维复合材料厚度折减系数 k_m 按下列规定确定：

当采用预成型时，$k_m = 1.0$；

当采用多层粘贴的纤维织物时，k_m 值按下式计算：

$$k_m = 1.16 - \frac{n_f E_f t_f}{308\,000} \leqslant 0.90 \tag{3-81}$$

式中　E_f ——纤维复合材弹性模量设计值，MPa，应根据纤维复合材的品种，按规范采用；

n_f ——纤维复合材（单向织物）层数；

t_f ——纤维复合材（单向织物）的单层厚度，mm。

（4）梁侧面粘碳纤维时截面面积计算。

当在梁底面（受拉面）全部粘贴纤维复合材有困难时，可将部分纤维复合材对称地粘贴在梁的两侧面，侧面粘贴区域应控制在距受拉区边缘 1/4 梁高范围内，此时应按下式计算确定梁的两侧面实际需要粘贴的纤维复合材截面面积 $A_{f,1}$：

$$A_{f,1} = \eta_f A_{f,b} \tag{3-82}$$

式中　$A_{f,b}$ ——按梁底面计算确定的，但需改贴到梁的两侧面的纤维复合材截面面积；

η_f ——考虑改贴梁侧面引起的纤维复合材受拉合力及其力臂改变的修正系数，应按表 3-4 采用。

表 3-4 修正系数 η_f 值

h_f/h	0.05	0.10	0.15	0.20	0.25
η_f	1.09	1.19	1.30	1.43	1.59

注：h_f 为从梁受拉边缘算起的侧面粘贴高度；h 为梁截面高度。

（5）当考虑二次受力影响时，纤维复合材的滞后应变 ε_{f0} 应按下式计算：

$$\varepsilon_{f0} = \frac{a_f M_{0k}}{E_s A_s h_0} \tag{3-83}$$

式中 M_{0k} ——加固前受弯构件验算截面上原作用的弯矩标准值；

a_f ——综合考虑受弯构件裂缝截面内力臂变化、钢筋拉应变不均匀以及钢筋排列影响等的计算系数，应按表 3-5 采用。

表 3-5 计算系数 a_f 值

ρ_{te}	≤0.007	0.010	0.020	0.030	0.040	≥0.060
单排钢筋	0.70	0.90	1.15	1.20	1.25	1.30
双排钢筋	0.75	1.00	1.25	1.30	1.35	1.40

注：1. ρ_{te} 为混凝土有效受拉截面的纵向受拉钢筋配筋率，即 $\rho_{te} = A_s/A_{te}$，A_{te} 为有效受拉混凝土截面面积，按现行国家标准 GB 50010—2010 的规定计算。

2. 当原构件钢筋应力 $\sigma_{s0} \leq 150$ MPa，且 $\rho_{te} \leq 0.05$ 时，表中 a_f 值可乘以调整系数 0.9。

（6）延伸长度的规定。

对受弯构件正弯矩区的正截面加固，其粘贴纤维复合材的截断位置应从其强度充分利用的截面算起，取不小于按下式确定的粘贴延伸长度：

$$l_c = \frac{f_f A_f}{f_{f,v} b_f} + 200 \tag{3-84}$$

式中 l_c ——纤维复合材粘贴延伸长度，mm；

b_f ——对梁为受拉面粘贴的纤维复合材的总宽度，mm，对板为 1 000 mm 板宽范围内粘贴的纤维复合材总宽度；

f_f ——纤维复合材抗拉强度设计值，N/mm²；

$f_{f,v}$ ——纤维与混凝土之间的黏结抗剪强度设计值，MPa，取 $f_{f,v} = 0.40 f_t$，f_t 为混凝土抗拉强度设计值，按现行国家标准 GB 50010—2010 规定值采用，当 $f_{f,v}$ 计算值低于 0.40 MPa 时，取 $f_{f,v} = 0.40$ MPa，当 $f_{f,v}$ 计算值高于 0.70 MPa 时，取 $f_{f,v} = 0.70$ MPa。

3.6.4 受弯构件斜截面计算

采用纤维复合材条带（简称条带）对受弯构件的斜截面受剪承载力进行加固时，

应粘贴成垂直于构件轴线方向的环形箍或其他有效的 U 形箍（见图 3-35）。

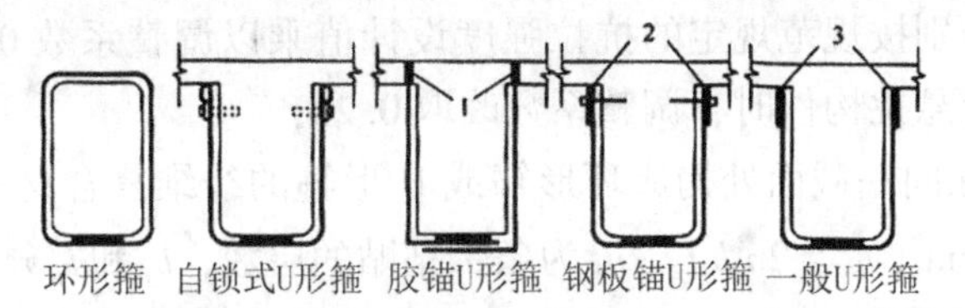

（a）条带构造方式

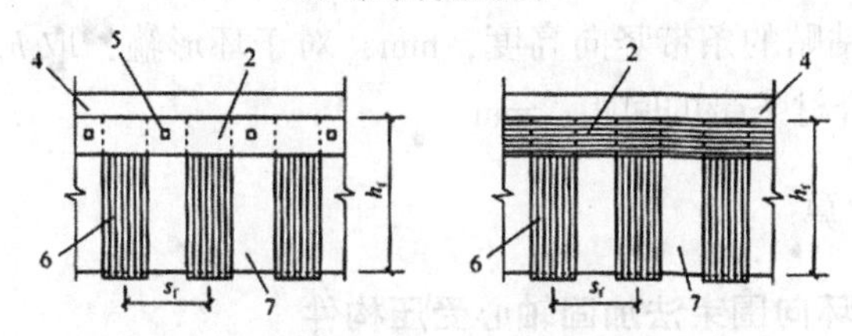

（b）U形箍及纵向压条粘贴方式

1—胶锚；2—钢板压条；3—纤维织物压条；4—板；5—锚栓加胶粘锚固；6—U 形箍；7—梁

图 3-35　纤维复合材抗剪箍及其粘贴方式

3.6.4.1　加固后斜截面验算

受弯构件加固后斜截面应满足下式要求；

当 $h_w/b \leqslant 4$ 时：

$$V \leqslant 0.25\beta_c f_{c0} b h_0 \tag{3-85}$$

当 $h_w/b \geqslant 6$ 时：

$$V \leqslant 0.20\beta_c f_{c0} b h_0 \tag{3-86}$$

当 $4 < h_w/b < 6$ 时，按线性内插法确定。

式中　V——构件斜截面加固后的剪力设计值，kN；

β_c——混凝土强度影响系数，按现行国家标准 GB 50010—2010 规定值采用；

f_{c0}——原构件混凝土轴心抗压强度设计值，N/mm^2；

b——矩形截面的宽度、T 形或 I 形截面的腹板宽度，mm；

h_0——截面有效高度，mm；

h_w——截面的腹板高度，mm，对于矩形截面，取有效高度，对于 T 形截面，取有效高度减去翼缘高度，对于 I 形截面，取腹板净高。

3.6.4.2　斜截面承载力计算

当采用条带构成的环形（封闭）箍或 U 形箍对钢筋混凝土梁进行抗剪加固时，其斜截面承载力应按下列公式确定：

$$V \leqslant V_{b0} + V_{bf} \tag{3-87}$$

$$V_{bf} = \psi_{vb} f_f A_f h_f / s_f \tag{3-88}$$

式中　V_{b0}——加固前梁的斜截面承载力，kN，应按现行国家标准 GB 50010—2010 计算；

V_{bf}——粘贴条带加固后，对梁斜截面承载力的提高值，kN；

ψ_{vb}——与条带加锚方式及受力条件有关的抗剪强度折减系数；

f_f ——受剪加固采用的纤维复合材抗拉强度设计值，N/mm^2，应根据纤维复合材品种分别按规范规定的抗拉强度设计值乘以调整系数 0.56 确定，当为框架梁或悬挑构件时，调整系数改取 0.28；

A_f ——配置在同一截面处构成环形箍或 U 形箍的纤维复合材条带的全部截面面积，mm^2，$A_f = 2n_f b_f t_f$，n_f 为条带粘贴的层数，b_f 和 t_f 分别为条带宽度和条带单层厚度；

h_f ——梁侧面粘贴的条带竖向高度，mm，对于环形箍，取 $h_f = h$；

s_f ——纤维复合材条带的间距，mm。

3.6.5　受压构件计算

3.6.5.1　全长无间隔环向围束法加固轴心受压构件

轴心受压构件可采用沿其全长无间隔地环向连续粘贴纤维织物的方法（简称环向围束法）进行加固。采用环向围束法加固轴心受压构件满足以下条件方可使用：

（1）长细比 $l/d \leqslant 12$ 的圆形截面柱。

（2）长细比 $l/d \leqslant 12$、截面高度比 $h \leqslant 1.5$、截面高度 $h \leqslant 600$ m，且截面棱角经过圆化打磨的正方形或矩形截面柱。

3.6.5.2　正截面计算

（1）采用环向围束的轴心受压构件，其正截面承载力应按照下列公式计算：

$$N \leqslant 0.9 \times [(f_{c0} + 4\sigma_1)A_{cor} + f'_{y0}A'_{s0}] \tag{3-89}$$

$$\sigma_1 = 0.5\beta_c k_c \rho_f E_f \varepsilon_{fe} \tag{3-90}$$

式中 N ——加固后轴向压力设计值，kN；

f_{c0}——原构件混凝土轴心抗压强度设计值，N/mm^2；

σ_1 ——有效约束应力，N/mm^2；

A_{cor} ——环向围束内混凝土面积，mm^2，对于圆形截面：$A_{cor} = \frac{\pi D^2}{4}$，对于正方形截面和矩形截面：$A_{cor} = bh - (4 - \pi)r^2$；

D ——圆形截面柱的直径，mm；

b ——正方形截面边长或矩形截面宽度，mm；

h ——矩形截面高度，mm；

r ——截面棱角的圆化半径（倒角半径）；

β_c ——混凝土强度影响系数，当混凝土强度等级不大于 C50 时，$\beta_c = 1.0$，当混凝土强度等级为 C80 时，$\beta_c = 0.8$，其间按线性内插法确定；

k_c ——环向围束的有效约束系数；

ρ_f ——环向围束体积比；

ε_{fe}—— 纤维复合材的有效拉应变设计值，重要构件取 $\varepsilon_{fe} = 0.0035$，一般构件取 $\varepsilon_{fe} = 0.0045$。

（2）有效约束系数 k_c 值的计算。

方形截面及矩形截面 k_c：

$$k_c = 1 - \frac{(b-2r)^2 + (h-2r)^2}{3A_{cor}(1-\rho_s)} \tag{3-91}$$

式中　ρ_s ——柱中纵向钢筋的配筋率。

圆形截面柱：$k_c = 0.95$。

（3）环向围束体积比 ρ_f 值的确定。

对于圆形截面柱：

$$\rho_f = 4n_f t_f / D \tag{3-92}$$

对于正方形截面柱和矩形截面柱：

$$\rho_f = 2n_f t_f (b+h)/A_{cor} \tag{3-93}$$

式中　n_f ——纤维复合材的层数；

t_f ——纤维复合材每层厚度，mm。

3.6.5.3　斜截面计算

当采用纤维复合材料的条带对钢筋混凝土框架柱进行受剪加固时，应粘贴成环形箍，且纤维方向应与柱的纵轴线垂直。

采用环形箍加固的柱，其斜截面受剪承载力按照下列公式计算：

$$V \leqslant V_{c0} + V_{cf} \tag{3-94}$$

$$V_{cf} = \psi_{vc} f_f A_f h / s_f \tag{3-95}$$

$$A_f = 2n_f b_f t_f \tag{3-96}$$

式中　V ——构件加固后剪力设计值，kN；

V_{c0}——加固前原构件斜截面受剪承载力，kN，按现行国家标准 GB 50010—2010 的规定计算；

V_{cf} ——粘贴纤维复合材加固后，对柱斜截面承载力的提高值，kN；

ψ_{vc} ——与纤维复合材受力条件有关的抗剪强度折减系数；

f_f ——受剪加固采用的纤维复合材抗拉强度设计值，N/mm^2；

A_f ——配置在同一截面处纤维复合材环形箍的全截面面积，mm^2；

n_f ——纤维复合材环形箍的层数；

b_f、t_f ——纤维复合材环形箍的宽度和每层厚度，mm；

h ——柱的截面高度，mm；

s_f ——环形箍的中心间距，mm。

3.6.6　大偏心受压构件计算

当采用纤维增强复合材加固大偏心受压的钢筋混凝土柱时，应将纤维复合材粘贴于构件受拉区边缘混凝土表面，且纤维方向应与柱的纵轴线方向一致，矩形截面大偏心受压柱的加固，其正截面承载力按照下列公式计算：

$$N \leqslant \alpha_1 f_{c0} bx + f'_{y0} A'_{s0} - f_{y0} A_{s0} - f_f A_f \tag{3-97}$$

$$Ne \leqslant \alpha_1 f_{c0} bx \left(h_0 - \frac{x}{2}\right) + f'_{y0} A'_{s0} (h_0 - a') - f_f A_f (h - h_0) \tag{3-98}$$

$$e = e_i + \frac{h}{2} - a \tag{3-99}$$

$$e_i = e_0 + e_a \tag{3-100}$$

式中 e—— 轴向压力作用点至纵向受拉钢筋 A_s 合力点的距离，mm；

e_i ——初始偏心距，mm；

e_0——轴向压力对截面重心的偏心距，mm，取为 M/N，当需考虑二阶效应时，M 应按规范确定；

e_a ——附加偏心距，mm，按偏心方向截面最大尺寸 h 确定：当 $h \leqslant 600$ mm 时，$e_a = 20$ mm，当 $h > 600$ mm 时，$e_a = h/30$；

a、a' ——纵向受拉钢筋合力点、纵向受压钢筋合力点至截面近边的距离，mm；

f_f ——纤维复合材抗拉强度设计值，N/mm^2，应根据其品种分别按规范采用。

3.6.7 受拉构件计算

3.6.7.1 受拉构件正截面加固计算

采用外贴纤维复合材料加固钢筋混凝土受拉构件（如水塔、水池等环形结构或其他封闭形结构）时，应按原构件纵向受拉钢筋的配置方式，将纤维复合材料粘贴于相应位置的混凝土表面上，且纤维方向应与构件受拉方向一致，并处理好围拢部位的搭接和锚固，轴心受拉构件的加固，其正截面承载力应按下式计算：

$$N \leqslant f_{y0} A_{s0} + f_f A_f \tag{3-101}$$

式中 N ——轴向拉力设计值；

f_f ——纤维复合材抗拉强度设计值。

3.6.7.2 矩形截面大偏心受拉构件的加固计算

矩形截面大偏心受拉构件的加固，其正截面承载力应符合下列公式规定：

$$N \leqslant f_{y0} A_{s0} + f_f A_f - f'_{y0} A'_{s0} - \alpha_1 f_{c0} bx \tag{3-102}$$

$$Ne \leqslant \alpha_1 f_{c0} bx \left(h_0 - \frac{x}{2}\right) + f'_{y0} A'_{s0} (h_0 - a'_s) + f_f A_f (h - h_0) \tag{3-103}$$

式中 N ——轴向拉力设计值；

f_f ——纤维复合材料抗拉强度设计值；

e ——轴向拉力作用点至纵向受拉钢筋合力点的距离。

3.6.8 提高柱的延性的加固计算

钢筋混凝土柱因延性不足而进行抗震加固时，可采用环向粘贴纤维复合材构成的环向围束作为附加箍筋。当采用环向围束作为附加箍筋时，应按下列公式计算柱箍筋加密区加固后的箍筋体积配筋率 A，且应满足现行国家标准 GB 50010—2010 的要求。

$$\rho_{v}=\rho_{v,e}+\rho_{v,f} \tag{3-104}$$

$$\rho_{v,f}=k_{c}\rho_{f}\frac{b_{f}f_{f}}{s_{f}f_{yv0}} \tag{3-105}$$

式中　$\rho_{v,e}$——被加固柱原有箍筋的体积配筋率，当需重新复核时，应按箍筋范围内的核心截面进行计算；

$\rho_{v,f}$——环向围束作为附加箍筋算得的箍筋体积配筋率的增量；

ρ_{f}——环向围束体积比；

k_{c}——环向围束的有效约束系数，对于圆形截面，$k_{c}=0.90$，对于正方形截面，$k_{c}=0.66$，对于矩形截面，$k_{c}=0.42$；

b_{f}——环向围束纤维条带的宽度，mm；

s_{f}——环向围束纤维条带的中心间距，mm；

f_{f}——环向围束纤维复合材的抗拉强度设计值，N/mm^2，应根据其品种分别按规范采用；

f_{yv0}——原箍筋抗拉强度设计值，N/mm^2。

3.6.9　相关构造要求

（1）对钢筋混凝土受弯构件正弯矩区进行正截面加固时，其受拉面沿轴向粘贴的纤维复合材应延伸至支座边缘，且应在纤维复合材的端部（包括截断处）及集中荷载作用点的两侧，设置纤维复合材的 U 形箍（对梁）或横向压条（对板）。

（2）当采用环形箍、U 形箍或环向围束加固正方形截面构件和矩形截面构件时，其截面棱角应在粘贴前通过打磨加以圆化，梁的圆化半径 r，对碳纤维不应小于 20 mm，对玻璃纤维不应小于 15 mm，对芳纶纤维不应小于 10 mm；柱的圆化半径，对碳纤维不应小于 25 mm，对玻璃纤维不应小于 20 mm，对芳纶纤维不应小于 15 mm。

（3）当加固的受弯构件为板、壳、墙和筒体时，纤维复合材应选择多条密布的方式进行粘贴，不得使用未经裁剪成条的整幅织物满贴。

（4）当受弯构件粘贴的多层纤维织物允许截断时，相邻两层纤维织物宜按内短外长的原则分层截断；外层纤维织物的截断点宜越过内层截断点 200 m 以上，并应在截断点加设 U 形箍。

（5）当采用纤维复合材对钢筋混凝土梁或柱的斜截面承载力进行加固时，其构造应符合下列规定：

①宜选用环形箍或加锚的 U 形箍；当仅按构造需要设箍时，也可采用一般 U 形箍。

②U 形箍的纤维受力方向应与构件轴向垂直。

③当环形箍或 U 形箍采用纤维复合材条带时，其净间距不应大于现行国家标准 GB

50010—2010 规定的最大箍筋间距的 70%，且不应大于梁高的 25 倍。

④当梁高 $h \geqslant 600$ mm 时，应在梁的腰部增设一道纵向腰压带。

（6）当采用纤维复合材的环向围束对钢筋混凝土柱进行正截面加固或提高延性的抗震加固时，其构造应符合下列规定：

①环向围束的纤维织物层数，对圆形截面不应少于 2 层，对正方形截面柱和矩形截面柱不应少于 3 层；

②环向围束上下层之间的搭接宽度不应小于 50 mm，纤维织物环向截断点的延伸长度不应小于 200 mm，且各条带搭接位置应相互错开。

（7）当沿柱轴向粘贴纤维复合材对大偏心受压柱进行正截面承载力加固时，除应按受弯构件正截面和斜截面加固构造的原则粘贴纤维复合材外，还应在柱的两端增设机械锚固措施。

（8）当纤维复合材延伸至支座边缘仍不满足延伸长度要求时，应采取下列锚固措施：

①对梁，应在延伸长度范围内均匀设置 U 形箍锚固，并应在延伸长度端部设置一道。U 形箍的粘贴高度应为梁的截面高度，若梁有翼缘或有现浇楼板，应伸至其底面。U 形箍的宽度，对端箍不应小于加固纤维复合材宽度的 2/3，且不应小于 20 m，对中间箍不应小于加固纤维复合材宽度的 1/2，且不应小于 100 mm。U 形箍的厚度不应小于受弯加固纤维复合材厚度的 1/2。

②对板，应在延伸长度范围内通长均匀设置垂直于受力方向的压条。压条的宽度不应小于受弯加固纤维复合材条宽度的 3/5，压条的厚度不应小于受弯加固纤维复合材厚度的 1/2。

（9）当采用纤维复合材对受弯构件负弯距区进行正截面加固时，应采取下列构造措施：

①支座无障碍时，纤维复合材应在负弯距包络图范围内连续粘贴；其延伸长度的截断点应位于正弯距区，且距正弯距转换点不应小于 1 m。

②支座处虽有障碍，但梁上有现浇板，且允许绕过柱位时，宜在梁侧 $4h_b$ 范围内将纤维复合材粘贴于板面上。

③在框架顶层梁柱的端节点处，纤维复合材只能粘贴至柱边缘而无法延伸时，应粘贴 L 形钢板和 U 形钢箍板进行锚固（见图 3-36）。L 形钢板的总截面面积按下式计算：

$$A_{a,1} = 1.2\psi_f f_f A_f / f_y \tag{3-106}$$

式中 $A_{a,1}$——支座处需粘贴的 L 形钢板截面面积；

ψ_f——纤维复合材的强度利用系数；

f_f——纤维复合材的抗拉强度设计值；

A_f——支座处实际粘贴的纤维复合材截面面积；

f_y——L 形钢板抗拉强度设计值。

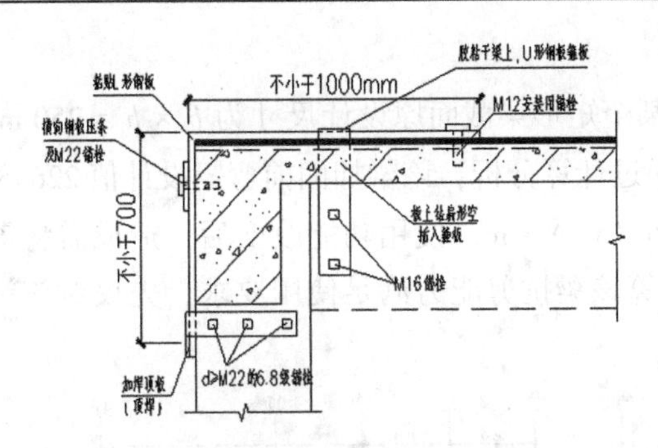

图 3-36　柱顶加贴 L 形碳纤维板或钢板锚固构造　（单位：mm）

L 形钢板总宽度不宜小于梁宽的 90%，且宜由多条 L 形钢板组成；钢板厚度不小于 3 mm。

当梁上无现浇板，或负弯距区的支座处需采取加强的锚固措施时，可采用图 3-37 所示的构造方式。但柱中箍板的锚栓等级、直径及数量应经计算确定。若梁上有现浇板，也可采取这种构造方式进行锚固，其 U 形钢箍板穿越楼板处，应采用半重叠钻孔法，在板上钻出扁形孔以插入箍板，再用结构胶予以封固。

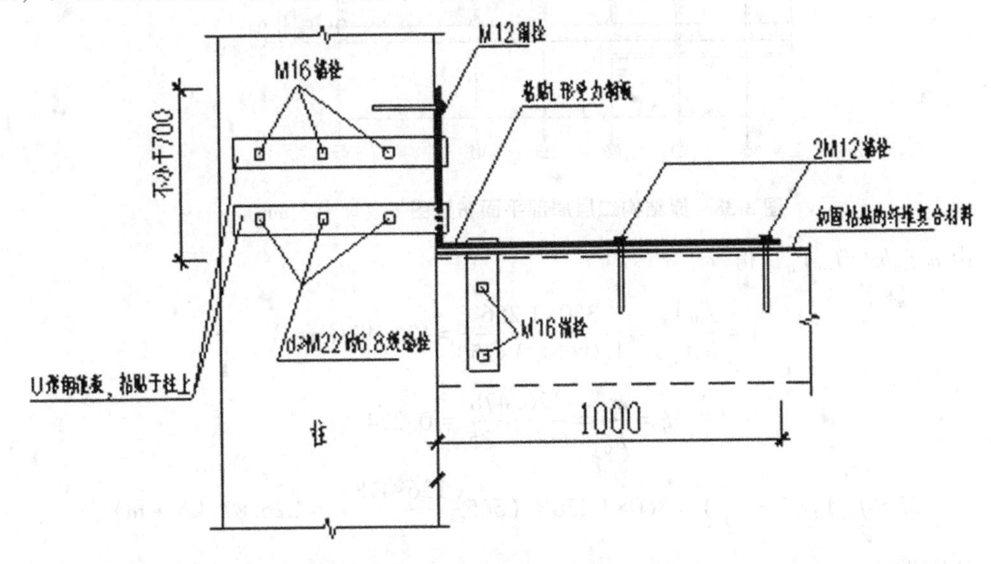

图 3-37　柱中部加贴 L 形钢板锚固构造　（单位：mm）

3.6.10　示例

某办公楼建于 2019 年，为 3 跨 4 层钢筋混凝土框架结构，跨度详见图 3-38，总高度 13.480 m。该综合楼按抗震设防烈度 7 度抗震设防。基础为挖孔灌注桩，桩径 350 mm，单桩承载力由施工单位提供资料认证大于 250 kN。框架中柱截面 600 mm×600 mm，配 12C20 主筋、C8@200 箍筋，边柱截面 600 mm×600 mm，配 12C20 主筋、C8@200 箍筋。梁、柱混凝土设计强度等级均为 C30，均为 HRB400 级钢筋。

该办公楼综合楼二层局部使用功能改变，造成该区域使用荷载增加，需对该办公楼进行加固改造。

该办公楼楼盖的某个矩形梁截面原设计尺寸为 $b\times h=250\ \text{mm}\times600\ \text{mm}$，底部纵向受拉钢筋配4⏀20，通过计算分析，该梁加固前弯矩设计值 226. 87 kN · m，加固前原作用的弯矩标准值为 115. 15 kN · m，使用功能改变后，造成需将该梁的弯矩设计值提高到 292. 23 kN · m，验算该梁抗剪能力满足使用要求，先仅对该梁受弯承载力不足进行加固。

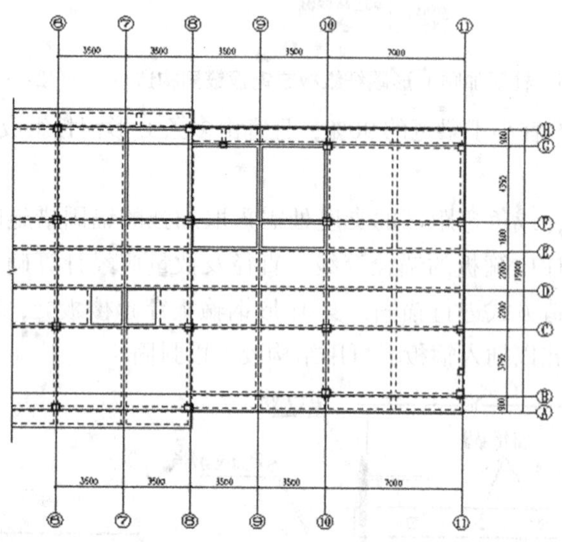

图 3-38　原结构二层局部平面布置图　（单位：mm）

由 $a_1f_{c0}bx=f_{y0}A_{s0}$，得

$$x=\frac{f_{y0}A_{s0}}{a_1f_{c0}b}=\frac{360\times1\ 256}{1.0\times14.3\times250}=126.478(\text{mm})$$

$$\xi=\frac{x}{h_0}=\frac{126.478}{600-35}=0.224$$

$$M\leqslant f_{y0}A_{s0}(f_0-\frac{x}{2})=360\times1\ 256\times(565-\frac{126.478}{2})=226.87(\text{kN}\cdot\text{m})$$

加固设计：

弯矩提高系数：

$$\frac{292.23-226.87}{226.87}=0.288\ 1=28.81\%\leqslant40\%$$

$$M\leqslant a_1f_{c0}bx(h-\frac{x}{2})+f'_{y0}A'_{s0}(h-a')-f_{y0}A_{s0}(h-h_0)$$

$$1.0\times13.4\times250x\times(600-\frac{x}{2})+0-360\times1\ 256\times(600-565)=292.23\times10^6$$

解得 $x=137.51$ mm。

$$\xi = \frac{x}{h_0} = \frac{137.51}{565} = 0.243 < \xi_{fb} = 0.85\xi_b = 0.85 \times 0.50 = 0.425$$

满足要求。

$$\rho_{te} = \frac{A_s}{0.5bh} = \frac{1\,256}{0.5 \times 250 \times 600} = 0.016\,75$$

$$\sigma_{s0} = \frac{M_{0k}}{0.87A_s h_0} = \frac{115.15 \times 10^6}{0.87 \times 1\,256 \times 565} = 186.51(\text{MPa})$$

$$a_f = 1.15$$

$$\varepsilon_{f0} = \frac{a_f M_{0k}}{E_s A_s h_0} = \frac{1.15 \times 115.15 \times 10^6}{2.0 \times 10^5 \times 1\,256 \times 565} = 9.330 \times 10^{-4}$$

$$\psi_f = \frac{\dfrac{0.8\varepsilon_u h}{x} - \varepsilon_{cu} - \varepsilon_{f0}}{\varepsilon_f} = \frac{0.8 \times 0.003\,3 \times \dfrac{600}{137.51} - 0.003\,3 - 9.330 \times 10^{-4}}{0.01} = 0.728\,6$$

由 $a_1 f_{c0} bx = \psi_f f_f A_{fe} + f_{y0} A_{s0} - f'_{y0} A'_{s0}$，得

采用高强度Ⅱ级碳纤维布：

$$1.0 \times 13.4 \times 250 \times 137.51 = 0.728\,6 \times 2\,000 \times A_{fe} + 360 \times 1\,256 - 0$$

解得 $A_{fe} = 5.832\ \text{mm}^2$。

$$k_m = 1.16 - \frac{n_f E_f t_f}{308\,000} = \frac{2 \times 2.0 \times 10^5 \times 0.167}{308\,000} = 0.217 < 0.90$$

实际应粘贴的碳纤维面积为

$$A_f = \frac{A_{fe}}{k_m} = \frac{5.832}{0.217} = 26.88(\text{mm})$$

碳纤维布总宽度为

$$B = \frac{26.88}{0.167} = 161(\text{mm})$$

因此，选用 200 mm 宽的碳纤维布 2 层可满足要求。

3.7 植筋技术

3.7.1 设计规定

(1) 本章适用于钢筋混凝土结构构件以结构胶种植带肋钢筋和全螺纹螺杆的后锚固设计；因为植筋技术主要用于连接原结构构件与新增构件，只有当原构件混凝土具有正常的配筋率和足够的箍筋时，这种连接才是有效而可靠的。因此，植筋技术仅适用于钢筋混凝土结构，而不适用素混凝土结构，过低配筋率，包括纵向受力钢筋一侧配筋率小于 0.2%的构件的后锚固设计。素混凝土构件及低配筋率构件的植筋应按锚栓进行

设计。

（2）因原构件的混凝土强度等级直接影响植筋与混凝土的黏结性能，采用植筋技术，包括种植全螺纹螺杆技术时，原构件的混凝土强度等级应符合下列规定：

①当新增构件为悬挑结构构件时，其原构件混凝土强度等级不得低于C25；

②当新增构件为其他结构构件时，其原构件混凝土强度等级不得低于C20。

（3）承重构件植筋部位的混凝土应坚实、无局部缺陷，且配有适量钢筋和箍筋，才能使植筋正常受力。因此，不允许有局部缺陷存在于锚固部位；若有局部缺陷，应先进行补强或加固处理后再植筋。即使处于锚固部位以外，也应先加固后植筋，以保证安全和质量。

（4）种植用的钢筋或螺杆，应采用质量和规格符合规范规定的钢材制作。国内外试验表明，带肋钢筋相对肋面积 A_r 的不同，对植筋的承载力有一定影响。其影响范围大致为0.9～1.16。当 $0.05 \leqslant A_r < 0.08$ 时，对植筋承载力起提高作用；当 $A_r > 0.08$ 时，对植筋承载力起降低作用。我国国家标准要求相对肋面积应为0.055～0.065。因此，当采用进口带肋钢筋时，除应按现行专门标准检验其性能外，尚应要求其相对肋面积 A_r 符合大于或等于0.055且小于或等于0.08的规定。

（5）植筋用的胶粘剂应采用改性环氧类结构胶粘剂或改性乙烯基酯类结构胶粘剂。当植筋的直径大于22 mm时，应采用A级胶。锚固用胶粘剂的质量和性能应符合GB 50367—2013第4章的规定。

（6）采用植筋锚固的混凝土结构，按常温条件下，采用普通型结构胶粘剂的长期使用的环境温度不应高于60 ℃；当采用耐高温胶粘剂黏结时，可不受此规定限制，但基材混凝土应受现行国家标准GB 50010—2010对结构表面温度规定的约束。处于特殊环境（如高温、高湿、介质腐蚀等）的混凝土结构采用植筋技术时，除应按国家现行有关标准的规定采取相应的防护措施外，尚应采用耐环境因素作用的胶粘剂。

3.7.2　锚固计算

（1）植筋受拉承载力的确定，虽然是以充分利用钢材强度和延性为条件的，但在计算其基本锚固深度时，却是按钢材屈服和黏结破坏同时发生的临界状态进行确定的。因此，在计算地震区植筋承载力时，对其锚固深度设计值的确定尚应乘以保证其位移延性达到设计要求的修正系数。承重构件的植筋锚固计算应符合下列规定：

①植筋设计应在计算和构造上防止混凝土发生劈裂破坏；

②植筋仅承受轴向力，且仅允许按充分利用钢材强度的计算模式进行设计；

③植筋胶粘剂的黏结强度设计值应按本章的规定值采用；

④抗震设防区的承重结构，其植筋承载力仍按规范规定进行计算，但其锚固深度设计值应乘以考虑位移延性要求的修正系数。

（2）单根植筋锚固的承载力设计值应符合下列公式规定：

$$N_t^b = f_y A_s \tag{3-107}$$

$$l_d \geqslant \psi_N \psi_{ae} l_s \tag{3-108}$$

式中　N_t^b——植筋钢材轴向受拉承载力设计值，kN；

f_y——植筋用钢筋的抗拉强度设计值，N/mm²；

A_s——钢筋截面面积，mm²；

l_d——植筋锚固深度设计值，mm；

l_s——植筋的基本锚固深度，mm；

ψ_N——考虑各种因素对植筋受拉承载力影响而需加大锚固深度的修正系数；

ψ_{ae}——考虑植筋位移延性要求的修正系数，当混凝土强度等级不高于 C30 时，对 6 度区及 7 度区一、二类场地取 $\psi_{ae}=1.10$，对 7 度区三、四类场地及 8 度区取 $\psi_{ae}=1.25$，当混凝土强度等级高于 C30 时取 $\psi_{ae}=1.00$。

（3）植筋的基本锚固深度 l_s 应按下式确定：

$$l_s = 0.2\alpha_{spt} d f_y / f_{bd} \tag{3-109}$$

式中　α_{spt}——防止混凝土劈裂引用的计算系数，按规范确定；

d——植筋公称直径，mm；

f_{bd}——植筋用胶粘剂的黏结抗剪强度设计值，N/mm²，按规范采用。

（4）锚固用胶粘剂黏结强度设计值不仅取决于胶粘剂的基本力学性能，而且取决于混凝土强度等级以及结构的构造条件。植筋用胶粘剂的黏结抗剪强度设计值 f_{bd} 应按规范规定值采用。快固型结构胶在 C30 以上（不包括 C30）的混凝土基材中使用时，其黏结抗剪强度之所以需做降低的调整，是因为在较高强度等级的混凝土基材中植筋，胶的黏结性能才能显现出来，并起到控制作用，而快固型结构胶主要成分的固有性能决定了它的黏结强度要比慢固型结构胶低。因此，当基材混凝土强度等级大于 C30，且采用快固型胶粘剂时，其黏结抗剪强度设计值 f_{bd} 应乘以调整系数 0.8。

（5）考虑各种因素对植筋受拉承载力影响而需加大锚固深度的修正系数 ψ_N 应按下式计算：

$$\psi_N = \psi_{br}\psi_w\psi_T \tag{3-110}$$

式中　ψ_{br}——考虑结构构件受力状态对承载力影响的系数：当为悬挑结构构件时 $\psi_{br}=1.50$，当为非悬挑的重要构件接长时 $\psi_{br}=1.15$，当为其他构件时 $\psi_{br}=1.00$；

ψ_w——混凝土孔壁潮湿影响系数，对耐潮湿型胶粘剂，按产品说明书的规定值采用，但不得低于 1.1；

ψ_T——使用环境的温度 T 影响系数，当 $T \leqslant 60$ ℃ 时，取 $\psi_T = 1.0$，当 60 ℃ < $T \leqslant 80$ ℃ 时，应采用耐中温胶粘剂，并应按产品说明书规定的 ψ_T 值采用，当 $T > 80$ ℃ 时，应采用耐高温胶粘剂，并应采取有效的隔热措施。

3.7.3　构造规定

（1）从构造要求出发规定最小锚固深度，在一般情况下还是合理可行的；只是对悬挑结构构件尚嫌不足。为此，根据一些专家的建议，做出了应乘以 1.5 修正系数的补充规定。因此，当按构造要求植筋时，其最小锚固长度 l_{min} 应符合下列构造规定：

①受拉钢筋锚固：max {0.3l_s；10d；100 mm}（d 为锚固钢筋直径）。

②受压钢筋锚固：max {0.6l_s；10d；100 mm}（d 为锚固钢筋直径）。

③对悬挑结构、构件尚应乘以 1.5 的修正系数。

（2）当植筋与纵向受拉钢筋搭接（见图 3-39）时，其搭接接头应相互错开。其纵向受拉搭接长度 l_l 应根据位于同一连接区段内的钢筋搭接接头面积百分率，按下式确定：

$$l_l = \zeta_l l_d \tag{3-111}$$

式中　ζ_l——纵向受拉钢筋搭接长度修正系数，按表 3-6 取值。

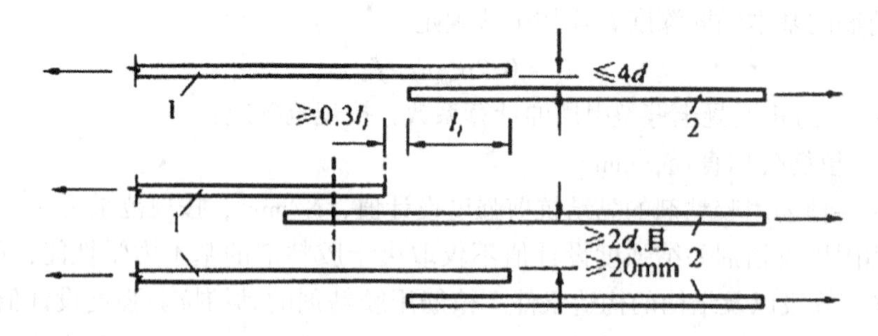

1—纵向受拉钢筋；2—植筋；d—锚固钢筋直径

图 3-39　纵向受拉钢筋搭接

表 3-6　纵向受拉钢筋搭接长度修正系数

纵向受拉钢筋搭接接头面积百分率（%）	≤25	50	100
ζ_l 值	1.2	1.4	1.6

注：1. 钢筋搭接接头面积百分率定义按现行国家标准 GB 50010—2010 的规定采用。

2. 当实际搭接接头面积百分率介于表列数值之间时，按线性内插法确定 ζ_l。

3. 对梁类构件，纵向受拉钢筋搭接接头面积百分率不应超过 50%。

（3）当植筋搭接部位的箍筋间距 s 不符合规范规定时，应进行防劈裂加固。此时，可采用纤维织物复合材的围束作为原构件的附加箍筋进行加固。围束可采用宽度为 150 mm、厚度不小于 0.165 mm 的条带缠绕而成，缠绕时，围束间应无间隔，且每一围束，其所粘贴的条带不应少于 3 层。对方形截面还应打磨棱角，打磨的质量应符合规范规定。若采用纤维织物复合材的围束有困难，也可剔去原构件混凝土的保护层，增设新箍筋（或钢箍板）进行加密（或增强）后再植筋。

（4）植筋与纵向受拉钢筋在搭接部位的净间距，应按规范标示值确定。当净间距超过 4 d 时，搭接长度 l_l 应增加 2 d，但净间距不得大于 6 d，d 为锚固钢筋直径。

（5）植筋钻孔直径的大小与其受拉承载力有一定关系，用于植筋的钢筋混凝土构件，其最小厚度 h_{min} 应符合下式规定：

$$h_{min} \geq l_d + 2D \tag{3-112}$$

式中　D——钻孔直径，mm，应按表 3-7 确定。

表 3-7　植筋直径与对应的钻孔直径设计值

钢筋直径 d（mm）	钻孔直径设计值 D（mm）
12	15
14	18
16	20
18	22
20	25
22	28
25	32
28	35
32	40

（6）植筋时，其钢筋宜先焊后种植；当有困难而必须后焊时，其焊点距基材混凝土表面应大于 15 d（d 为锚固钢筋直径），且应采用冰水浸渍的湿毛巾多层包裹植筋外露部分的根部。

3.7.4　示例

在 7 度（0.15 g）抗震设防烈度区，Ⅱ类建筑场地上的某钢筋混凝土框架-剪力墙结构，现因功能需要，在框架柱间新增一根框架梁，新增梁的钢筋采用植筋技术。已知框架柱采用 C35 混凝土，其截面尺寸为 $b \times h$ = 600 mm×600 mm，混凝土保护层厚度为 25 mm，植筋锚固深度范围内箍筋 10@100。

新增框架梁采用 C30 混凝土，纵向钢筋采用 HRB400，纵向钢筋的保护层厚度为 30 mm。植筋采用快固型胶粘剂（A 级胶）。

试问，梁顶纵向受拉钢筋的植筋锚固深度设计值的最小值（mm）与下列哪项最为接近？

（A）380　　（B）430　　（C）480　　（D）510

解：根据 GB 50367—2013，d = 22 mm，取 α_{spt} = 1.02。

植筋间距 $S_1 = 250-2\times30-2\times\dfrac{22}{2}=168(\text{mm}) > 7d = 7\times22=154(\text{mm})$

植筋边距 $S_2 = \dfrac{600-250}{2}+30+\dfrac{22}{2}=216(\text{mm}) > 3.5d = 3.5\times22=77(\text{mm})$

查 GB 50367—2013，取 $f_{bd} = 0.8\times\dfrac{1}{2}\times(4.5+5.0) = 3.8(\text{MPa})$。

$$l_3 = 0.2\times1.02\times22\times360/3.8=425(\text{mm})$$

$$\psi_N = 1\times1.1\times1 = 1.1$$

由式（3-108）得

$$l_d \geqslant 1.1\times1.0\times425 = 467.5(\mathrm{mm})$$

故选（C）项。

3.8 裂缝处理技术

迄今为止，研究和开发裂缝修补技术所取得的成果表明，对因承载力不足而产生裂缝的结构构件而言，开裂只是其承载力下降的一种表面征兆和构造性的反应，而非导致承载力下降的实质性原因，故不可能通过单纯的裂缝修补来恢复其承载功能。若裂缝没有稳定的趋势，持续发展的裂缝必然会对结构构件的承载力产生影响，那么首先就应分析裂缝产生的原因，立即采取措施排除危险源，必要时应结合结构加固。不同类型结构开裂部位不同，裂缝影响的程度也不同。材料性能不一样，对裂缝的敏感程度也不一样，只有在综合考虑各种因素后才能使裂缝处理以最经济的方法取得最好的效果。基于这一共识，可以将修补裂缝的作用概括为以下五类：

（1）抵御诱发钢筋锈蚀的介质侵入，延长结构的实际使用年数。

（2）通过补强保持结构、构件的完整性。

（3）恢复结构的使用功能，提高其防水、抗渗能力。

（4）消除裂缝对人们形成的心理压力。

（5）改善结构外观。

3.8.1 裂缝的分类

3.8.1.1 裂缝按开裂原因分类

裂缝依其开裂原因可分为荷载裂缝和非荷载裂缝，见表 3-8 和表 3-9。

表 3-8　混凝土结构的典型荷载裂缝特征

原因	裂缝主要特征	裂缝表现
轴心受拉	裂缝贯穿结构全截面，大体等间距（垂直于裂缝方向）；用带肋筋时，裂缝间出现位于钢筋附近的次裂缝；裂缝一般为中间窄、两端宽	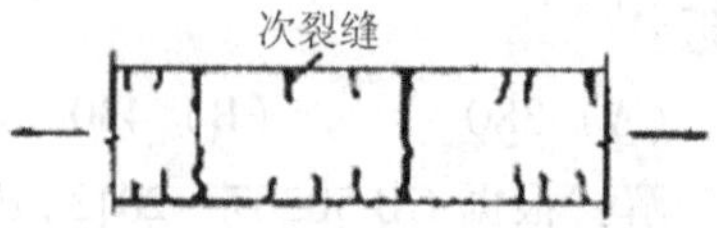 次裂缝
轴心受压	沿构件出现短而密的平行于受力方向的裂缝	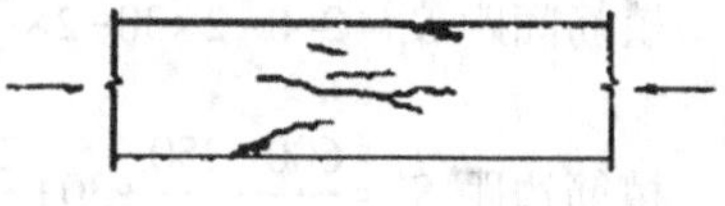
偏心受压	弯矩最大截面附近从受拉边缘开始出现横向裂缝，逐渐向中和轴发展；用带肋钢筋时，裂缝间可见短向次裂缝；裂缝边缘宽，向内渐窄	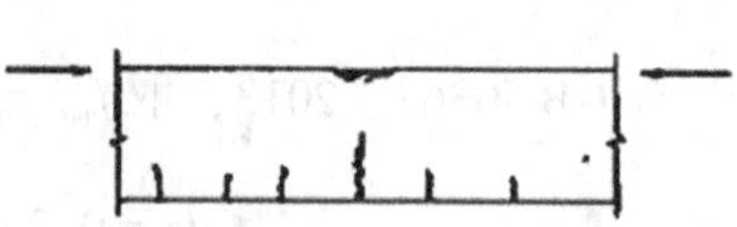

续表 3-8

原因	裂缝主要特征	裂缝表现
局部受压	在局部受压区出现大体与压力方向平行的多条短裂缝	
受弯	弯矩最大截面附近从受拉边缘开始出现横向裂缝，逐渐向中和轴发展，受压区混凝土压碎；裂缝边缘宽，向内渐窄	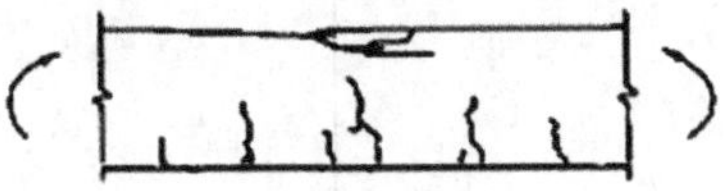
受剪	沿梁端中下部发生约 45°方向相互平行的斜裂缝	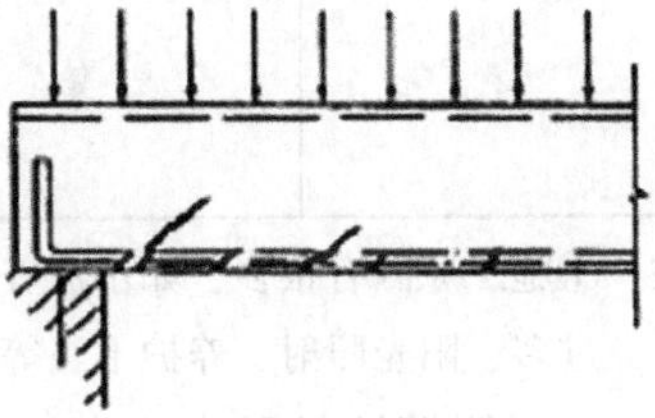
受扭矩	某一面腹部先出现多条约 45°方向斜裂缝，向相邻面以螺旋方向展开	
受冲切	沿柱头板内四侧发生 45°方向的斜裂缝	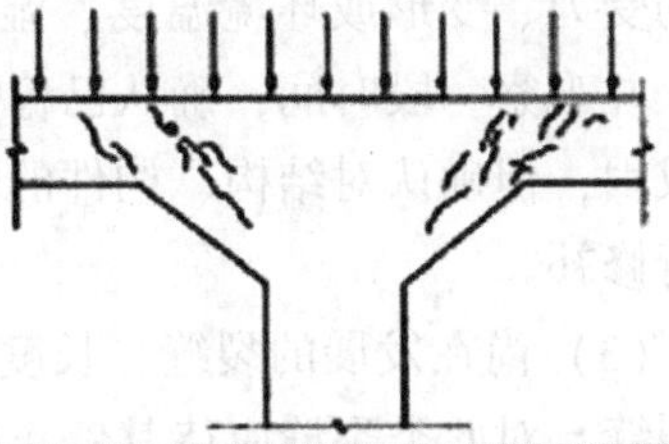
	沿柱下基础体内柱边四侧发生 45°方向斜裂缝	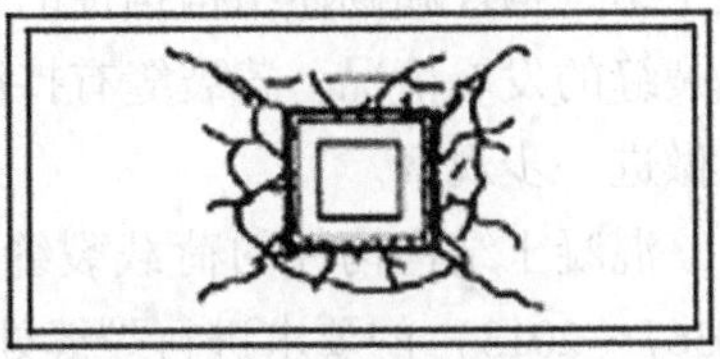

表 3-9　混凝土结构的典型非荷载裂缝特征

原因	裂缝主要特征	裂缝表现
梁的混凝土收缩和温度变形	沿梁长度方向的腹部出现的竖向裂缝，中间宽、两头尖，呈枣核形，至上下纵向钢筋处消失，有时出现整个截面裂通的情况	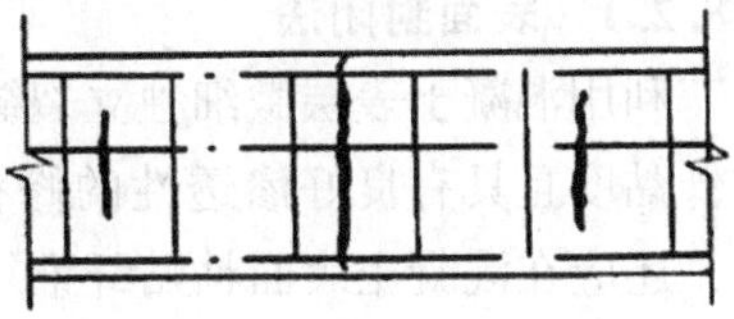

续表 3-9

原因	裂缝主要特征	裂缝表现
混凝土内钢筋锈蚀膨胀引起混凝土表面出现胀裂	形成沿钢筋方向的通长裂缝	
施工原因①	混凝土中出现不规则的网状裂缝	

注：①施工原因有很多，如水泥安定性不合格、混凝土和易性差、泵送施工时，为保证流动性加水过多、阳光照射、养护不当等。

3.8.1.2 裂缝按其形成分类

（1）静止裂缝：形态、尺寸和数量均已稳定不再发展的裂缝。修补时，仅需依裂缝粗细选择修补材料和方法。

（2）活动裂缝：裂缝在现有环境和工作条件下始终不能保持稳定，易随着结构构件的受力、变形或环境温度、湿度的变化而时张时闭的裂缝。修补时，应先消除其成因，并观察一段时间，确认已稳定后，再依静止裂缝的处理方法修补；当不能完全消除其成因，但确认对结构、构件的安全性不构成危害时，可使用具有弹性和柔韧性的材料进行修补。

（3）尚在发展的裂缝：长度、宽度或数量尚在发展，但经历一段时间后将会终止的裂缝。对此类裂缝应待其停止发展后，再进行修补或加固。目前，常用石膏饼测量混凝土结构构件和砌体结构构件的裂缝发展情况，该方法操作简单，能够有效、定性地测出裂缝的发展情况，若裂缝有持续发展，则所贴石膏会有断裂裂缝，故须补贴新石膏饼以做进一步观察。

混凝土结构构件的荷载裂缝可按现行国家标准《混凝土结构加固设计规范》(GB 50367—2013）的要求进行裂缝处理。裂缝处理的施工，应遵守现行国家标准《建筑结构加固工程施工质量验收规范》(GB 50550—2010）的规定。

3.8.2 裂缝处理方法

3.8.2.1 表面封闭法

利用混凝土表层微细独立裂缝（裂缝宽度 $\omega \leqslant 0.2$ mm）或网状裂纹的毛细作用吸收低黏度且具有良好渗透性的修补胶液，封闭裂缝通道。对楼板和其他需要防渗的部位，还应在混凝土表面粘贴纤维复合材以增强封护作用。

采用表面封闭法施工时，应按下列要求进行处理及检验：

（1）进行表面封闭前应先清洗结构构件表面的水分，干燥后进行裂缝的封闭。

（2）涂刷底胶应使胶液在结构构件表面充分渗透，微裂纹内应含胶饱满，必要时可沿裂缝多道涂刷。

（3）粘贴时应排除气泡，使布面平整、含胶饱满均匀。

（4）织物沿裂缝走向骑缝粘贴，当使用单向纤维织物时，纤维方向应与裂缝走向相垂直。

（5）多层粘贴时应重复上述步骤，纤维织物表面所涂的胶液达到指干状态时应粘贴下一层。

3.8.2.2　注射法

注射法是指以一定的压力将低黏度、高强度的裂缝修补胶液注入裂缝腔内。此法适用于 0.1 mm≤ ω ≤1.5 mm 静止的独立裂缝、贯穿性裂缝，以及蜂窝状局部缺陷的补强和封闭。注射前，应按产品说明书的规定对裂缝周边进行密封。

采用注射法施工时，应按下列要求进行处理及检验：

（1）在裂缝两侧的结构构件表面应每隔一定距离粘接注射筒的底座，并沿裂缝的全长进行封缝。

（2）封缝胶固化后方可进行注胶操作。

（3）灌缝胶液可用注射器注入裂缝腔内，并应保持低压、稳压。

（4）注入裂缝的胶液固化后，可撤除注射筒及底座，并用砂轮磨平构件表面。

（5）采用注射法的现场环境温度和构件温度不宜低于 12 ℃且不应低于 5 ℃。

3.8.2.3　压力注浆法

压力注浆法是指在一定时间内，以较高压力（按产品使用说明书确定）将修补裂缝用的注浆料压入裂缝腔内。此法适用于处理大型结构贯穿性裂缝、大体积混凝土的蜂窝状严重缺陷以及深而蜿蜒的裂缝。

采用压力注浆法施工时，应按下列要求进行处理及检验：

（1）进行压力注浆前应骑缝或斜向钻孔至裂缝深处，并埋设注浆管，注浆嘴应埋设在裂缝端部、交叉处和较宽处，间隔为 300～500 mm，对贯穿性深裂缝应每隔 1～2 m 加设一个注浆管。

（2）封缝应使用专用的封缝胶，胶层应均匀无气泡、砂眼，厚度应大于 2 mm，并与注浆嘴连接密封。

（3）封缝胶固化后，应使用洁净无油的压缩空气试压，确认注浆通道是否通畅、密封、无泄漏。

（4）注浆应按由宽到细、由一端到另一端、由低到高的顺序依次进行。

（5）缝隙全部注满后应继续稳定压力一定时间，待吸浆率小于 50 mL/h 后停止注浆，关闭注浆嘴。

3.8.2.4　填充密封法

在构件表面沿裂缝走向骑缝凿出槽深和槽宽分别不小于 20 mm 和 15 mm 的 U 形沟槽；当裂缝较细时，也可凿成 V 形沟槽，然后用改性环氧树脂或弹性填缝材料充填，并粘贴纤维复合材以封闭其表面。此法适用于处理 ω >0.5 mm 的活动裂缝和静止裂缝。填充完毕后，其表面应做防护层。

采用填充密封法施工时，应按下列要求进行处理及检验：

（1）进行填充密封前应沿裂缝走向骑缝开凿 V 形槽或 U 形槽，并仔细检查凿槽质量。

（2）当有钢筋锈胀裂缝时，凿出全部锈蚀部分，并进行除锈和防锈处理。

（3）当需设置隔离层时，U 形槽的槽底应为光滑的平底，槽底铺设隔离层，隔离层应紧贴槽底，且不应吸潮膨胀，填充材料不应与基材相互反应。

（4）向槽内灌注液态密封材料应灌至微溢并抹平。

（5）静止裂缝和锈蚀裂缝可采用封口胶或修补胶等进行填充，并用纤维织物或弹性涂料封护；活动裂缝可采用弹性和延性良好的密封材料进行填充封护。

裂缝的修补必须以结构可靠性鉴定结论为依据。因为它通过现场调查、检测和分析，对裂缝起因、属性和类别做出判断，并根据裂缝的发展程度、所处的位置与环境，对受检裂缝可能造成的危害做出鉴定。据此，才能有针对地选择适用的修补方法进行防治。

3.8.3　示例

3.8.3.1　工程概况

某小区地上 17 层地下 1 层，主楼结构形式为框架剪力墙结构，基础：筏板基础+独立基础，为大底盘双塔结构，建筑面积约 18 088.25 m^2，总长度 34.5 m，总宽度 16.3 m。该商住楼采用现浇混凝土钢筋混凝土框架剪力墙结构，按 7 度抗震设防，地下 1 层至地上 17 层强度等级均为 C30。

该商住楼地下室底板采用泵送混凝土，浇筑完毕后，部分楼层现浇板板底表面发现有多处裂缝，为确保结构的安全及后期的正常使用，需对其裂缝进行检测、评定，并依据检测结果进行相应的处理。

主要检测内容为：

（1）浇板板底裂缝外观情况调查。

（2）浇板板底混凝土抗压强度检测。

（3）浇板板底钢筋保护层厚度检测。

3.8.3.2　调查与检测

1. 裂缝外观情况调查结果

通过对浇板板底裂缝调查发现，裂缝各层基本都有分布且数量较多(见图 3-40)。

2. 混凝土抗压强度检测结果

采用回弹法对混凝土抗压强度进行抽检，部分抽检结果见表 3-10。检测结果表明，现浇板的混凝土强度满足设计要求。

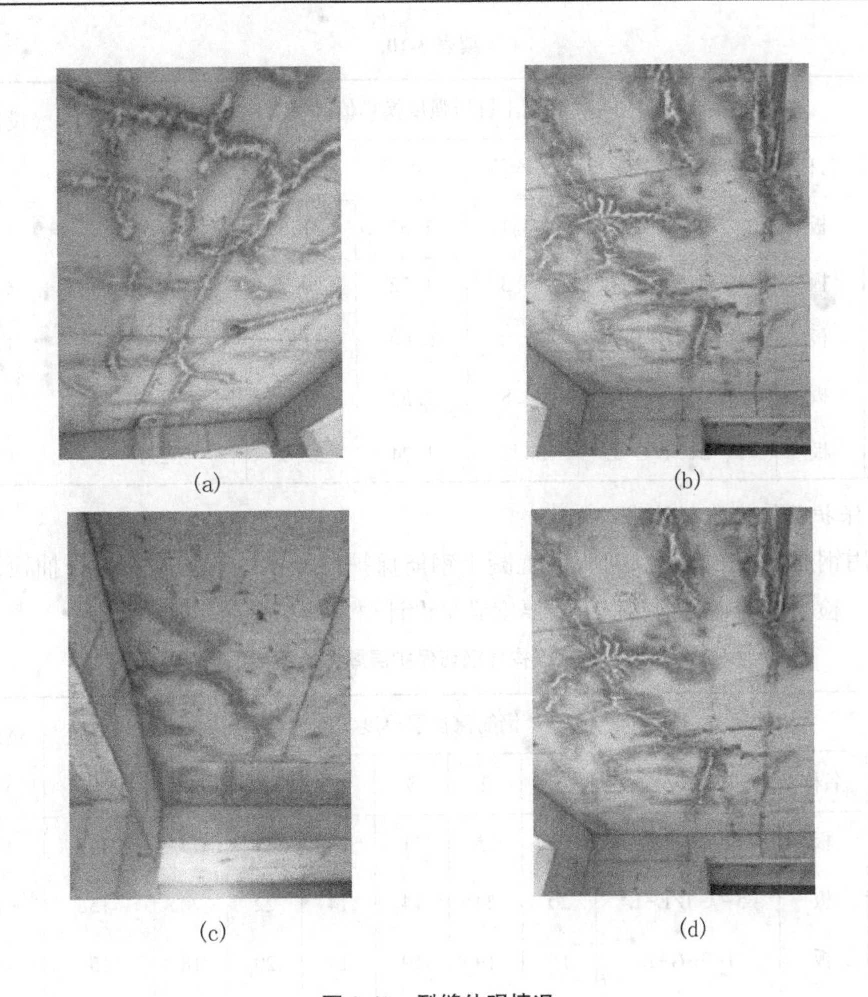

(a)　(b)　(c)　(d)

图 3-40　裂缝外观情况

表 3-10　混凝土抗压强度检测结果

构件			混凝土抗压强度换算值(MPa)			现龄期混凝土强度推定值(MPa)	设计强度等级
层数	名称	轴线位置	平均值	标准差	最小值		
-1 层	板	1-3-B-E	32.9	0.85	31.6	31.5	C30
-1 层	板	5-7-1/E-L	33.6	0.79	32.2	32.3	C30
1 层	板	1-3-G-K	34.2	1.34	31.9	32.0	C30
1 层	板	3-6-A-B	33.5	1.98	30.4	30.3	C30
2 层	板	19-21-1/G-L	33.3	1.50	30.4	30.9	C30
2 层	板	2-3-B-E	33.9	1.73	31.2	31.1	C30
5 层	板	6-8-A-B	33.3	1.91	30.4	30.2	C30

续表 3-10

构件			混凝土抗压强度换算值（MPa）			现龄期混凝土强度推定值（MPa）	设计强度等级
层数	名称	轴线位置	平均值	标准差	最小值		
5层	板	5-7-A-B	34.1	1.55	31.9	31.6	C30
11层	板	19-21-1/G-L	33.3	1.72	30.7	30.5	C30
11层	板	2-4-B-E	32.8	0.90	31.2	31.3	C30
16层	板	11-13-A-B	34.8	1.53	32.2	32.3	C30
16层	板	19-21-1/G-L	34.2	1.24	32.9	32.1	C30

3. 保护层厚度检测结果

采用钢筋位置测定仪，对板底混凝土钢筋保护层厚度进行抽检，部分抽检结果见表 3-11。检测结构表明钢筋保护层厚度满足设计要求。

表 3-11　板构件钢筋保护层厚度检测结果

构件			钢筋保护层厚度实测值(mm)						设计值（mm）	允许偏差（mm）
层数	名称	轴线位置	1	2	3	4	5	6		
-1层	板	1-3-B-E	18	15	21	20	23	14	15	+8/-5
-1层	板	5-7-1/E-L	20	23	14	14	22	20	15	+8/-5
6层	板	1-3-G-K	15	19	19	14	20	18	15	+8/-5
6层	板	3-6-A-B	13	14	19	18	20	20	15	+8/-5
6层	板	19-21-1/G-L	17	21	20	15	22	19	15	+8/-5
8层	板	2-3-B-E	20	21	16	15	19	16	15	+8/-5
8层	板	6-8-A-B	20	20	22	20	17	15	15	+8/-5
11层	板	5-7-A-B	16	20	23	20	20	14	15	+8/-5
11层	板	19-21-1/G-L	17	20	20	15	22	12	15	+8/-5
16层	板	2-4-B-E	16	13	16	18	17	13	15	+8/-5
16层	板	11-13-A-B	15	18	22	12	15	18	15	+8/-5

4. 现浇板板底钢筋间距检测

采用钢筋位置测定仪，对现浇板板底钢筋间距进行抽检，部分抽检结果见表 3-12。检测结构表明钢筋间距满足设计要求。

表 3-12　现浇板板底钢筋间距检测结果

板		钢筋间距实测值(mm)							设计值(mm)	允许偏差(mm)
层数	轴线位置	1	2	3	4	5	6	平均值		
-1 层	1-3-B-E	199	194	208	208	203	206	203	200	+10/-10
-1 层	5-7-1/E-L	206	200	193	190	198	195	206	200	+10/-10
6 层	1-3-G-K	192	202	201	193	191	198	196	200	+10/-10
6 层	3-6-A-B	196	193	207	191	197	194	196	200	+10/-10
6 层	19-21-1/G-L	206	192	203	207	204	193	201	200	+10/-10
8 层	2-3-B-E	204	193	206	192	190	194	197	200	+10/-10
8 层	6-8-A-B	195	199	196	195	208	208	200	200	+10/-10
11 层	5-7-A-B	199	201	196	208	202	201	201	200	+10/-10
11 层	19-21-1/G-L	201	195	200	195	194	196	197	200	+10/-10
16 层	2-4-B-E	202	206	201	208	207	207	205	200	+10/-10
16 层	11-13-A-B	203	197	196	191	206	193	198	200	+10/-10

3.8.3.3　原因分析与处理

1. 裂缝原因分析

对现浇板混凝土强度检测结果表明，其抗压强度满足原设计要求；对现浇板钢筋间距和保护层厚度检测结果表明，其钢筋和保护层厚度满足原设计要求。

该商住楼现浇板上的裂缝大多为细微裂缝，且上下贯通，参照《房屋裂缝检测与处理技术规程》(CECS 293:2011) 附录中有关混凝土结构的典型非荷载裂缝特征的规定综合分析可知，该商住楼地下室剪力墙裂缝为混凝土收缩裂缝。裂缝产生的原因分析有如下几点：

(1) 混凝土干缩引起裂缝：普通混凝土在硬化过程中由于干缩而引起的体积变化，泵送混凝土尤为明显。这种裂缝宽度通常为 0.01~0.1 mm，会贯穿整个结构。

(2) 该商住楼采用泵送混凝土，水泥用量大，石子粒径小，该施工方法易使混凝土早期干缩严重，可引起构件开裂。

2. 裂缝处理

根据 GB 50010—2010 规定，在结构正常使用极限状态下，一般不要求限制混凝土结构裂缝的出现，只要求控制裂缝的宽度，以防裂缝过宽，引起钢筋锈蚀、降低建筑物的安全使用性能。依据《房屋裂缝检测与处理技术规程》(CECS 293:2011) 相关规定，当处于长期潮湿环境时不需要修补的非荷载裂缝宽度的限值为 0.3 mm。本工程大部分裂缝均在不需要处理范围内。但是考虑到裂缝的存在会影响结构的耐久性和正常使用，建议对现浇板裂缝进行修补处理，处理方法如下：

（1）部分现浇板有防水要求的钢筋混凝土构件，依据《房屋裂缝检测与处理技术规程》(CECS 293：2011）相关规定，可使用注射法结合表面封闭法进行处理。

（2）利用混凝土表层微细独立裂缝（裂缝宽度 $\omega \leqslant 0.2$ mm）或网状裂纹的毛细作用吸收低黏度且具有良好渗透性的修补胶液，封闭裂缝通道。对楼板和其他需要防渗的部位，还应在混凝土表面粘贴纤维复合材以增强封护作用。

（3）经裂缝处理并保证施工质量，满足相关施工质量验收规范后，现浇板仍可按原设计条件正常使用。

第4章　加固施工

4.1　增大截面加固法

4.1.1　概述

增大截面加固法是建筑加固改造中通过增大原构件截面面积或增配钢筋，以提高其承载力和刚度，或改变其自振频率的一种直接加固法，主要用于建筑基础、梁、柱等构件的加固中，其中在建筑加固改造中运用比较广泛。

4.1.2　适用情况及其特点

（1）增大截面加固法适用于混凝土梁、板、柱等常见构件，对于受弯或者受压（轴心和偏心）构件的加固，增大截面加固法也比较适用。对于承载力很差，刚度也较低的梁、板构件，采用该方法的效果较好。但是使用本方法的前提是，在现场检测的原混凝土强度等级需要大于或等于C10。

（2）增大截面加固法如果新叠浇的混凝土面层在受拉区，可以保护钢筋，起到类似钢筋保护层的作用；如果在受压区，可以增加构件截面的有效高度，达到提高构件承载力的目的。所以，增大截面加固法适用面较广泛，已经成为目前建筑行业最为广泛的一种建筑结构加固形式。

（3）增大截面加固法对混凝土梁、柱构件承载能力，提高强度和刚度的幅度高，对柱的稳定性改善明显，质量好，可靠性强，安全性比较高。

（4）要提高构件的截面和刚度，采用增大截面加固法时必须考虑整体结构的受力情况，增加截面的同时不能只是为了单纯地加大截面尺寸，否则会导致整个建筑物的局部薄弱部位损伤甚至倒塌。此外，加大截面后增加了自重和改变了原构件刚度，导致结构自身的特性——固有频率发生变化，这样可能会使其结构频率接近地震或风震的频率，发生共振现象引起新的结构破坏，这也是加固设计的一个难题。

（5）增大截面加固法的混凝土施工具有成熟的技术经验，原理简单、使用经验丰富、受力可靠、加固费用低廉等优点，但现场湿作业多，周期长，对生活和环境有影响。增大截面加固法会增大结构的自重，对整个结构产生一定的重力效应，并且应力滞后的存在导致新加部分的承载力折减，降低结构耐久性。加固后的建筑物会减少净空的和实际使用面积，为适用性带来很大影响。

4.1.3 设计要求

增大截面加固法适用于钢筋混凝土受弯和受压构件的加固，当梁、板、柱的承载力相差较大，且其刚度也不满足要求时，采用增大截面加固较为有效。采用增大截面加固法时，要求按现场检测结果确定的原构件混凝土强度等级不低于C10。该方法施工时的重点是要保证新、旧混凝土界面的处理和黏结，只有当界面处理及其黏结质量符合规范要求时，方可考虑新加混凝土与原有混凝土的协同工作，按整体截面进行计算。

4.1.4 材料要求

4.1.4.1 钢筋

1. 主控项目

（1）钢筋进场时应按规定抽取试件做力学性能检验，其检测结论必须符合相关规定。

（2）对有抗震设防要求的框架结构，其纵向受力钢筋的强度应满足设计要求，即纵向受力钢筋强度实测值必须符合：①钢筋抗拉强度实测值与屈服强度实测值的比值不应小于1.25；②钢筋屈服强度实测值与强度标准值的比值不应大于1.30。

（3）当发现钢筋发生脆断、焊接性能不良或力学性能显著不正常等现象时，应对该批钢筋进行化学成分检验或其他专项检验。

2. 一般项目

钢筋应平直、无损伤，表面不得有裂缝、油污、颗粒状或片状老锈。

4.1.4.2 植筋用胶粘剂

根据设计要求，植筋锚固用胶粘剂安全性能指标选用应符合《建筑结构加固工程施工质量验收规范》(GB 50550—2010）和《混凝土结构加固设计规范》(GB 50367—2013）中的要求。

植筋用胶粘剂进场时，应具有产品合格证、包装、标志、出厂检测报告和进场复试报告，应对其品种、型号、级别、包装和出厂日期等进行检查，同时应按《建筑结构加固工程施工质量验收规范》(GB 50550—2010）的要求，对其钢-钢拉伸抗剪强度、钢-混凝土正拉黏结强度、耐热老化性能等三项重要指标及不挥发物含量进行见证取样复验，质量检验结论应符合相应性能指标规定，严禁使用过期胶粘剂、无合格证书的胶粘剂及包装破损或无出厂包装的胶粘剂。

4.1.4.3 预拌混凝土

预拌混凝土进场时应具有配合比通知单、预拌混凝土出厂合格证。合格证应包括生产单位名称，工程名称，混凝土品种数量，使用部位，供货时间，原材料品种规格、复验编号等内容，并加盖供货单位公章。

预拌混凝土供应单位除向施工单位提供上述资料外，还应保证下列资料的可追溯性：试配记录、水泥出厂合格证和复验报告、砂和碎（卵）石复验报告、轻集料复验报告、外加剂和掺和料产品合格证及复验报告、开盘鉴定、混凝土抗压强度报告（出厂检验混凝土强度值应填入预拌混凝土出厂合格证）、抗渗试验报告（试验结果应填入预拌混凝土出厂合格证）、抗冻试验报告（试验结果应填入预拌混凝土出厂合格证）、混凝土坍落度测试记录等。

施工现场必须在混凝土运送到浇筑地点15 min内制作试块，按要求进行混凝土抗压强度、抗渗、抗冻试验。

4.1.5　钢筋工程

4.1.5.1　原材料

（1）钢筋必须有出厂质量证明书或试验报告单，并且质量证明书必须随钢筋一同到场；每盘钢筋均要有挂牌，印有厂标、钢号、批号、直径等标证。

（2）钢筋进场时必须分批验收，每批由同一截面和同一炉号的钢筋组成，质量不大于60 t。检验内容包括对规格、种类、外观的检查，并做力学性能复试试验，合格后方可使用。

（3）钢筋外观检查：钢筋表面不得有裂缝结疤和折叠。钢筋表面允许有凸块，但不得超过横肋的最大高度。

（4）铁丝：采用22号火烧丝进行绑扎，铁丝的切断长度根据现场绑扎的要求，丝头允许露出30 mm，扎丝切断工根据现场实际测量长度严格进行扎丝下料。

4.1.5.2　钢筋放样

（1）技术员及放样工必须详细阅读结构总说明及设计变更，详细了解图纸中的各个环节，如果有不清楚的环节，及时与设计院取得联系，及时解决。

（2）对于绑扎钢筋，受拉区钢筋接头按25%错开，受压区钢筋接头按50%错开，同时同截面钢筋接头的数量不得大于50%；对于钢筋焊接连接，钢筋接头位置按50%进行接头，同时同一截面接头数量不超过50%。

（3）所有放样料单均须符合设计及施工规范要求，对设计中没有确定的部分，征求设计同意后，以设计为准或以《混凝土结构工程施工质量验收规范》（GB 50204—2015）及《混凝土结构施工图平面整体表示方法制图规则和结构详图》（16G101—1～3）为准。

（4）钢筋放样必须结合现场实际情况，考虑搭接、锚固要求进行放样下料。

（5）钢筋放样单必须经过项目技术员审核后才可以进行加工。

4.1.5.3　钢筋加工

1. 钢筋调直

用6-14型调直机调直钢筋时，要根据钢筋的直径选用调直模和传送压辊，并正确掌握调直模和压辊的压紧程度，调直模的偏移量要根据其磨耗程度及钢筋品种通过试验确定，调直后切割的长度应按照施工现场的钢筋长度要求进行断料，根据现场的安排，钢筋断料不得少于35 m。调直筒两端的调直模一定要在等孔二轴心线上，若发现钢筋不直，则应及时调整调直模的偏移量，调整后仍不能调直到位的，及时通知机修人员修理。钢筋调直时，盘圆钢筋必须通过调直机前的安全防护栏，应保证调直后钢筋平直、无局部曲折。

2. 钢筋除锈

钢筋表面应洁净。油渍、漆污和或用锤击时能剥落的浮皮、铁锈等在使用前清除干净。钢筋在调直过程中应进行除锈，此外，还可采用手工除锈（用钢丝刷子、砂盘），用钢丝刷进行除锈；锈渍较严重的用酸除锈进行处理。在除锈过程中发现钢筋表面的氧化铁皮鳞脱落严重并已损伤截面，或在除锈后钢筋表面有严重的麻坑、斑点伤蚀截面时，通过试验的方法确定钢筋强度，确定降级使用或剔除不用。

3. 钢筋切断

经过项目人员确定钢筋的出厂合格证和复试试验报告结论符合设计和规范的要求后，通知下料人员进行钢筋下料，下料之前，由项目专业技术人员根据配筋图和划分的施工程序，给出结构各部位的各种形状和钢筋大样图并编号，分别计算出其下料长度及根数，填写料单，申请加工。由项目人员根据设计及规范要求，将同规格钢筋根据不同长度长短搭配，统筹排料，先断长料，后断短料，减少短头，减少损耗。断料时不用短尺量长料，防止在量料中产生累计误差，因此在工作台上标出尺寸刻度并设置控制切断尺寸用的挡板。安装刀片时，螺丝要紧固，刀口要密合（间隙不大于0.5 mm），固定刀片与冲切片的距离：对直径大于20 mm的钢筋重叠1~2 mm，对直径小于20 mm的钢筋留5 mm左右。在切断过程中，如发现钢筋有劈裂、缩头或严重的弯头等则必须切除；如发现钢筋的硬度与该钢筋品种有较大的出入，则必须及时向技术人员反映，查明情况。

项目工长、技术员、质检员必须定期检查后台钢筋断料情况，是否完全按照料单及技术交底执行，并做出相应的检查记录，以书面形式将检查中的质量问题反馈到施工队，及时督促施工队按期整改。

4. 钢筋弯曲

钢筋弯曲在钢筋棚中加工完成，弯曲机轴心根据不同的钢筋直径采用不同的弯曲轴，同时应做好配套。一般规定：Ⅰ级钢筋末端做180°弯钩时，其圆弧弯曲半径控制在钢筋直径的2.5倍，但不小于主筋直径，平直部分长度为10 d(d为钢筋直径)；Ⅱ级钢筋需做90°或135°弯折时，弯曲半径控制在钢筋直径的4倍（钢筋直径>25 mm时为6 d），135°弯折时平直部分为10 d；弯起钢筋中间部位弯折处的弯曲半径为4 d（钢筋直径>25 mm时为6 d）。钢筋弯曲时，注意考虑调整值加工。

4.1.6　模板工程

模板安装质量除应符合《混凝土结构工程施工质量验收规范》(GB 50204—2015)中的有关规定外，应着重检查以下几个方面：

(1) 支承、固定情况必须按有关规定进行逐项评定验收。

（2）模板的支设必须保证结构几何尺寸及轴线位置的正确。

（3）在混凝土浇筑前，应检查承重架及架子支撑扣件是否拧紧，拧紧螺栓力矩控制在50 N·m。

（4）分块逐步进行拆除，拆除后连接件和支撑应分类堆放，对模板进行清理、涂刷。

4.1.7　脚手架工程

脚手架主要为砖墙拆除及梁柱施工等提供操作平台。

（1）架子选用的材料为：钢管为ϕ48 mm×3.5 mm规格的管材，架子扣件必须选玛钢扣件，要求所用材料无锈蚀、裂纹变形的现象，否则严禁使用。

（2）所有脚手架材料必须具有足够的承载能力，钢管、扣件应有足够的韧性、抗扭和抗剪能力。

（3）搭设的脚手架必须牢固稳定，做到不斜、不摇晃、不变形。架子搭设应严格做到杆件横平竖直，立杆的倾斜度应控制在立杆高度的1/500范围内。

（4）扣件连接应按拧紧螺栓的控制扭力进行扣件锁操作，操作扭力矩按50～60 N·m，不得发生过拧造成扣件裂纹和扭紧不足造成滑移松动。

（5）脚平板是脚手架工程的重要部分，必须在操作层铺设足够的架板，不漏空、不挑头、禁止探头板。

4.1.8　施工质量检验

（1）界面剂原材出厂合格证、试验报告齐全，进场复试报告合格证。

（2）植筋胶原材出厂合格证、试验报告齐全，进场复试报告合格；植筋承载力现场抽样检验合格。

（3）钢筋原材出厂合格证、试验报告齐全，进场复试报告合格。

（4）混凝土原材出厂合格证、试验报告齐全，进场复试报告合格。

4.2　局部置换混凝土加固法

4.2.1　概述

局部置换混凝土加固法是建筑加固领域常见的加固方法，目前在国内已普遍应用。局部置换混凝土加固法是剔除原构件低强度或有缺陷区段的混凝土，同时浇筑同品种但强度等级较高的混凝土进行局部增强，使原构件的承载力得到恢复的一种直接加固方法。

4.2.2　适用情况及其特点

局部置换混凝土加固法适用于以下情况：

（1）受压区混凝土强度偏低或者有严重缺陷的梁（见图 4-1）、柱等承重构件的加固。

（2）使用中受损伤、高温、冻害、侵蚀的构件加固。

（3）由于施工差错引起局部混凝土强度不能满足设计要求的构件加固。

图 4-1　混凝土露筋缺陷

局部置换混凝土加固法的优点：结构加固后能恢复原貌，不影响使用空间。缺点：新、旧混凝土的黏结能力较差，剔凿易伤及原构件的混凝土及钢筋，湿作业期长。

4.2.3　设计要求

（1）局部置换用混凝土的强度等级应比原构件混凝土提高一级，且不应低于 C25，现设计要求为 C30。

（2）局部置换混凝土加固工程的混凝土置换深度，板不应小于 4 mm；梁、柱采用人工浇筑时不应小于 60 mm，采用喷射法施工时不应小于 50 mm。混凝土置换长度应由设计单位按混凝土强度等级、结构缺陷的检测结论、结构验算来确定。对于非全长置换的混凝土两端应分别延伸不小于 100 mm 的长度。

4.2.4　材料要求

4.2.4.1　钢筋

1. 主控项目

（1）钢筋进场时应按规定抽取试件做力学性能检验，其检测结论必须符合相关规定。

（2）对有抗震设防要求的框架结构，其纵向受力钢筋的强度应满足设计要求，即纵向受力钢筋强度实测值必须符合：①钢筋抗拉强度实测值与屈服强度实测值的比值不应小于 1.25；②钢筋屈服强度实测值与强度标准值的比值不应大于 1.30。

（3）当发现钢筋发生脆断、焊接性能不良或力学性能显著不正常等现象时，应对该批钢筋进行化学成分检验或其他专项检验。

2. 一般项目

钢筋应平直、无损伤，表面不得有裂缝、油污、颗粒状或片状老锈。

4.2.4.2　植筋用胶粘剂

根据设计要求，植筋锚固用胶粘剂安全性能指标选用应符合《建筑结构加固工程施工质量验收规范》（GB 50550—2010）、《混凝土结构加固设计规范》（GB 50367—2013）中的要求。

植筋用胶粘剂进场时，应具有产品合格证、包装、标志、出厂检测报告和进场复试报告，应对其品种、型号、级别、包装和出厂日期等进行检查，同时应按《建筑结构加固工程施工质量验收规范》（GB 50550—2010）的要求，对其钢-钢拉伸抗剪强度、钢-混凝土正拉黏结强度、耐热老化性能等三项重要指标及不挥发物含量进行见证取样复验，质量检验结论应符合相应性能指标规定，严禁使用过期胶粘剂、无合格证书的胶粘剂及包装破损或无出厂包装的胶粘剂。

4.2.4.3　预拌混凝土

预拌混凝土进场时应具有配合比通知单、预拌混凝土出厂合格证。合格证应包括生产单位名称，工程名称，混凝土品种数量，使用部位，供货时间，原材料品种规格、复验编号等内容，并加盖供货单位公章。

预拌混凝土供应单位除向施工单位提供上述资料外，还应保证下列资料的可追溯性：试配记录、水泥出厂合格证和复验报告、砂和碎（卵）石复验报告、轻骨料复验报告、外加剂和掺和料产品合格证及复验报告、开盘鉴定、混凝土抗压强度报告（出厂检验混凝土强度值应填入预拌混凝土出厂合格证）、抗渗试验报告（试验结果应填入预拌混凝土出厂合格证）、抗冻试验报告（试验结果应填入预拌混凝土出厂合格证）、混凝土坍落度测试记录等。

施工现场必须在混凝土运送到浇筑地点 15 min 内制作试块，按要求进行混凝土抗压强度、抗渗、抗冻试验。

4.2.5　作业条件

（1）脚手架作业与安全防护。

局部置换混凝土工程需搭设操作脚手架、卸载支撑架、模板支撑架，其搭设、运行、拆除执行《建筑施工扣件式钢管脚手架安全技术规范》（JGJ 130—2011）的要求。

（2）临时电源。

施工现场的用电功率应同时满足照明条件，满足暗处、夜间施工需求。

（3）风雪、大风天气条件下不得露天作业。

4.2.6　施工工艺

局部置换混凝土施工程序框图见图 4-2。

4.2.6.1　卸荷支撑架

局部置换作业前的卸荷支撑架是通过钢管支撑架将结构构件在破坏后所需承受的荷

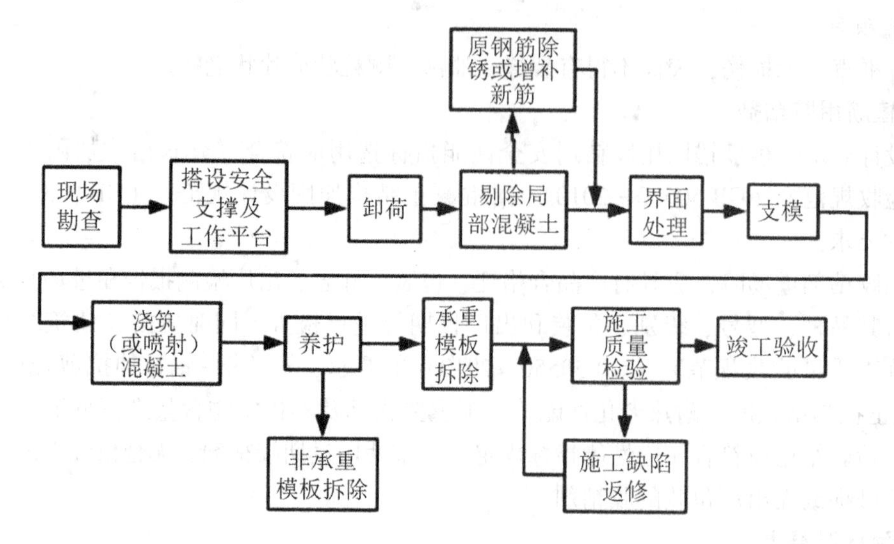

图 4-2 局部置换混凝土施工程序

载有效地传递到下层竖向受力构件，直至基础，从而保证结构构件在不承受额外荷载的前提下安全局部置换。卸荷支撑架搭设思路是在待置换部位搭设支撑架，局部恢复混凝土梁板结构施工期支撑原状，即排距、列距均为 900 mm，扫地杆 200 mm，步高 1 200 mm。结合模板支撑架的搭设，可距柱边 500 mm 起步，视待置换长度决定搭设宽度，搭设宽度应超过待置换长度 1 500 mm，且不少于 3 排，支撑范围延伸到局部置换影响范围，卸载支撑架与中部的框架柱做可靠拉结。

4.2.6.2 局部剔除与界面处理

（1）剔除被置换的有缺陷混凝土时，在达到缺陷边缘后，再扩展到剔除范围不小于 50 mm 的长度。对缺陷范围较小的构件，应从缺陷中心向四周扩展长度和宽度均不应小于 200 mm 的范围予以清除。

（2）剔除过程中不得损伤钢筋及无须置换的混凝土，若结构钢筋、混凝土受到损伤，应提出技术处理方案，经设计单位认可后予以实施，经处理后应安排重新检查验收。

（3）经剔凿后，对裸露的复原结构钢筋清理调查。若变形，不得调制及缺失，则采用原设计钢筋替补。

（4）为保证置换混凝土与原结构混凝土之间有可靠连接，剔凿同时完成界面处理。清除原构件涂装、抹灰或其他饰面层，剔除风化、剥落、疏松、起砂、蜂窝、麻面等缺陷，直至露出骨料新层面，尚应采用花锤、砂轮机高压水射流做界面毛化处理，最后采用压缩空气和水交替冲洗干净。根据施工图等原始设计资料及现场实际测量确定置换部位及新增梁腋部位需要种植钢筋的数据。

4.2.6.3 钢筋加工、安装与种植

根据施工图纸等原始资料及现场实际测量值确定置换部位及新增梁腋部位需要种植钢筋的数据。钢筋加工、安装符合《混凝土结构工程施工质量验收规范》（GB 50204—

2015）的要求。

4.2.6.4　模板制作、安装

模板制作、安装符合《混凝土结构工程施工质量验收规范》（GB 50204—2015）的要求。模板支撑架搭设时应与卸荷支撑架在平面、立面布置上做好协调，各自分别受力。

4.2.6.5　混凝土浇筑

混凝土浇筑作业应符合《混凝土结构工程施工质量验收规范》（GB 50204—2015）的规定。混凝土浇筑前，除应对模板及其支撑进行验收外，还应对以下项目进行隐蔽工程验收：

（1）补配钢筋或箍筋的品种、级别、规格、数量、位置等。

（2）补配钢筋和原钢筋的连接方式及质量。

（3）界面处理及结构界面胶（剂）涂刷的质量。

4.2.6.6　混凝土养护

混凝土浇筑完毕后，应按施工技术方案及时采取有效的养护措施，并应符合下列规定：

（1）养护期间日平均温度不应低于5 ℃；若低于5 ℃，应按冬期施工要求，采取保暖升温措施；在任何情况下均不得采用负温养护方法，以确保养护质量。

（2）浇筑完毕应及时喷洒养护剂或塑料薄膜，然后加盖湿麻袋或湿草袋，完成此道作业后，应按规范要求进行养护，且不得少于7 d。

（3）应在养护期间，自始至终做好浆体的保湿工作；冬期施工，还应做好浆体保温工作；保湿、保温工作的定期检查记录应留档备查。

4.2.7　质量控制

4.2.7.1　卸载的实时控制

1. 主控项目

（1）被加固构件卸载的力值、卸载点的位置确定、卸载顺序及卸载点的位移控制应符合设计规定及施工技术方案的要求。

（2）卸载时的力值测量可用千斤顶配置的压力表经校正后进行测度；卸载点的结构节点位移宜用百分表测度。卸载所用的压力表、百分表的精度不应低于1.5级，标定日期不应超过6个月。

（3）卸载时，应有全程监控设施和安全支护设施，保证被卸载结构及其相关结构的安全。

2. 一般项目

（1）当需将千斤顶压力表的力值转移到支承结构上时，可采用螺旋式杆件和钢锲等进行传递，但应在千斤顶的力值降为零时卸下千斤顶。力值过度时，应用百分表进行卸载点的位移控制。

（2）卸载的支撑结构应满足强度及变形要求，其所承受的荷载应传递到基础上。

4.2.7.2 混凝土局部剔除及界面处理

1. 主控项目

（1）剔除被置换的混凝土时，应在到达缺陷边缘后，再向边缘外延伸清除一段不小于50 mm的长度；对缺陷范围较小的构件，应从缺陷中心向四周扩展，逐步清除，其长度和宽度均不应小于200 mm。剔除过程中不得损伤钢筋及无须置换的混凝土；若钢筋和混凝土受到损伤，应由施工单位提出技术处理方案，经设计和监理单位认可后方可进行处理，处理后应重新检查验收。

（2）新、旧混凝土黏合面的截面处理应符合设计规定及规范要求，但不凿成沟槽。若用高压水射流打毛，宜打磨成垂直于轴线方向的均匀纹路。

2. 一般项目

当对原构件混凝土黏合面涂刷结构界面胶（剂）时，其涂刷质量应均匀、无漏刷。

4.2.7.3 置换混凝土施工

1. 主控项目

（1）置换混凝土需补配钢筋或箍筋时，其安装位置与其原钢筋焊接方法应符合设计规定；其焊接质量应符合现行行业标准《钢筋焊接及验收规程》（JGJ 18—2012）的要求；若发现焊接伤及原钢筋，应及时会同设计单位进行处理；处理后应重新检查、验收。

（2）采用普通混凝土置换时，用于检查的混凝土强度的试块，应在监理工程师见证下，在混凝土的浇筑地点随机抽取。检查数量：①每拌制50盘（不足50盘，按50盘计）同一配合比的混凝土，取样不得少于一次；②每次取样应至少留置一组标准养护试块，同条件养护试块的留置组数应根据混凝土工程量及其重要性确定，且不应少于3组。

（3）采用喷射混凝土置换时，其施工过程的质量控制应符合现行有关喷射混凝土加固技术规程的规定，其检查数量和检验方法也应按相关规范的规定执行。

（4）置换混凝土的模板及支架拆除时，其混凝土强度应达到设计规定的强度等级。检查数量及检查方法按相关规范的规定执行。

2. 一般项目

混凝土浇筑完毕后，应按施工技术方案及时进行养护。

4.2.7.4 施工质量检验

1. 主控项目

（1）新置换混凝土的浇筑质量不应有严重缺陷及影响结构性能或使用功能的尺寸偏差。对已经出现的严重缺陷和影响结构性能或使用功能的尺寸偏差，应由施工单位提出技术处理方案，经设计和监理单位认可后可进行处理。处理后重新检查验收。

（2）新、旧混凝土结合面黏合质量应良好。

（3）当设计对使用界面胶的新、旧混凝土结合面的黏结强度有复验要求时，应按以下数量及方法进行检查。

（4）钢筋保护层厚度的抽样检验结果应合格。其抽样数量、检验方法以及合格评定标准应符合以下要求：对梁、板类构件，应各抽取构件数量的2%且不少于5个构件，当有悬挑构件时，抽取的构件中悬挑梁类、板类构件所占比例均不宜小于50%，检查方法一般采用非破损法和局部破损法。

2. 一般项目

（1）新置换混凝土的浇筑质量不宜有一般缺陷，对已经出现的一般缺陷，应由施工单位提出技术处理方案，经监理单位认可后进行处理，并重新检查验收。

（2）新置换混凝土拆模后的尺寸偏差应符合现行国家标准规定。按楼层、结构缝或施工段划分检验批。在同一检验批内，对梁、柱和独立基础，应抽查构件数量的10%，且不少于3件；对墙和板，应按有代表性的自然间抽查10%，且不少于3间；对大空间结构，墙可按相邻轴线间高度5 m左右划分检查面，板可按纵、横轴线划分检查面，抽查10%，且均不少于3面；对电梯井，应全数检查；对设备基础，应全数检查。

4.3 体外预应力加固法

4.3.1 基本概念及应用

体外预应力是后张预应力体系的重要组成部分和分支之一，是与传统的布置于混凝土结构构件体内的有黏结或无黏结预应力相对应的预应力类型。根据体外预应力的主要特点将其定义为：体外预应力是由布置于承载结构主体截面之外的预应力束产生的预应力，预应力束通过与结构主体截面直接或间接相连接的锚固与转向实体来传递预应力。

从其定义可以反映出体外预应力的两个主要特点：一是体外预应力束（又称体外束）与结构主体相分离；二是体外预应力束的锚固区和转向节点与结构主体通过构造方式直接或间接相联系并有效传递预应力作用。图4-3为桥梁箱梁内体外预应力束形的典型3D布置图，这是体外预应力在梁结构中常用的形式。张弦梁也是一种广义的体外预应力结构体系，由柔性索、撑杆和刚性梁、拱或桁架组成的自平衡杂交结构，其中刚性梁、拱或桁架为上弦，索作为结构的下弦，上下弦之间通过竖向撑杆相连接，锚固区一般设在梁两端，转向器设置于竖向撑杆下部。

国外经过近20多年的发展，体外预应力结构的设计和预应力产品体系日趋成熟和完善，国际上著名的预应力公司如Freyssinet、VSL、Dywidag（DSD）和VT等，均推出了完善的体外预应力体系并完成了大量的工程应用实践。

体外预应力技术在我国的研究和应用主要在建筑工程和桥梁工程两个领域。早期建筑工程领域也是在加固改造中应用，如20世纪60年代利用体外预应力筋对钢筋混凝土薄腹梁和屋架等构件进行了大量加固维修；20世纪70～80年代采用预应力加固方法（包括水平拉杆加固法、下撑式拉杆法和组合式拉杆）加固钢筋混凝土梁或屋架。20多年来，采用高强度低松弛预应力钢绞线进行体外预应力加固工程实例较多，如北京石油大学留学生楼附属用房采用无黏结体外束加固框架梁结构；中国钱币博物馆框架梁体外

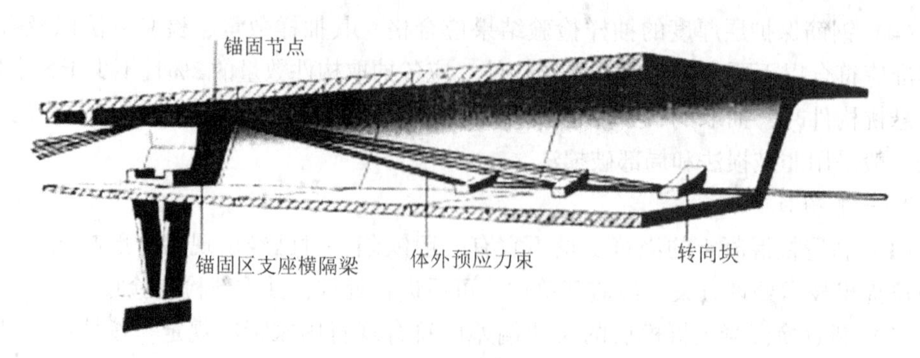

图 4-3 桥梁箱梁内体外预应力束形的典型 3D 布置图

预应力加固，中关村西区改造工程体外预应力加固等。

桥梁工程领域自 20 世纪 70 年代开始对旧桥加固改造技术进行研究，“七五”期间交通运输部立项“旧桥检测、评价、加固技术的应用”，体外预应力加固法作为桥梁加固的有效方法之一得到深入研究和广泛的应用。在既有桥梁加固维修中的应用包括：井岗山大桥体外预应力加固、谭家梁子大桥体外预应力加固及广州市环城高速公路广州丫髻沙副航道桥体外预应力加固等。

4.3.2 体外预应力体系的优缺点及适用性

4.3.2.1 体外预应力体系与其他结构体系的对比

从概念上讲，体外预应力有明确的含义，但是由于体外预应力的应用涉及各种结构体系，因此经常引起概念混淆，而且有关专家学者提出的概念定义也各不相同，以下为体外预应力与其他常见预应力结构体系的差异对比。

1. 无黏结预应力与体外预应力的对比

（1）无黏结预应力通常采用单根或 3~5 根平行束钢绞线体系，主要用于建筑工程中板、梁及其他构件中，布置于混凝土体内，可以有二次抛物线等布置方式；体外预应力束可采用单根或多根钢绞线组成不同规格的索体，除在固点和转向块节点处与结构相连外，其余部分与结构主体分离，一般采用直线或多折线布置方式。

（2）无黏结与体外预应力在受力特点方面有一致性和相似性，但二者由于受结构或构件的约束程度不同，相应在受力过程中的应力、应变变化规律和极限应力增量计算有一定差异。

2. 斜拉索（桥）预应力结构与体外预应力的对比

（1）斜拉桥的拉索拉力用来直接平衡永久恒荷载与交通车辆等动荷载，因此拉索使用应力一般小于预应力钢材最大破断荷载的 $0.5f_{ptk}$；而体外预应力束则是通过在主体结构中建立有效预应力和平衡荷载对结构产生作用，因此一般与体内预应力一样可以张拉至最大允许控制应力为 $0.8f_{ptk}$。

（2）斜拉索对结构刚度有重要的直接影响，如大跨度斜拉桥，结构抗弯刚度取决于拉索；而体外预应力束与体内预应力束相似，对体外预应力束设置于箱梁内的这类结构的整体刚度影响相对较小。

（3）斜拉索体系按设计要求承担较大的动荷载，其200万次疲劳试验应力上限取45%抗拉强度标准值，应力幅度取200 MPa；而对体外预应力束设置于箱梁内的类似结构，体外预应力束则与常规锚固体系一致，应力上限取65%抗拉强度标准值，应力幅度为80 MPa。

（4）斜拉桥的拉索布置于桥面板和索塔之间的外部，因此要承受风荷载引起的振动作用，还必须防止车辆及其他碰撞作用；体外预应力束布置于桥梁箱梁内部或主体结构附近，受外部影响相对较小，一般不需要考虑风荷载的作用。

4.3.2.2　体外预应力的优缺点

与后张体内预应力相比较，体外预应力具有如下优缺点。

1. 体外预应力的优点

工程实践表明，体外预应力加固法具有如下优点：

（1）体外预应力束特别适合应用在结构加固工程中，是主动加固方法中的重要方法，可以有效地提高结构刚度和极限承载力。

（2）体外预应力加固法所需设备简单，人力投入少，施工工期短，经济效益明显。

（3）对原结构损伤较小，可以做到不影响梁下净空，不影响层高。

（4）体外预应力加固法与梁底增焊（或粘贴）钢筋（或钢板）的加固方法相比，不需清凿混凝土保护层，且损伤梁体程度小，经济效果较明显。

（5）特别适用于大跨度建筑和桥梁等结构。第一是由于预应力束从混凝土结构内分离出来，有效地减小了混凝土构件的截面尺寸，从而减轻了结构自重；第二是通过与结构主体锚固区与转向节点连接构造方式，可以大幅度提高预应力束的矢高。所以，体外预应力技术更适用于建造比传统的全体内预应力结构跨度更大的结构工程。

（6）由于体外束暴露于大气中，在相同的设计使用年限条件下，相应的设计对防腐蚀等耐久性要求较高，因此各种预应力体系中体外束的耐久性能防护设计标准提高并且易于对其进行各种检查、检测、维修、使用期间补张拉和必要时的更换（可以做到可查、可修与可换）。

（7）体外预应力束的特点是束形为直线或折线束，与结构仅在转向块和锚固区相连，因此仅在局部接触处有摩擦损失，预应力损失值较小；体外预应力束形简单，有利于安装和施工。

（8）体外预应力束也可以用作临时性结构或施工的体外索，在桥梁施工中应用较为普遍。

（9）体外预应力技术的大规模应用主要在桥梁工程中，如体外预应力预制节段桥可实现高质量预制节段混凝土和快速施工，在钢结构桥或钢与混凝土组合桥梁中采用体外束是建立预应力的必然选择。因此，体外预应力的发展又促进了桥梁设计和施工工艺的新发展。

（10）加固与卸载合一，共同工作性能良好；强度、刚度同时加固；适用于超筋截面的加固；对被加固构件的承载力提高幅度较大；体外预应力加固法适应性好；加固质量可靠；摩擦损失相对较小；便于施工；应力比较均匀。

2. 体外预应力的缺点

对于体外预应力筋和有关构件，应采取切实有效的防护措施，否则在温度、腐蚀等外界条件作用下，容易造成预应力筋断裂，从而使加固工作失败。

（1）体外预应力筋易遭火灾，并因为承受振动要限制其自由长度（防止由于所得自身振动而导致的疲劳程度的增加）。

（2）转向块和锚固区因承受着巨大的纵、横向力而特别笨重。

（3）对于体外预应力筋，锚头失效则意味着预应力的丧失，所以锚头应严防被腐蚀。

（4）极限状态下体外预应力筋小于体内有黏结筋的抗弯能力。在开裂荷载和极限荷载的作用下，应力不能仅按最不利截面来估算。

（5）体外预应力结构在极限状态下可能因延性不足而产生没有预兆的失效。

（6）极限状态下预应力筋的利用效率较低。

（7）腐蚀环境下，体外索腐蚀导致其力学性能发生变化，甚至发生应力腐蚀破坏和氢脆或疲劳腐蚀破坏。

（8）火灾环境下，钢筋力学性能劣化。

（9）动荷载作用下，体外索产生疲劳破坏，索的振动不仅引起索的疲劳破坏，还会引起锚具的破坏。

（10）体外预应力筋的变形和混凝土的变形不一致，容易造成预应力损失。

（11）体外索张拉力较小，不能充分发挥体外索强度高的特点，对锚具及夹片的要求很高。

（12）锚固及转向区域容易产生应力集中，局部应力大，锚固施工要求高。

4.3.3 设计要点及适用范围

4.3.3.1 体外预应力体系设计要点

随着体外预应力技术的普及和更多应用，在工程实践中可拓展出更大的应用空间。鉴于体外预应力束的布置特殊性，在体外预应力结构设计中应考虑以下几方面的要求：

（1）体外预应力束的极限应力沿束长基本相等，因此不能完全发挥预应力筋的极限强度，同条件下预应力配筋用量有所增加。

（2）设置于构件截面高度范围内的预应力束，如箱梁内的体外束，其有效矢高相对减小，预应力筋用量略高。

（3）体外预应力结构设计需考虑凸出的锚固区和转向块处产生的附加力作用，即主要的结构局部构造设计分析需要特别注意，这种预应力的传递方式对结构整体的不利影响也应加以考虑。

（4）体外预应力束的自由段较长时，振动效应和影响应进行计算或增加非受力减振固定点加以解决。

（5）体外预应力束在转向块处的弯曲对预应力筋强度降低的影响应加以考虑。

（6）体外预应力束传递预应力完全依靠锚具和转向块，必须考虑局部高应力状态设计锚具和转向块的可靠性比体内预应力束更为重要，在可能发生局部火灾或破坏的情况下，应进行相应的附加安全度分析。

4.3.3.2 体外预应力体系适用范围

（1）新建建筑结构工程中的应用，如体外预应力混凝土梁或板、体外预应力钢结构、体外预应力钢与混凝土组合结构、张弦梁结构等。

（2）新建桥梁结构工程中，如大跨体外预应力预制节段桥、大跨桥梁中体外束与体内束结合应用、体外预应力钢结构桥、体外预应力钢与混凝土组合桥及 Stress Ribbon and Cable-supported Structures 等杂交结构桥。

（3）既有建筑与桥梁结构加固改造工程中应用。

（4）特种结构工程中，如筒仓结构或高耸结构，采用环向或竖向体外预应力束。

（5）临时性预应力混凝土结构或临时性预应力索，如承担施工荷载的临时性体外索或桥梁施工过程中的临时性钢索等。

4.3.4 特点及一般要求

4.3.4.1 体外预应力结构加固的特点

体外预应力是由布置于承载结构主体截面之外的预应力束产生的预应力，应力束仅通过与结构主体截面直接或间接相连接的承载构造实体传递预应力，它与传统的预应力筋布置于混凝土截面内的体内预应力结构相对应。体外预应力适用范围非常广泛，既可用于预应力混凝土桥梁、特种结构和建筑工程结构等的新建结构，也可用于既有钢筋混凝土结构、预应力混凝土结构、钢结构或其他结构类型的重建、加固和维修。体外预应力在加固改造工程中的应用主要具有以下优点：

（1）预应力束线形简洁，一般为折线布置，总摩阻损失较小。

（2）体外预应力束自重较小，由加固引起的自重荷载增加很小。

（3）由于体外预应力束自身材质的特点可以采用连续跨布索，加强了结构的整体性。

（4）体外预应力作用使被加固结构产生一定有利变形，可消除应力滞后等效应。

（5）体外预应力作用在一定程度上起到对原结构进行卸载的作用，提高结构刚度和承载能力，因此适用于加固不能满足正常使用极限状态和承载能力极限状态的结构。

（6）桥梁或建筑框架梁加固后对使用净高影响不大。

（7）由于原有结构梁的强度可以充分利用，且只需要对结构梁本身进行加固，桥墩、柱子和基础可以不做加固处理，所以加固费用比较低。

（8）施工工艺简便，工期较短。

4.3.4.2 体外预应力结构加固的一般要求

体外预应力结构由于预应力束位于混凝土截面之外，受力性能不同于传统的体内预应力结构，设计计算也相对复杂，同时对体外预应力束的防腐蚀和防火等有相应的要求。体外预应力技术在结构加固中得到了越来越多的应用，特别在对结构荷载变化较大、结构变形较大等用其他加固方法（如粘钢或碳纤维加固等方法）已不能解决问题的情况下，更体现出其不可替代的优势。体外预应力结构加固一般要求如下：

（1）体外预应力结构加固，节点设计是关键，必须充分考虑结构的特点和使用功能等要求，设计适宜的节点构造，并进行详细的设计计算。加固方案还应方便施工和缩短工期。

（2）加固用体外预应力束及节点暴露在结构混凝土之外，必须充分重视防腐蚀和防火设计要求，并且在施工和结构使用过程中加强防护。

（3）对于荷载变化以活载为控制因素的情况，加固体外预应力束的张拉控制应力不宜过大，需要对体外预应力束张拉施工阶段进行验算。

（4）加固体外束的锚固端宜设置在梁端横隔板或腹板的凸块处，应保证传力安全，且变形符合设计要求。

（5）加固体外束的转向块应能保证预应力可靠地传递给结构主体。在矩形、工字形或箱形截面混凝土梁中，可采取通过隔梁、肋梁或独立的转向块等形式实现转向。转向块处的钢管鞍座应先弯曲成形，与结构主体可靠固定。

（6）对不需更换的加固体外束，在锚固端和转向块处与结构相连的固定套管可与束体外套管合为同一套管，对有更换要求的加固体外束，在锚固端和转向块处与结构相连的鞍座套管应与束体外套管分离且相对独立。

（7）建筑结构混凝土梁加固体外束的锚固端构造可采用如下做法：①采用钢板箍或钢构件直接将预应力传至框架柱上；②采用钢垫板先将预应力传至端横梁，再传至框架柱上，必要时可在端横梁内侧粘贴钢板并在其上焊圆钢或设置转向器，使体外束由斜向转为水平向。

（8）建筑结构混凝土梁加固体外束的转向块构造可采用如下做法：①在梁底部横向设置两侧悬臂的短钢梁，并在钢梁底焊有圆钢或带有圆弧曲面的转向钢垫块，除张拉力较小的体外单根钢绞线，体外束的转向器应优先选带有圆弧曲面的转向装置；②在梁两侧的次梁底部设置半圆形U形钢卡。

（9）建筑钢结构中的体外束锚固端构造可采取锚固盒、锚垫板和管壁加劲肋、半球形钢壳体等形式。体外束转向处宜设置鞍座导管，在鞍座导管出口处应形成圆滑过渡。

（10）桥梁加固的锚固端及转向块设置可利用原结构横隔梁或新增横隔梁，新增横隔梁必须与原结构有可靠的连接构造，保证体外预应力作用有效地传递至原结构主体。

4.3.5　施工工艺

4.3.5.1　一般要求

（1）新建体外预应力结构工程中，体外束的锚固区和转向块应与主体结构同步施工。预埋锚固件、锚下构造、转向导管及转向器的定位坐标、方向和安装精度应符合设计要求，节点区域混凝土必须精心振捣，保证密实。

（2）体外束的制作应保证满足束体在所使用环境的耐久性防护等级要求，并能抵抗施工和使用中的各种外力作用。当有防火要求时，应涂刷防火涂料或采取其他可靠的防火措施。

(3) 体外束外套管的安装应保证连接平滑和完全密闭。体外束体线形和安装误差应符合设计和施工限值要求。在穿束过程中应防止束体护套受机械损伤。

(4) 体外束的张拉应保证构件对称均匀受力，必要时可采用分级循环张拉方式；对于超长体外预应力束，为了防止反复张拉使夹片锚固效率降低或失效，采用“双撑脚与双工具锚”张拉施工工艺；对可更换或需在使用过程中调整束力的体外束应保留必要的预应力筋外露长度。

(5) 在钢结构中，张拉端锚垫板应垂直于预应力筋中心线，与铺垫板接触的钢管与加劲肋端切口的角度应准确，表面应平整，锚固区的所有焊缝应符合现行国家标准的规定；桥梁钢箱梁端部锚固区段可采用灌注混凝土的做法，以提高局部抗压承载力；体外束在穿过非转向节点钢板横隔梁时，必须设置过渡钢套管，过渡钢套管应定位准确。

(6) 钢结构中施加的体外预应力，应对施工过程中的预应力作用施工工况进行验算，制定安全可靠的张拉工序。

(7) 在混凝土梁加固工程中，体外束锚固端的孔道可采用静态开孔机成形。在箱梁顶板、底板或腹板等加固工程中，体外束锚固块的做法为植入锚筋，绑焊新增钢筋和锚固件，再浇筑端块混凝土。

(8) 体外束在使用过程中完全暴露于空气中，应保证其耐久性。对刚性外套管，应具有可靠的防腐蚀性能，在使用一定时期后应能重新涂刷防腐蚀涂层；对高密度聚乙烯等塑料外套管，应保证长期使用的耐老化性能，必要时应可更换。体外束的防护完成后，按要求安装固定减振装置。

(9) 体外束的锚具应设置全密封防护罩，对不更换的体外束，可在防护罩内灌注水浆体或其他防腐蚀材料；对可更换的体外束，在防护罩内灌注油脂或其他可清洗的防腐蚀材料。

(10) 体外预应力施工验收应符合设计、施工及现行国家标准与行业标准的有关规定。

4.3.5.2　施工工艺流程

鉴于体外预应力体系的不同、应用领域的不同、结构体系的差异性和节点设计的多样性等，体外预应力施工工艺流程也各不相同。图4-4为体外预应力施工简要工艺流程，该工艺流程仅为体外预应力施工的主要和共性要点的归纳，针对具体的体外预应力工程，可在此基础上进行细化工艺流程，并制订详细的施工技术要求与措施。

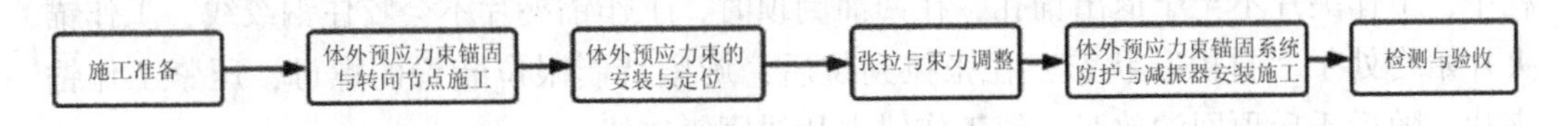

图4-4　体外预应力施工简要工艺流程

主要工艺流程包括的内容与要求如下。

1. 施工准备

施工准备包括体外预应力束的制作、验收、运输、现场临时存放；锚固体系和转向器、减振器的验收与存放；体外预应力束安装设备的准备；张拉设备标定与准备；灌浆材料与设备准备等。

2. 体外预应力束锚固与转向节点施工

新建体外预应力结构锚固区的锚下构造和转向块的固定套管均需与建筑或桥梁的主体结构同步施工。锚下构造和转向块部件必须保证定位准确，安装与固定牢固可靠，此施工工艺过程是束形建立的关键性工艺环节。

3. 体外预应力束的安装与定位

对于有双层套筒的体外预应力体系，需在固定套管内先安装锚固区内层套管、转向器内层套管或转向器的分体式分丝器等，并根据设计或体系的要求，将双层间的间隙封闭并灌浆。随后进行体外束下料并安装体外预应力束主体，成品束可一次完成穿束；使用分丝器的单根独立体系，需逐根穿入单根钢绞线或无黏结钢绞线。安装锚固体系之前，实测并精确计算张拉端需剥除外层高密度聚乙烯（HDPE）护套长度，如采用水泥基浆体防护，则需用适当方法清除表面油脂。图 4-5 为体外预应力束的安装工艺简图。

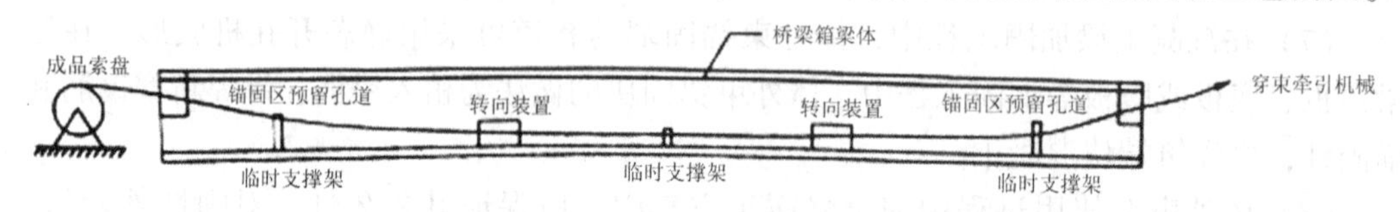

图 4-5　体外预应力束的安装工艺简图

4. 张拉和束力调整

体外预应力束穿束过程中，可同时安装体外束锚固体系，对于双层套筒体系，需先按照内层密封套筒，同时安装和连接锚固区锚下套筒与体外束主体的密封连接装置，以保证锚固系统与体外束的整体密闭性。锚固体系（包括锚板和夹片）安装就位后，即可单根预紧或整体预张。确认预紧后的体外束主体、转向器及锚固系统定位正确无误之后，按张拉程序进行张拉作业，张拉采用以张拉力控制为主，张拉伸长值校核的双控法。

对于超长体外预应力束，为了防止反复张拉锚固使夹片锚固效率降低或失效，采用双撑脚与双工具锚张拉施工工艺（见图 4-6），该工艺原理是在大吨位张拉千斤顶后部或前部增加一套过渡撑脚及过渡工具锚，在工作锚板之后设特制张拉限位装置，以保证在整个张拉过程中工作锚夹片始终处于放松状态。在完成每个行程回油后均由过渡工具锚夹片锁紧钢绞线，多次张拉直至设计张拉力值。由于特制限位装置的作用，在张拉过程中，工作夹片不至于退出锚孔，在回油倒顶时，工作锚夹片不会咬住钢绞线，工作锚夹片始终处于“自由”状态，在张拉到位后，旋紧特制限位装置的螺母，压紧工作锚夹片，随后千斤顶回油放张，使工作锚夹片锚固钢绞线。

张拉过程中，构件截面内对称布置的体外预应力束要保证对称张拉，两套张拉油泵的张拉力值需控制同步；按张拉程序进行分级张拉并校核伸长值，实际测量伸长值与理论计算伸长值之间的偏差应控制在±6%。

体外预应力束的张拉力需要调整的情形如下：

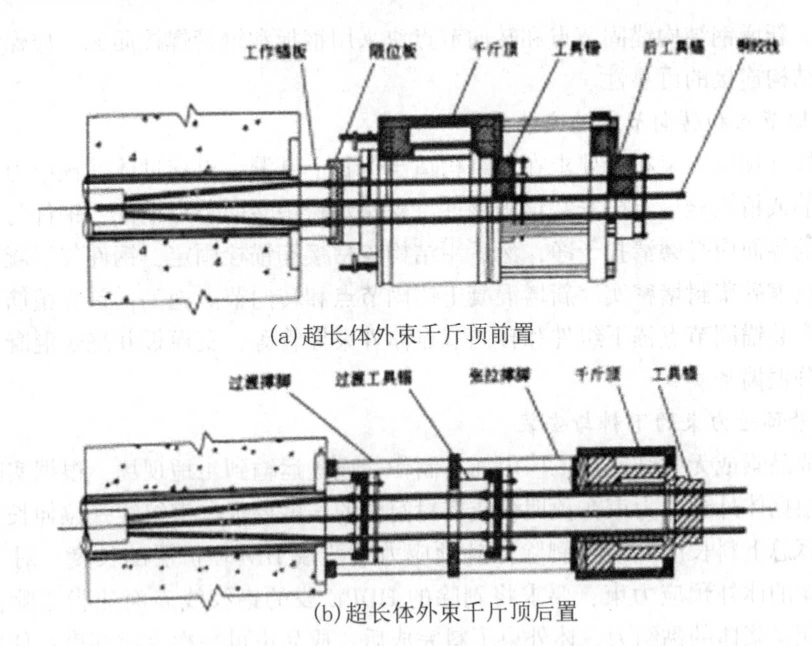

(a)超长体外束千斤顶前置

(b)超长体外束千斤顶后置

图4-6　体外预应力超长束张拉千斤顶布置

（1）设计与施工工艺要求分级张拉或单根张拉之后进行整体调束。

（2）结构工程在经过一定使用期之后补偿预应力损失。

（3）其他需调整束张拉力的情况。

5. 体外预应力束锚固系统防护与减振器安装施工

张拉施工完成并检测与验收合格后，对锚固系统和转向器内部各空隙部分进行防腐蚀防护工艺处理，根据不同的体外预应力系统，防护主要可选择工艺包括：

（1）灌注高性能水泥基浆体或聚合物砂浆浆体。

（2）灌注专用防腐油脂或石蜡等。

（3）其他种类防腐处理方法。

灌注防护材料之前，按设计规定，锚固体系导管及转向器导管等之间的间隙内要求填入橡胶板条或其他弹性材料对各连接部位进行密封，锚具采用防护罩封闭。

体外预应力束体防护完成后，按工程设计要求的预定位置安装体外束主体减振器，安装固定减振器的支架与主体结构之间进行固定，以保证减振器发挥作用。

4.3.5.3　体外预应力加固施工注意事项

1. 锚固节点和转向节点的设计与加工制作

建筑或桥梁采用体外预应力加固，先应进行结构加固设计与施工可行性分析，确定体外预应力束布置和节点施工的可操作性，确认在原结构上开洞、植筋及新增混凝土与钢结构等施工对原结构的损伤在受力允许的程度之内。体外预应力束与被加固结构之间通过锚固节点和转向节点相连接，因此锚固节点和转向节点设计是能否实现加固效果的关键。锚固节点和转向节点块可采用混凝土结构或钢结构，新增结构与原结构常采用植筋及横向短预应力筋来加强连接。新增混凝土锚固节点和转向节点块结构在原结构相应部位施工。新增钢结构锚固节点和转向节点块采用钢板和钢管焊接而成，应保证焊缝质量和与原结构连接的可靠性。

2. 锚固节点和转向节点的安装

根据体外预应力束布置要求在原结构适当位置上开洞，以穿过体外预应力束。按设计位置植筋或植锚栓等，以安装锚固钢件、支座及跨中转向节点钢件，钢件与原结构混凝土连接的界面应打磨清扫干净，然后用结构胶粘接和锚栓固定，钢件与混凝土之间的空隙用无收缩砂浆封堵密实。新增混凝土锚固节点和转向节点施工，首先植筋和绑扎普通钢筋，安装锚固节点锚下组件和转向节点体外束导管等，支模板并浇筑混凝土，混凝土必须充分振捣密实。

3. 体外预应力束的下料与安装

体外成品索或无黏结筋在工厂内加工制作，成盘运输到工地现场，根据实际需要切割下料。根据体外预应力束在预埋管或密封筒内的长度要求、钢绞线张拉伸长量及工作长度，计算总下料长度及需要剥除体外预应力束两端 HDPE 护层的长度。对于局部灌水泥基浆体的体外预应力束，要求将剥除的 HDPE 段的钢绞线表面油脂清除，以保证钢绞线与灌浆浆体的黏结力。体外束下料完成后，成品束可一次完成穿束；使用分丝器的单根独立体系，需逐根穿入单根钢绞线或无黏结钢绞线，安装可依据索自重与现场条件使用机械牵引或人工牵引穿束。

4. 体外预应力束的张拉

体外预应力束张拉应遵循分级对称的原则，张拉时梁两侧或箱形梁内的对称体外预应力束应同步张拉，以避免出现平面外弯曲。体外预应力成品索宜采用大吨位千斤顶进行整体张拉，张拉控制程序为：$0 \rightarrow 10\%\sigma_{con} \rightarrow 100\%\sigma_{con}$（持荷 2 min）→锚固，或采用规范与设计许可的张拉控制程序。钢结构梁体外索张拉应计算结构局部承压能力，防止局部失稳，同时采取对称同步控制措施，每完成一个张拉行程，测量伸长值并进行校核。张拉过程中需要对被加固结构进行同步监测，以保证加固效果实现。

5. 体外预应力束与节点的防护

体外预应力束张拉完成后，根据体外预应力锚固体系更换或调索力对锚具外保留钢绞线长度的要求，用机械切割方法切除锚具外伸多余的钢绞线，采用防护罩或设计体系提供的防护组件进行体外预应力束耐久性防护。建筑结构工程中，对转向节点钢件和锚固钢件、锚具等涂防锈漆，锚具也可采用防护罩防护，采用混凝土将楼板上的孔洞进行封堵，对柱端的张拉节点采用混凝土将整个钢件和张拉锚具封闭。对外露的体外预应力束及节点进行防火处理。

4.3.6　检验及验收

4.3.6.1　预应力筋材料的检测

各种预应力筋材料的主要检测技术在产品标准中都有规定，或引用了相关标准。本章介绍了常用预应力筋材料的检测技术，相关资料主要来自国内外预应力筋材料的产品标准，并补充了标准文献中缺少的一些资料。

4.3.6.2　无镀层预应力钢绞线的检验

1. 检测方法标准

表4-1列出了无镀层的预应力钢绞线的常用检验标准，需要注意的是，选用标准首先取决于生产钢绞线执行的标准，如采用国标存在检验方法不全的问题，可以参照采用表4-1中的ISO标准。

表4-1　无镀层预应力钢绞线的检验标准

标准号	标准名称	应用提示
GB/T 17505—2016	钢及钢产品 交货一般技术要求	检验规则
GB/T 228. 1—2010	金属材料 拉伸试验 第1部分：室温试验方法	缺少针对产品特点的检测方法和技术指导
GB/T 10120—2013	金属材料 拉伸应力松弛试验方法	包含适用于钢丝和钢绞线的松弛测试方法
ISO 15630—3：2010	混凝土的钢筋和预应力用钢 试验方法 第3部位：预应力钢	较全面实用
GB/T 5224—2014	预应力混凝土用钢绞线	此为产品标准，有相关要求

2. 取样

表4-2列出了主要产品标准的取样规则，如未说明是验收检验的，则是针对生产者提出的要求，使用者也可参照作为验收取样规则。

表4-2　无镀层预应力钢绞线的取样规则

标准号	材料类型	取样规则
GB/T 5224—2014	钢绞线	预应力钢绞线应成批验收，每批钢绞线由同一牌号、同一规格、同一生产工艺捻制的钢绞线组成，每批重量不大于60 t
ISO 69344：1991	钢绞线	无规定

钢绞线一般采用砂轮切割取样，切割钢绞线时应注意避免伤及样品周围的钢绞线。采用火焰切割时应避免可能发生的热损伤，切断后端部约25 mm长度内的性能会有变化。禁止采用电焊切断预应力钢材，因为这种方法可能在回路上发生打火，在材料上造成局部损害。处于检测设备钳口间的样品自由段长度内不应受到任何处理，不能有机械损伤。

样品的长度应考虑表4-3所规定的标距、拉伸试验时引伸计的安装位置、两个夹具的间距及夹具本身的长度。

表4-3　无镀层预应力钢绞线的检验标距

标准	拉伸试验标距	松弛试验标距
GB/T 5224—2014	≥500 mm	不小于公称直径的60倍
ISO 69344：1991	≥500 mm或捻距的2倍，取最大值	1 m

3. 检验项目及相关要求

1）直径测量

钢绞线的直径采用分度为0.02 mm的游标卡尺测量。测量钢绞线直径时应测量到2根相对钢丝的最外缘，而且要避免在靠近端部的位置测量，以免得到比实际结果大的数据。

2）面积测量

钢绞线的面积采用称重法计算得到，质量测量的精度要达到1 g，长度测量的精度要达到1 mm。钢丝一般用在两个相互垂直面上测得的直径的平均值计算，异形钢丝一般采用称重法计算确定。

3）捻距测量

钢绞线需要检测此项目，实际应用中很少作为验收检验项目。方法为用白纸拓印下表面股线的痕迹，沿绞线轴向方向测量相隔5根线的两个痕迹之间的直线距离就是捻距。捻距与公称直径的比应符合产品标准。

4）伸直性测量

一般用肉眼看不到明显弯曲的预应力钢材伸直性不存在问题。当看出明显弯曲时应按以下方法测量：是否不合格要注意相关材料标准是否有此要求，即需要一把至少1 m的直尺，测量时将弯曲的钢绞线放在一个平整的水平面上，钢绞线的内弯朝着直尺，使尺与钢绞线内侧的两个交点之间正好是1 m，钢绞线的弯曲度就是此时能测量出的尺与钢绞线内弧的最大距离。

5）外观检查

应力绞线经过了360～400 ℃的加热，可能产生色，泛金色或点色等正常工艺色。无镀层的预应力钢材表面允许出现未产生腐蚀凹坑的浮锈，若有特殊需要，采购时应协商约定外观检查标准。

6）抗拉强度的测量

1SO、GB 、EN 等绞线标准采用最大力概念，强度只是一个名义值。最大力是整个拉伸过程中拉伸载荷所达到的最高值，ASIM、JIS 标准采用破断载荷作为其强度指标，钢绞线拉伸试验时，断裂1根钢丝即已经断裂。为确保准确测出钢绞线的最大力或破断力，夹具的选用非常关键，导致斜剪切断裂的夹具是不适用的，较适用的夹具夹持长度一般在140 mm以上，100 mm以下的夹具效果较差。

7）屈服强度的测量

准确测试屈服强度除夹具要正常外，引伸计的准确性也很重要，引伸计的精度等级要达到相应材料标准的规定要求。通常采用的指标有1%伸长时的载荷（钢丝一般取应力）、0.2%或0.1%残余伸长时的载荷，具体应按照相应材料标准的规定执行。

8）延伸率测量

测量准确的延伸率首先夹具必须合适，夹具不恰当，结果可能相差很大。预应力钢绞线较普遍地采用最大力时的伸长率，这个指标一般采用仪器和软件自动测量。如采用刻标断裂后测量伸长率，结果会差弹性变形那一部分。钢绞线延伸率的测试有以下几种方法：第一种是采用可持续工作至断裂的伸长测定仪，刀口单侧为橡胶等柔性材料；第二种是采用至少 200 mm 的引伸计测完屈服应力后拆除，自动切换到靠钳口上的位移计测量后续伸长率；第三种是采用不接触的激光测量仪。

9）弹性模量的检测

准确地测量弹性模量并非很容易，上下钳口同心度不好（左右相对面的应变差大于 15%）、刀口跳动或打滑、引伸计与材料不平行、仪器标定问题和横截面面积的准确性都会显著影响结果的准确性。应采用不低于《金属材料 单轴试验用引伸计系统的标定》GB/T 12160 所要求的一级精度的引伸计，且按其要求进行标定。试验时需要加 10%左右的初载再安装引伸计，而且软件应在最大力的 20%～70%选取数据计算弹性模量。结果出现异常时应检查曲线是否顺滑，查找误差来源，必要时重新标定仪器。另外，可以采用机械式引伸计检测，人工读数后做图，然后在直线段上计算出弹性模量。

10）松弛率的检测

松弛试验是在保持恒温（20±2）℃和恒应变的情况下，测量应力随着时间推移的减少值。通常用松弛率 R 来衡量产品的松弛性能，松弛率的定义是：

$$R = [(\sigma_0 - \sigma_T)/\sigma_0] \times 100\%$$

式中　σ_0——初始应力；

σ_T——时间 T 时的应力。

4.3.6.3　体外预应力施工检验及验收

根据工程设计与使用需求，可以安排施工期间和结构使用期内的各种检测项目，如体外预应力束的应力精确测试和长期监测、转向器摩擦系数测试及转向器处预应力筋横向挤压试验及各种工艺试验等。体外预应力施工质量验收的主要内容包括：

（1）体外预应力分项工程图纸会审及变更文件记录。

（2）体外预应力施工技术方案及变更或洽商文件记录。

（3）体外预应力束布置坐标大样图和节点构造图等。

（4）体外预应力材料（体外锚固体系、转向器及减振器等）出厂与进场质量报告。

（5）体外预应力锚固与转向节点施工与隐蔽工程验收记录。

（6）体外预应力束的安装与定位验收记录。

（7）张拉设备标定报告，混凝土强度报告或张拉许可通知书。

（8）体外预应力束张拉和调整束力报告。

（9）体外预应力束防护与减振器施工验收记录。

（10）体外预应力分项工程质量验收报告。

4.4　外粘或外包型钢加固法

4.4.1　概述

外包型钢加固法按其与原构件的连接方式分为外粘型钢加固法和无黏结外包型钢加

固法，当工程要求不使用结构胶粘剂时，宜使用无黏结外包型钢加固法（不使用结构胶或仅使用水泥砂浆堵塞混凝土与型钢缝隙），也称干式外包型钢加固法。

4.4.2 适用情况及其特点

外粘型钢加固法与增大截面加固法、置换混凝土加固法等其他混凝土结构加固法相比，具有下列明显的优点：

（1）结构构件截面尺寸增加少。采用外包型钢加固梁、柱时，只是在梁、柱截面外粘型钢而已，截面尺寸增加不足5%，有时甚至少于1%。

（2）能大幅度提高原构件的承载力和延性。

（3）施工简单、工期短。主要的施工工艺只有钻孔、焊接、灌胶和粘钢，湿作业较少，所用的胶粘剂固化快，施工工期短，适用于应急工程。

（4）抗震能力好。整体的钢骨架对核心混凝土的变形有较强的约束作用，可以较好地承受冲击荷载和振动荷载，且目前对节点区域的加固手段已经成熟，可以使得原来的“弱节点”加固成“强节点”，与抗震设计原则相一致。

4.4.3 适用范围

（1）外粘型钢加固法适用面很广，但加固费用较高。为了取得技术经济效果的最大化，一般多用于需大幅度提高截面承载能力和抗震能力的混凝土梁、柱结构加固。

（2）长期使用环境的温度不应超过60 ℃。对于处于特殊环境（如高温、高湿、介质腐蚀、放射性环境等）的混凝土结构，采用外包型钢加固时，应采取特殊防护措施。

（3）原结构混凝土现场实测强度等级不得低于C15，且混凝土表面黏结正拉强度不得低于1.5 N/mm^2。

4.4.4 施工工艺

4.4.4.1 型钢骨架的制作

型钢骨架及钢套箍的部件，应在现场按被加固构件的实际外围尺寸进行制作。其部件上预钻的孔洞和切口的位置、尺寸和数量应符合设计图纸的要求。

4.4.4.2 界面处理

混凝土表面清理、打磨和糙化处理应符合设计要求，清理和凿毛不能打成沟槽；原构件混凝土截面的棱角应进行圆化打磨；圆化半径应不小于7 mm，磨圆的混凝土表面应无松动的骨料。

4.4.4.3 型钢骨架安装

（1）乳胶水泥浆、水泥砂浆应按设计要求配制。当采用乳胶水泥浆湿式外包型钢时，应在型钢和混凝土贴合处分别涂抹乳胶水泥浆，厚度约5 mm，然后立即将型钢骨架贴合安装，型钢周边应有少量乳胶水泥挤出。

（2）型钢骨架各肢的安装，应采用专门的卡具以及钢箍和垫片等箍紧、顶紧；安装后的钢骨架与原构件表面应紧贴，接触面应在80%以上，钢骨架无松动和晃动。

(3) 型钢骨架各肢安装就位后，应与缀板、箍板以及其他连接件等进行焊接。焊缝应平直、均匀，无虚焊、漏焊，焊缝的质量应符合现行国家标准《钢结构工程施工质量验收标准》(GB 50205—2020) 的要求。

(4) 用乳胶水泥浆或水泥砂浆粘贴湿式外包钢施工，当型钢骨架焊接完成后，缀板及因施工造成型钢骨架未填乳胶砂浆或水泥砂浆的部位，按照原工艺及配比重新填实。将钢板托起悬挂在各螺栓上，一次拧紧螺母。为控制注胶层的厚度，可在每个紧固螺栓孔周围塞垫一定厚度的垫片。

4.4.4.4 注浆孔、排气孔留置

外包钢采用环氧树脂化学灌浆，型钢骨架上注浆孔（一般在较低位置处设置）、排气孔的位置与间距应符合设计图纸的规定，在排气孔上插上软管作为排气管，应保证排气管溢胶位置高于粘贴面。

4.4.4.5 周边密封

按推荐比例称取并调配封缝胶，用抹刀将型钢、缀板周边缝隙及螺栓周围间隙用封缝胶密封；安装在钢架构件上的注浆装置，也应用封缝胶黏结固定并密封其周边，封缝胶固化后，应进行通气试压。注意参照封缝胶产品使用说明书上标明的可操作时间，并根据施工具体情况确定每次配胶量，以免造成不必要的浪费。一般来说，密封施工 1 d（常温）后即可进行灌浆粘贴施工。

4.4.4.6 设备检查

注浆设备及其配套装置在注胶前进行适用性检查和试压（其流动度和可灌性应符合设计要求），若达不到要求，应查明原因，采取有效的措施。

4.4.4.7 压气检测

封缝胶固化后，应进行压气试漏检测，检查封缝密闭效果，观察注浆嘴之间的连通情况。在封缝胶处涂刷肥皂水。从进浆嘴压入压缩空气，压力等于注浆压力，观察是否有漏气的气泡出现。若有漏气，应用封缝胶修补，直至无气泡出现。若注浆嘴中气压达 0.5 MPa 而某注浆嘴仍不通气，则说明该部位与其他注浆嘴未连通，应重新埋设注浆嘴，并缩短其间距。

4.4.4.8 压力注浆

用合适的灌浆机具从注浆嘴压力注入胶液，即以 0.2~0.4 MPa 的压力将环氧树脂浆从注浆孔压入，注胶工作应从一端开始，当邻近注浆嘴有胶液流出时，将当前的注浆嘴封闭，移至出胶的注浆嘴继续注胶。当排气管中有胶液流出时停止加压，将排气管弯折扎紧，用环氧胶泥堵塞排气孔，再以较低压力维持 10 min 以上方可停止灌浆。注胶的同时用小锤敲击型钢、钢板，由声音判断胶液流动情况及胶液是否注满。倾斜及垂直安装的型钢、钢板要从最低位置开始注入。最后一个排气管应在维持注入压力的情况下封堵，以防胶层脱空。施工中，注胶速度不宜过快，注胶先后顺序应合理，以防形成气囊。

4.4.4.9 固化养护

注胶施工后最初几小时应注意检查是否有流胶现象，以防脱胶。各胶粘剂的固化期见产品说明书，一般来说，常温（25 ℃）下固化不少于3 d；固化温度降低，固化时间应相应延长。若固化温度低于5 ℃，应采取红外线灯（或碘钨灯）加热等加温措施或使用低温固化改性产品。被加固产品固化期内不得撞击和振动。

4.4.4.10 防腐处理

防护层施工后，应按设计要求进行防腐处理。但外抹砂浆保护层防腐时，为有利于砂浆黏结，可在钢板表面黏结或外包一层钢丝网，也可涂刮灌注胶后点粘一层豆石，最好在抹灰时涂刷一道混凝土界面剂。

4.5 外粘纤维复合材料工程

4.5.1 施工方案

4.5.1.1 工程用外粘纤维布适用范围及设计要求

纤维布（复合材）是以具有所要求特性的连续纤维或其制品为增强材料，与基体-结构胶粘剂黏结而成的高分子复合材料。适用于钢筋混凝土受弯、轴心受压、大偏心受压及受拉构件的加固，不适用于素混凝土构件，包括纵向受力钢筋一侧配筋率小于0.2%的构件加固。被加固的混凝土结构构件，其现场实测混凝土强度等级不得低于C15，外贴纤维复合材加固钢筋混凝土结构构件时，应将纤维受力方式设计成仅承受拉应力的作用。粘贴在混凝土构件表面上的纤维复合材，不得直接暴露于阳光或有害介质中，其表面应进行防护处理。表面防护材料应对纤维及胶粘剂无害，且应与胶粘剂有可靠的黏结强度及相互协调的变形性能。加固的混凝土结构，其长期使用的环境温度不应高于60 ℃；处于特殊环境（如高温、高湿、介质侵蚀、放射等）的混凝土结构采用外粘纤维布方法加固时，除应按现行有关标准的规定采取相应的防护措施外，尚应采用耐环境因素作用的胶粘剂，并按专门的工艺要求进行粘贴。采用纤维复合材对钢筋混凝土结构进行加固时，应采取措施卸除作用在结构上的活荷载。

在符合结构胶粘剂外粘碳纤维布作业条件下，碳纤维布必须严格按照设计要求的型号、规格选用。碳纤维布主要有单位面积质量、厚度、宽度、抗拉强度标准值、伸长量。碳纤维布及结构胶粘剂的选用应符合《建筑结构加固工程施工质量验收规范》(GB 50550—2010)、《混凝土结构加固设计规范》（GB 50367—2013）中的各项要求，其中结构胶粘剂应符合规范中A级胶的性能指标规定。外粘纤维布的规格、数量及粘贴部位应符合设计图纸的要求。

4.5.1.2 外粘纤维布及所用结构胶的材料要求

工程中所用纤维布是指未经浸渍胶固化的布状纤维，其规格及型号的选用除应满足施工图纸的设计要求外，还需满足《建筑结构加固工程施工质量验收规范》(GB 50550—2010）中对其各项规定的要求。

碳纤维布进入施工现场应用时，应对其品种、型号、级别、包装和出厂日期等进行检查，且应有出厂合格证、出厂检测报告和进场复试报告。碳纤维布进场后应按照要求分类码放整齐，存放时应远离电气设备和电源。

外粘纤维布所用结构胶粘剂进场时，应对其品种、型号、级别、包装和出厂日期等进行检查，并应按《建筑结构加固工程施工质量验收规范》（GB 50550—2010）中的方法，对其进行见证取样复验，质量检验结论必须符合《建筑结构加固工程施工质量验收规范》（GB 50550—2010）、《混凝土结构加固设计规范》（GB 50367—2013）中对 A 级胶的性能指标规定。

结构胶粘剂进场应具有产品合格证、包装、标志、出厂检测报告和进场复试报告。严禁使用过期胶粘剂、无合格证书的胶粘剂及包装破损或无出厂包装的胶粘剂。

结构胶粘剂应储藏在干燥避光的环境中，调配比例可根据施工现场的环境及稳定变化而变化，以达到工程需要。结构胶粘剂的各项填料应在制作过程中加入，严禁在施工现场调配。

4.5.1.3　外粘纤维布工程施工作业条件

需高空作业时应搭设好施工脚手架并做好安全防护，脚手架搭设应满足《建筑施工碗扣式钢管脚手架安全技术规范》（JGJ 166—2016）的要求。

外粘纤维布工程施工作业环境温度应符合材料使用说明书的各项规定，若处于低温环境下，应做好升温和保温措施。

夜间施工应做好临时电源搭设和照明措施。

浸渍胶应按厂家说明书要求比例配置，配置现场应处于无烟、无粉尘的环境，防止异物混入浸渍胶内，配置时应采用低速搅拌器搅拌均匀，搅拌好的浸渍胶应颜色均匀、无气泡、无异物。

浸渍胶的涂刷应采用专用滚筒多次滚压，完全挤出碳布中的气泡，并使浸渍胶完全充分浸透碳纤维布，滚压时应注意不得损伤碳布，碳布的粘贴应无皱纹、无歪斜，多层碳布粘贴时应在最外层碳布上均匀涂刷一层浸渍胶，且应做好最外层碳布的表面防护。

当碳布粘贴出现长度不够需要搭接时，沿受力方向的搭接长度不应小于 200 mm，当碳布的粘贴层数多于 3 层时，搭接长度不应小于 300 mm，非受力方向的搭接长度不小于 100 mm，多层碳布粘贴时的搭接位置要相互错开，且多层碳布的粘贴要连续地进行，避免环境中的水分、粉层对上一层碳布造成污染。

碳布粘贴完成后应在合适环境中养护 3 d，期间避免高温、粉尘等污染碳布表面。当图纸设计要求对碳纤维布表面做防护时，应保证防护与碳布之间有可靠连接。

4.5.1.4　外粘纤维布工程工艺施工流程

1. 界面处理

碳纤维粘贴前应对混凝土表面进行打磨，当混凝土表面凹凸不平时应采用结构胶进行修补，保证基层表面的平整，对有段差、内转角的部位应抹成平滑的曲面，同时应清除原构件表面的尘土、浮浆、污垢、油渍、原有涂装、抹灰层和其他饰面层，对混凝土结构应剔除其风化、剥落、疏松、起砂、蜂窝、麻面、腐蚀等缺陷。对构件截面的棱角，应打磨成圆弧半径不小于 25 mm 的圆角。在完成以上加工后，应将混凝土表面清理干净，并保持干燥。

粘贴纤维材料部位的混凝土，其表层含水率不宜大于 4%，且不应大于 6%。对含水率超限的混凝土应进行人工干燥处理或改用高潮湿面专用的结构胶粘贴。表面处于潮湿或渗水状态时，修补前应先进行疏水、止水、干燥处理。

在现场核对原结构构造及清理原结构过程中，当发现该结构整体牢固性不良或原有支撑、连接体系有缺损时，应及时向业主单位和设计单位报告，在设计单位出具补救措施前，不得按现有加固方案进行施工。

当粘贴纤维材料采用的黏结材料是配有底胶的结构胶粘剂时，应按底胶使用说明书的要求进行涂刷和养护，不得擅自免去涂刷底胶的工序。若粘贴纤维材料采用的黏结材料是免涂底胶胶粘剂，应检查其产品名称、型号及产品使用说明书，并经监理单位确认后，方允许免涂底胶。

底胶应按产品使用说明书提供的工艺条件配制，拌匀后应立即抽样检测底胶初黏度，其检测结果应符合规范要求，且不得以添加溶剂或稀释剂的方法来改变其黏度，一经发现应予弃用，已涂刷部位应予返工。底胶干时，其表面若有凸起处，应用细砂纸磨光，并应重刷一遍底胶。底胶涂刷完毕应静置固化至干时，才能继续施工。

若在底胶已干时却未能及时粘贴纤维材料，则应等待 12 h 后粘贴，且应在粘贴前用细软羊毛刷或洁净棉纱团蘸工业丙酮擦拭一遍，以清除残留物和粘在基层的灰尘。

2. 纤维材料的粘贴

浸渍、黏结专用的结构胶粘剂，其配制和使用应按产品使用说明书的规定进行；拌和应采用低速搅拌机充分搅拌；拌好的胶液色泽应均匀、无气泡；其初黏度应符合规范要求；胶液注入盛胶容器后，应采取措施防止水、油、灰尘等杂质混入。

碳纤维布应按设计裁剪，并且严禁折叠，若碳纤维布原件已有折痕，应裁去有拆痕一段。碳纤维布可采用特制剪刀剪断或用优质美工刀切割成所需尺寸。碳布裁剪的宽度不宜小于 100 mm。裁剪好的碳布按照放线位置粘贴在涂好结构胶粘剂的混凝土表面。碳纤维布应充分展平，不得有褶皱。

碳布的粘贴沿受力方向使用专用的滚筒多次滚压，使浸渍胶充分浸透碳纤维布，并将多层碳布压实，表面均匀平整，无气泡产生。多层碳纤维布粘贴时，应在碳纤维布表面所浸渍的胶液达到未干状态时立即粘贴下一层。若延误时间超过 1 h，则应等待 12 h 后方可重复上述步骤继续进行粘贴，但粘贴前应重新将碳布黏合面上的灰尘擦拭干净。纤维复合材粘贴位置与设计要求的位置相比，其中心线偏差不应大于 10 mm，长度负偏差不应大于 15 mm。

4.5.1.5 安全文明施工及成品保护

粘贴碳纤维布工程操作人员进行高空、电气作业及使用机械设备时，操作人员必须经过专业培训，持证上岗，熟练掌握碳布粘贴操作工艺。操作人员必须根据工作环境佩戴防护用品，如安全帽、安全带、绝缘手套、绝缘鞋、风镜、口罩等，并集中精力操作。操作脚手架应牢固可靠，周围应有防护栏杆。

碳纤维布为导电材料，施工时应远离电气设备和电源并采取可靠的防护措施。电气设备及架设应符合安全用电规定，应有接零或接地触电保护装置，严禁零线与火线搞混，避免火线与结构钢筋连接造成触电事故。作业环境应有良好的照明条件。

胶粘剂、工业丙酮等材料应密封储存，妥善保管，远离火源，避免阳光直接照射，并有防水、防火、防爆措施。容器清洗后将残余物倾倒到指定地点，集中处理。胶粘剂的配制、使用的场所应保持通风良好。

粘贴碳纤维布混凝土表面基层打磨处理作业时设专人以洒水、喷水方式抑制扬尘，操作环境应通风良好。粘贴碳纤维布钻孔作业时控制噪声，避开敏感时间段，必要时采用松软材料围挡，封闭作业空间。粘贴碳纤维布工程完成基层处理时，基层面不能产生新的污染，如水、灰、油的污染等，在污染比较严重的区域要采取措施进行隔离。

粘贴碳纤维布作业时注意成品保护。保证固化时间，在胶粘剂固化前不得扰动所粘贴的碳纤维布，碳纤维布粘贴完工后在固化养护期内，不能加载或隐蔽作业，以免破坏胶结面，影响施工质量。经过养护、胶粘剂固化、现场拉拔承载力检验合格之后方可加载施工。

为了保证碳纤维布的强度不受损坏，严禁在所有粘贴碳纤维布的部位钻孔，也不能用硬物的棱角部位敲击碳纤维布。所粘贴的碳纤维布表面有结构胶，温度过高会产生碳化，应保持施工环境的温度适宜。

4.5.2　材料进场检验及复试检验

4.5.2.1　碳纤维布

碳纤维布应按工程用量一次进场到位，碳纤维材料进场时，施工单位应会同监理人员对其品种、级别、型号、规格、包装、中文标志、产品合格证和出厂检验报告等进行检查。

同时，应对以下重要性能和质量指标进行见证取样复检：

（1）纤维复合材的抗拉强度标准值、弹性模量和极限伸长率。

（2）纤维织物单位面积质量。

（3）碳纤维织物的 K 数。

检查、检验和复验结果必须符合现行国家标准《混凝土结构加固设计规范》（GB 50367—2013）的规定及设计要求。

检查数量：按进场批号，每批号见证取样 3 件，从每件中，按每一检验项目各裁取一组试样用料。

纤维复合材的纤维应连续、排列均匀，织物不得有皱褶、断丝、结扣等严重缺陷。

检查数量：全数检查。

碳纤维织物单位面积质量的检测结果，其偏差不得超过±3%。

检查数量：按进场批次，每批抽取 6 个试样。

碳纤维织物的缺纬、脱纬，每 100 m 长度不得多于 3 处；碳纤维织物的断经（包括单根和双跟），每 100 m 不得多于 2 处。

检查数量：全数检查。

碳纤维织物的尺寸偏差应符合《建筑结构加固工程施工质量验收规范》（GB 50550—

2010）的规定。

检查数量：每批6个试样。

4.5.2.2　结构胶粘剂

加固工程中使用的结构胶粘剂，应按工程用量一次进场到位。结构胶粘剂进场时，施工单位应会同监理人员对其品种、级别、批号、包装、中文标志、产品合格证、出厂日期、出厂检验报告等进行检查。

对抗震设防烈度为7度及7度以上地区建筑加固用的粘贴纤维复合材的结构胶粘剂，尚应进行抗冲击剥离能力的见证取样复验；所有复验结果均须符合现行国家标准《混凝土结构加固设计规范》（GB 50367—2013）的要求。

结构胶粘剂进场时，应见证取样复验其混合后触变指数，A级胶触变指数大于或等于3.0。

检验数量：按进场批次，每批号见证取样3件，每件每组分称取500 g，并按相同组分予以混匀后送独立检验机构复检。

对结构胶粘剂性能和质量的复验，宜先测定其不挥发物含量；若测定结果不合格，便不再对其他复验项目进行测定，而应检查该结构胶存在的质量问题。若发现有问题，应弃用该型号胶粘剂。

加固工程中，严禁使用下列结构胶粘剂产品：

（1）过期或出厂日期不明。

（2）包装破损、批号涂毁或中文标志、产品使用说明书为复印件。

（3）掺有挥发性溶剂或非反应性稀释剂。

（4）固化剂主成分不明或固化剂主成分为乙二胺。

（5）游离甲醛含量超标。

结构胶粘剂的外观质量应无结块、分层或沉淀。若在拌胶过程中发现这些现象，应及时通知监理人员确认，且立即停止在结构加固工程中使用。

检查数量：全数检查。

4.5.3　碳纤维粘贴工程质量验收

4.5.3.1　界面处理质量验收

经修整露出骨料新面的混凝土加固粘贴部位，应进一步按设计要求修复平整，并采用结构修补胶对较大孔洞、凹面、露筋等缺陷进行修补、复原；对有段差、内转角的部位应抹成平滑的曲面；对构件截面的棱角，应打磨成圆弧半径不小于25 mm的圆角。在完成以上加工后，应将混凝土表面清理干净，并保持干燥。

检查数量：全数检查。

检验方法：观察、触摸，并辅以圆弧样板（靠尺）检查。

粘贴纤维材料部位的混凝土，其表层含水率不宜大于4%，且不应大于6%。对含水率超限的混凝土应进行人工干燥处理，或改用高潮湿面专用的结构胶粘贴。

检查数量：每根梁、柱构件不少于1处；每100 m^2 板、墙不少于3处；不足100

m^2 的工程，也应检查3处。

检验方法：用含水率测定仪检测。

当粘贴纤维材料采用的黏结材料是配有底胶的结构胶粘剂时，应按底胶使用说明书的要求进行涂刷和养护，不得擅自免去涂刷底胶的工序。若粘贴纤维材料采用的黏结材料是免底涂胶粘剂，应检查其产品名称、型号及产品使用说明书，并经监理单位确认后，方允许免涂底胶。

检查数量：全数检查。

检验方法：监督涂刷底胶并检查底胶进场复验报告及施工记录。

底胶应按产品使用说明书提供的工艺条件配制，但拌匀后应立即抽样检测底胶的初黏度，且不得以添加溶剂或稀释剂的方法来改变其黏度，一经发现应予弃用，已涂刷部位应予返工。底胶指干时，其表面若有凸起处，应用细砂纸磨光，并应重刷一遍。底胶涂刷完毕应静置固化至指干时，才能继续施工。

检查数量：全数检查。

检验方法：监理人员旁站监督其配制并检查初黏度检测报告；若怀疑掺有溶剂或稀释剂，应取样送检。

当在底胶指干时，未能及时粘贴纤维材料，应等待12 h后粘贴，且应在粘贴前用细软羊毛刷或洁净棉纱团蘸工业丙酮擦拭一遍，以清除不洁残留物和新落的灰尘。

检查数量：全数检查。

检验方法：观察并检查施工记录。

4.5.3.2　纤维材料粘贴施工质量验收

浸渍、黏结专用的结构胶粘剂，其配制和使用应按产品使用说明书的规定进行；拌和应采用低速搅拌机充分搅拌；拌好的胶液色泽应均匀、无气泡，胶液注入盛胶容器后，应采取措施防止水、油、灰尘等杂质混入。

检查数量：全数检查。

检验方法：观察，并对照产品使用说明书检查配制记录、测定初黏度记录及施工记录。

纤维织物应按下列步骤和要求粘贴：

（1）按设计尺寸裁剪纤维织物，且严禁折叠；若纤维织物原件已有折痕，应裁去有折痕一段织物。

（2）将配制好的浸渍、黏结专用的结构胶粘剂均匀涂抹于粘贴部位的混凝土表面。

（3）将裁剪好的纤维织物按照放线位置敷在涂好结构胶粘剂的混凝土表面。织物应充分展平，不得有褶皱。

（4）沿纤维方向应使用特制滚筒在已贴好纤维的面上多次滚压，使胶液充分浸渍纤维织物，并使织物的铺层均匀压实，无气泡发生。

（5）多层粘贴纤维织物时，应在纤维织物表面所浸渍的胶液达到指干状态时立即粘贴下一层。若延误时间超过1 h，则应等待12 h后，方可重复上述步骤继续进行粘贴，但粘贴前应重新将织物黏合面上的灰尘擦拭干净。

（6）最后一层纤维织物粘贴完毕，尚应在其表面均匀涂刷一道浸渍、黏结专用的结构胶。

检查数量：全数检查。

检验方法：由监理人员负责检查，并签字确认无误。

纤维复合材胶粘完毕后应静置固化，并应按胶粘剂产品说明书规定的固化环境温度和固化时间进行养护。当达到7 d时，应先采用D型邵氏硬度计检测胶层硬度，据以判断其固化质量，并以邵氏硬度 $HD \geq 70$ 为合格，然后进行施工质量检验、验收。若邵氏硬度 $HD < 70$，应揭去重贴，并改用固化性能良好的结构胶粘剂。

检查数量：全数检查。

检验方法：用D型邵氏硬度计检测硬度。

4.5.3.3　施工质量验收

纤维复合材与混凝土之间的黏结质量可用锤击法或其他有效探测法进行检查。根据检查结果确认的总有效黏结面积不应小于总黏结面积的95%。

探测时，应将粘贴的纤维复合材分区，逐区测定空鼓面积（即无效黏结面积）；若单个空鼓面积不大于10 000 mm^2，允许采用注射法充胶修复；若单个空鼓面积大于或等于10 000 mm^2，应割除修补，重新粘贴等量纤维复合材。粘贴时，其受力方向（顺纹方向）每端的搭接长度不应小于200 mm；若粘贴层数超过3层，该搭接长度不应小于300 mm；对非受力方向（横纹方向），每边的搭接长度可取为100 mm。

检查数量：全数检查。

检验方法：检查检测报告及处理记录。

加固材料（包括纤维复合材）与基材混凝土的正拉黏结强度，必须进行见证抽样检验。C15~C20混凝土正拉黏结强度大于或等于1.5 MPa，大于或等于C45混凝土正拉黏结强度大于或等于2.5 MPa，且为混凝土内聚破坏。若检测结果介于C20~C45，允许按换算的强度等级以线性插值法确定其合格指标。

检查数量：每组5个构件。

检验方法：正拉黏结强度试验。

纤维复合材粘贴位置与设计要求的位置相比，其中心线偏差不应大于10 mm；长度负偏差不应大于15 mm。

检查数量：全数检查。

检验方法：钢尺测量。

4.5.3.4　隐蔽工程质量验收

碳纤维布粘贴隐蔽工程有下列几项：

（1）检查碳纤维布、底胶、黏结胶原材出厂合格证、试验报告、进场复试报告齐全合格。

（2）经清理后的混凝土表面洁净、干燥，打磨后的待贴面平滑，棱角打磨圆弧半径25 mm，符合要求。

（3）底胶涂刷均匀，无遗漏，指干时开始碳纤维布粘贴。

（4）碳纤维布按设计尺寸裁剪，粘贴层数符合图纸设计要求。

（5）浸渍胶充分浸渍碳纤维布，且铺层均匀压实，无气泡产生，无空鼓现象产生。

（6）锤击法检测总有效粘贴面积大于总粘贴面积的95%。

4.6 混凝土裂缝修补工程

4.6.1 施工方案

4.6.1.1 混凝土裂缝修补适用范围及设计要求

对于裂缝宽度小于0.2 mm的混凝土表面细微独立裂缝或网状裂纹，以低黏度、具有良好渗透性的裂缝修补胶等胶料涂刷封闭裂缝通道。根据设计要求，对有水房间尚应在楼板表面粘贴碳纤维布以增强封护作用。

对混凝土裂缝宽度较大部分，采用柔性密封法处理，柔性密封法需要在混凝土楼板表面沿裂缝走向齐缝凿出槽深不小于20 mm、槽宽不小于15 mm的U形槽（或V形槽），然后填充注浆料、裂缝修补胶或改性环氧树脂等柔性填缝材料，并粘贴碳纤维布封闭其表面。

混凝土结构部分裂缝宽度较大，且贯穿深度较大，采用压力灌注法处理。混凝土裂缝宽度在0.05~1.5 mm、深度大于150 mm的贯穿裂缝或不贯穿裂缝，可采用注射法埋设注射器，手动或自动施加小于0.2 MPa压力灌注裂缝修补胶处理。当裂缝宽度$w>0.5$ mm且走向曲折、容积较大时，采用机控压力灌注注浆料处理。当裂缝宽度$w>2$ mm时，采用压力灌注裂缝修补胶处理。

碳纤维布的粘贴应符合图纸设计要求及《建筑结构加固工程施工质量验收规范》（GB 50550—2010）的要求。

凡是对影响构件承载力的裂缝及由地基不均匀沉降引起的结构性裂缝，在裂缝修补之前应先采取必要的加固措施，以消除裂缝产生的根源。

4.6.1.2 混凝土裂缝修补工程的材料要求

粘贴所用纤维布是指未经浸渍胶固化的布状纤维，其规格及型号的选用除应满足施工图纸的设计要求外，还需满足《建筑结构加固工程施工质量验收规范》（GB 50550—2010）中对其各项规定的要求。

碳纤维布、裂缝修补胶进入施工现场应用时应对其品种、型号、级别、包装和出厂日期等进行检查，且应有出厂合格证、出厂检测报告和进场复试报告。碳纤维布进场后应按照要求分类码放整齐，存放时应远离电气设备和电源。

4.6.1.3 混凝土裂缝修补工程施工作业条件

需高空作业时应搭设好施工脚手架并做好安全防护，脚手架搭设应满足《建筑施工碗扣式钢管脚手架安全技术规范》（JGJ 166—2016）的要求。

夜间施工应做好临时电源搭设和照明措施。

修补裂缝现场环境的气温、湿度应符合裂缝修补材料使用说明书的规定，若无具体规定，作业环境不应低于15 ℃；修补过程不得遭受日晒雨淋，并严禁在风沙和雨雪天气条件下进行露天修补作业。作业时基材表面含水率应符合胶粘剂产品使用说明书的要求。现场查清裂缝开展长度、宽度、深度、走向、贯穿及漏水等情况，确定裂缝灌注修补方案。

4.6.1.4　混凝土裂缝修补工程施工工艺流程

表面封闭法需先对原混凝土构件修整，然后对裂缝涂刷低黏度胶料，刷底胶后，对其粘贴碳纤维布，施工完毕后静置固化养护。

柔性密封法需先对原混凝土构件修整，然后对裂缝部位凿槽处理，再对裂缝部位填充柔性材料，涂刷底胶、浸渍胶，然后粘贴碳纤维布，施工完毕后静置固化养护。

压力灌浆法需先对原混凝土构件修整，然后对裂缝部位凿槽处理，打入注胶嘴，封闭裂缝表面，检查气密性，灌浆，结束封口，清除注胶嘴，施工完毕后静置固化养护。

1. 界面处理

在裂缝修补前，必须查清裂缝发生的部位及裂缝宽度、长度、深度和贯穿情况，并了解裂缝含水及渗漏情况，确定有针对性的处理方法，做好记录和标志。

当混凝土表面有较大缺陷（如蜂窝、麻面或疏松等）时，对麻面表面疏松部位剔除后采用环氧砂浆补平，且保持混凝土构件表面洁净、干燥。

沿裂缝走向，在裂缝中插入作为临时标志（如竹钉），钉距以能在打磨后找到裂缝为度。然后对裂缝两侧100 mm内的原构件表面用喷砂机或角磨机打磨平整，用手铲、铁锤、钢刷、毛刷依次清理裂缝表面的灰尘、浮渣及松散层，用吹风机把裂缝中的杂质吹净，直至露出坚实的骨料新面。将构件表面整平，去除突出部分，然后使用有机溶剂清洗裂缝周围的污渍，注意清洗时不要将裂缝堵塞。

2. 裂缝开槽及清理

柔性密封法、压力灌注法要求沿裂缝走向齐缝开槽，使填充的灌注材料能渗入缝隙之中。沿裂缝凿出槽深不小于20 mm、槽宽不小于15 mm的U形槽（或V形槽），深度不小于20 mm。长度直至裂缝尖端处。槽内清理干净，达到无浮尘、无松动、无污渍。

在裂缝填充、灌注修补前再仔细检查，用压缩空气或吸尘器吹净裂缝中的积水。若裂缝部位不够干燥可用喷灯局部烘干。

3. 表面封闭法处理裂缝

经界面处理后，将已配制好的低黏度、具有良好渗透性的裂缝修补胶等胶料涂刷在构件表面，经过多次反复涂刷，达到封闭裂缝通道的作用。经设计单位认同，可采用水泥基灌浆材料、自流平混凝土等材料做裂缝填充和表面封闭。待裂缝处理完成后方可按图纸设计要求粘贴碳纤维布，静置养护时间约需3 d，养护期间避免水、粉尘等污染碳纤维布表面。修补后的裂缝表面若需要做表面防护，则应按设计要求做好表面防护。

4. 柔性密封法施工

柔性密封法前期操作类同表面封闭法，待开槽完毕并清理后，先在槽壁表面涂刷一层胶液，将配制好的柔性密封材料填充到槽内，分层填充，分层抹压。当设计要求设置隔离层时，U形槽的槽底应为光滑的平底。槽底铺设的隔离层应是不吸潮膨胀且不与选用的柔性、弹性密封材料及基材发生化学反应的材料。隔离层应紧贴槽底，但不与槽底黏连，静置养护时间约需3 d，养护期间避免水、粉尘等污染碳纤维布表面。

5. 压力灌注法施工

用钢卷尺沿裂缝走向测量并标定灌浆点位。根据裂缝走向、缝宽、缝长等参数确定灌浆点位间距，宽大缝宜疏布置，微细缝宜密布置。浅缝宜疏布置，深缝宜密布置。采用无损贴嘴法对准且骑缝粘贴在预定位置，并用黏结剂固定灌浆嘴，灌浆嘴必须对准缝隙，以保证导流畅通，粘贴牢靠，同时把灌浆嘴底盘四周封闭。注意涂抹黏结剂时防止堵塞灌浆嘴。每一条裂缝上必须设有进浆嘴、排气嘴、出浆嘴。灌浆嘴的位置尽量设置在裂缝较宽、开口较通畅的部位，可考虑在裂缝的交错处、裂缝较宽处及裂缝端部等位置设置。灌浆嘴设置间距根据裂缝开展情况，一般取150~400 mm，以200 mm为宜。水平裂缝从任意一端、垂直裂缝从最低端开始，依次向另一端连接浆液注胶管至灌浆嘴，要保证所有的灌浆嘴都处于开启通气状态。裂缝表面封闭是为了防止浆液外漏，保证灌浆压力，使浆液在压力作用下能渗入裂缝深部，从而保证灌浆质量。封缝是灌浆作业的关键工序，应细心操作。

当结构梁裂缝为贯穿裂缝时，先用封缝胶将梁一侧裂缝完全封闭，封缝胶涂抹宽度为25 mm，厚度为3 mm。另一侧裂缝埋设灌浆嘴，间距为200~300 mm。

为使混凝土缝隙完全充满浆液，并保持压力，同时保证浆液不大量外渗，必须对已处理过的裂缝表面用环氧基胶液沿裂缝走向从上而下或从一端到另一端均匀涂刷，先沿缝两侧约50 mm清洗，再用环氧基液沿缝走向骑缝均匀涂刷，然后用封缝胶泥封闭，作业中注意避免出现气泡。

裂缝封闭后养护一段时间，待封缝胶液具有一定强度后，通入压力空气试漏。可能漏气部位涂以肥皂液，检查封缝和灌胶底座的密闭效果，凡有漏气处应予重新封缝，直至不漏。灌封胶粘剂为双组分材料，先分别配制好主剂和固化剂，按照厂家规定的配比配制浆液。每次灌浆施工根据进浆速度、固化时间估算用浆量，从而确定浆液一次配制量。

6. 裂缝灌浆

灌浆前对整个专用灌浆系统进行全面检查，在确认专用灌浆机具运转正常、管路畅通的前提下方可灌浆。接通管路，打开灌浆嘴上阀门，用压缩空气将裂缝通道吹干净。灌浆时应采取由里到外、从下至上的顺序逐个灌注，或由裂缝一端至另一端，或由两头向中间逐步封闭，直到下一个排气嘴出浆时立即关闭灌浆泵进浆阀门，以保证浆液充满裂缝。

灌浆时将调好的主剂和固化剂两种浆材按规定比例混合，待封缝胶泥固化并有一定强度后，将其用灌浆泵从灌浆嘴灌入裂缝中。灌浆时遵循少量多次的原则。对于灌浆压力，原则上先小后大，逐步加压，密切观测进浆的速度和进浆量，直至整条裂缝都充满浆液。有的细微裂缝灌浆压力可适当增大，达到规定压力后稳压，以让浆液充填饱满，保证浆液的渗透和灌注效果。根据灌浆压力、灌浆量情况，在灌浆过程中适当调整灌浆参数，改变浆液的稀稠程度及类型。

灌浆结束后随即拆除管道并清洗干净。待缝内浆液达到初凝而不流出时，用角磨机将灌浆嘴打磨平整，再用环氧树脂胶泥把灌浆嘴处抹平封口。

灌浆结束、胶液固化后，检查封缝效果，发现缺陷及时灌浆补救。

4.6.2 材料进场检验及复试检验

裂缝修补用聚合物水泥注浆料检查劈裂抗拉强度、抗压强度、抗折强度，其中劈裂抗拉强度大于 25 MPa，抗压强度大于 240 MPa，抗折强度大于 21 MPa，注浆料与混凝土的正拉黏结强度为内聚破坏。

裂缝修补胶检查抗拉强度、受拉弹性模量、抗压强度、抗弯强度，其中抗拉强度大于 20 MPa。

4.6.3 混凝土裂缝修补工程质量验收

4.6.3.1 界面处理质量验收

在裂缝修补前，必须查清裂缝发生的部位及裂缝宽度、长度、深度和贯穿情况，并了解裂缝含水及渗漏情况，确定针对性的处理方法，做好记录和标志。

当混凝土表面有较大缺陷（如蜂窝、麻面或疏松等）时，对麻面表面疏松部位剔除后采用环氧砂浆补平，且保持混凝土构件表面洁净、干燥。

沿裂缝走向，在裂缝中插入作为临时标志的竹钉或其他钉，钉距以能在打磨后找到裂缝为度。然后对裂缝两侧各 100 mm 内的原构件表面用喷砂机或砂轮机打磨平整，直至露出坚实的骨料新面，经检查无油渍、污垢后用压缩空气或吸尘器清理干净。

当设计要求沿裂缝走向骑缝凿槽时，应按施工图规定的剖面形式（如 V 形、U 形等）和尺寸进行画线、开凿、修整并清理洁净。若设计未规定槽形，宜凿成 U 形槽。若原构件表面不平，尚应沿裂缝走向削成便于连续封闭的平顺弧面，不得有局部凸起或高差。

原构件界面含水率应按胶粘剂使用说明书的要求进行控制。若有困难，应改用高潮湿面专用的结构胶粘剂。

检查数量：全数检查。

4.6.3.2 表面封闭法施工质量验收

粘贴封闭材料修补裂缝前，应复查裂缝两侧原构件表面打磨的质量是否合格。若已合格，应采用工业丙酮擦拭一遍。

检查数量：全数检查。

检验方法：观察，并检查施工记录。

当粘贴纤维织物的施工工艺有底涂要求时，应按规定配制和拌和底胶。拌和后的底胶，其色泽应均匀，黏度低、渗透性好，无结块，且不受尘土、水分和油烟的污染。

底胶应用滚筒刷或特制的毛刷均匀涂布在洁净的原构件表面。涂刷时，应注意刮去胶液中的气泡。调好的底胶应在规定的时间内用完。底胶涂刷完毕，应立即进行养护，并防止胶面受到污染。当胶面呈指触干燥（指干）时，立即进入下一道工序。

检查数量：全数检查。

检验方法：观察，触摸，并检查施工记录。

浸渍、黏结纤维织物用的结构胶粘剂，其配制和拌和应按产品使用说明书进行。拌和后的胶液色泽应均匀，无结块和气泡；随即将其均匀涂抹于底胶层的面上。若采用免底涂胶粘剂，应先检查其产品使用说明书，经监理单位确认为免底涂胶粘剂后，再直接涂抹在粘贴部位的混凝土面上。

检查数量：全数检查。

检验方法：观察，检查施工记录。

粘贴纤维织物时，应按下列步骤和要求进行：

（1）将裁剪好、经检查无误的纤维织物敷在涂好胶粘剂的基层上。

（2）用特制的滚筒在已贴好纤维织物的面上，沿纤维经向多次滚压，使胶液充分润透、渗到纤维中，且应仔细刮、挤平整，排出气泡。

（3）多层粘贴时，应在底层纤维织物所涂的胶液达到指干状态时立即涂胶粘贴下一层。若拖延时间超过1 h，则应等待12 h后，再涂刷胶粘剂粘贴下一层，且粘贴前应重新将织物黏合面上的灰尘擦拭干净；最外一层纤维织物的表面应均匀涂抹一道胶粘剂。

检查数量：全数检查。

检验方法：观察，检查施工记录。

粘贴织物时，其边缘距裂缝中心线的距离应不小于50 mm，且不允许有负偏差。织物长度应至少大于裂缝长度100 mm，若由于构造因素不能满足此要求，应在织物端部加贴横向压条。压条的长度应比封闭用的织物宽度至少大100 mm。

检查数量：随机抽查修补构件数的10%，且不少于5个构件。

检验方法：钢尺测量。

4.6.3.3 柔性密封法施工质量验收

柔性密封法、压力灌注法要求沿裂缝走向齐缝开槽，使填充的灌注材料能渗入缝隙之中。沿裂缝凿出槽深不小于20 mm、槽宽不小于15 mm的U形槽（或V形槽），深度不小于20 mm，长度直至裂缝尖端处。槽内清理干净，达到无浮尘、无松动、无污渍。

检查数量：全数检查。

检验方法：观察，检查施工记录。

当需设置隔离层时，U形槽的槽底应为光滑的平底。槽底铺设的隔离层，应是不吸潮膨胀，且不与弹性密封材料及基材发生化学反应的材料；隔离层应紧贴槽底但不与槽底黏连。

检查数量：全数检查。

检验方法：观察，检查施工记录。

当在槽内填充柔性或弹性密封材料时，应先在槽内凿毛的两侧壁表面上涂刷一层胶液，方可填充所选用的密封材料。

检查数量：全数检查。

检验方法：观察，检查施工记录。

密封材料填充完毕后，应在裂缝槽口及其两侧各 50 mm 内粘贴无碱玻璃纤维织物或无纺布封护。

检查数量：全数检查。

检验方法：观察，检查施工记录。

4.6.3.4 压力灌注法施工质量验收

采用压力灌注法注入低黏度胶液或注浆料修补混凝土、砌体裂缝时，应根据裂缝宽度、深度和内部情况，选用定压注射器自动注胶法或机控压力注浆法。其选择应符合下列原则：

（1）混凝土或砌体的水平构件和竖向构件中，有宽度为 0.05~1.5 mm，深度不超过 300 mm 的贯穿裂缝或不贯穿裂缝时，宜采用定压注射器注胶法施工。注射器安装的方法和间距应符合产品使用说明书的规定。这种方法所产生的压力应不小于 0.2 MPa。若压力过低，应改用其他产品。

（2）裂缝宽度大于 0.5 mm 且走向蜿蜒曲折或为体积较大构件的混凝土深裂缝，宜采用机控压力注胶；注入压力应根据产品使用说明书确定。

压力灌注装置的安装和试压检验应符合下列要求：

（1）注胶嘴及其基座应按裂缝走向设置。针筒注胶嘴间距为 100~300 mm；机控注胶嘴间距为 300~500 mm；同时尚应设在裂缝交叉点、裂缝较宽处和端部。注胶嘴基座之间的裂缝表面应采用封缝胶封闭。每条裂缝上还必须设置排气嘴。对现浇板裂缝，注胶嘴可设在板底，也可设在板面，但均应保证裂缝上下表面的密封。

（2）封缝胶固化后，应进行压气试验，检查密封效果；观察注胶嘴之间的连通情况。当注胶嘴中气压达到 0.5 MPa 时，若仍有不通气的注胶嘴，则应重新埋设注胶嘴，并缩短其间距。

检查数量：全数检查。

检验方法：封缝胶泥固化后立即进行压气试验。沿封缝胶泥处涂刷皂液，从注胶嘴压入压缩空气，压力取等于注胶压力，观察是否有漏气的气泡出现。若有漏气，应用胶泥修补，直至无气泡出现。

施工前应复查裂缝修补胶液的品种、型号及进场复验报告，以及所配制胶液的初始黏度。当拌和胶液时，发现有突然发热变稠的现象，应弃用该批胶液。

检查数量：全数检查。

检验方法：观察。

注胶压力控制与注胶作业应符合下列规定：

（1）注胶压力应按产品使用说明书进行控制；

（2）压力注胶作业按从下到上的顺序进行。

注浆过程中出现下列标志之一时，即可确认裂缝腔内已注满胶液，可以转入下一个注胶嘴进行注胶，直至注完整条裂缝：

（1）在注胶压力下，上部注胶嘴有胶液流出；

（2）在胶液适用期内，吸胶率小于 0.05 L/min。

当上部注胶嘴或排气嘴有胶液流出时，应及时关闭上部注胶嘴，并维持压力1~2 min。待缝内的胶液初凝时，应立即拆除注胶嘴和排气嘴，并用环氧胶泥将嘴口部位抹平、封闭。

4.7　建筑加固植筋工程

建筑加固植筋又叫钢筋种植，是在原有的结构面进行先钻孔后注胶种植的一种后锚固技术，该技术在建筑加固改造领域的发展和应用非常广泛。

4.7.1　施工方案

4.7.1.1　植筋技术适用范围及设计要求

化学植筋技术适用于钢筋混凝土结构件以及结构胶种植带肋钢筋的后锚固加固技术；不适用于素混凝土构件，包括纵向受力钢筋一侧配筋率小于0.2%的构件的后锚固加固技术。当采用植筋技术，新增构件为悬挑结构构件时，其原结构的混凝土强度不得低于C25；当新增构件为其他结构构件时，其原结构的混凝土强度等级不得低于C20。采用植筋锚固时，其锚固部位的原构件混凝土不得有局部缺陷，若有局部缺陷，应先进行补强或加固处理后再植筋。植筋用的钢筋，应采用质量和规格符合《混凝土结构加固设计规范》(GB 50367—2013)中的各项要求。植筋用的胶粘剂应采用改性环氧类结构胶粘剂或改性乙烯基酯类胶粘剂，当植筋直径大于22 mm时，应采用A级胶。锚固用胶粘剂的质量和性能应符合《混凝土结构加固设计规范》(GB 50367—2013)中的规定。采用植筋锚固的混凝土结构，其长期使用的环境温度不应高于60 ℃；处于特殊环境(如高温、高湿、介质腐蚀等)的混凝土结构采用植筋技术时，除应按现行有关标准的规定采取相应的防护措施外，还应采用耐环境因素作用的胶粘剂。

在符合植筋技术作业条件下，钢材和结构胶粘剂必须严格按照设计要求的型号、规格选用。钢材主要有HRB335级、HPB300级、HRB400级、HRB500级、HRBF500级；结构胶粘剂应符合《工程结构加固材料安全性鉴定技术规范》(GB 50278—2011)中A、B级胶的性能指标规定；钢材及结构胶粘剂的选用应符合《建筑结构加固工程施工质量验收规范》(GB 50550—2010)、《混凝土结构加固设计规范》(GB 50367—2013)中的各项要求。植筋的规格、数量及粘贴部位应符合设计图纸的要求。

4.7.1.2　钢筋原材及所用结构胶的材料要求

植筋用钢筋应为热轧带肋钢筋，其性能和质量应符合设计要求和《钢筋混凝土用钢 第2部分：热轧带肋钢筋》(GB/T 1499.2—2018)、《建筑结构加固工程施工质量验收规范》(GB 50550—2010)中的规定。钢筋种植用材必须严格按照设计要求的型号、规格，应具有出厂合格证、出厂检测报告和进场复试报告。

胶粘剂进场应具有产品合格证、包装、标志、出厂检测报告和进场复试报告。严禁使用过期胶粘剂、无合格证书的胶粘剂及包装破损或无出厂包装的胶粘剂。同时，应符合《建筑结构加固工程施工质量验收规范》(GB 50550—2010)的要求。

4.7.1.3　植筋工程施工作业条件

1. 脚手架与安全防护

需高空作业时应搭设好施工脚手架并做好安全防护，脚手架搭设应满足《建筑施工碗扣式钢管脚手架安全技术规范》(JGJ 166—2016)的要求。

2. 临时电源

根据用电机具的动力电源功率，将临时电源引至作业现场，同时准备照明条件，满足暗处、夜间施工需要。

3. 基材温度

基材表面温度不宜低于 15 ℃，或根据胶粘剂产品使用说明书提供的要求。

4. 基材含水率

作业基材表面含水率应符合胶粘剂产品使用说明书的要求。

5. 作业条件

雨雪、大风天气条件下不得露天作业。

4.7.1.4　植筋工程工艺施工流程

1. 成孔

建筑加固植筋工程钻孔施工根据孔径、现场作业条件，选择适宜钻孔机，根据植筋孔径选择相应配套规格的钻杆。

施工时保证垂直施加作用力。当在标定的孔位施工遇到原结构钢筋，经设计单位认可，可略微调整钻孔位置，避开钢筋。钻孔深度必须达到设计要求。若意外产生废孔，将孔内彻底清净之后，用胶粘剂填实封堵。

2. 清孔

成孔后的孔洞应彻底清除孔内粉尘碎屑，避免粉尘碎屑产生对胶液的隔离作用而影响结构胶的黏结效果。

种植孔洞钻好后应先用吹风机吹孔，再用毛刷清除孔内粉尘，如此反复处理不应少于 3 次，直至无粉尘碎屑。必要时应用干净棉纱、毛刷蘸少量工业丙酮擦拭孔壁，以保证孔壁与胶粘剂能有良好的黏结效果。

种植孔应完整，不得有裂缝和其他局部损伤。

种植孔壁清理干净后，若未立即注胶种植，应将孔洞进行成品保护，临时性严密封堵，避免灰尘和异物落入污染。

3. 植筋

注胶作业可用结构胶灌注器或其他方法向孔内注胶。灌注方式应不妨碍孔中的空气排出。灌注量应按产品使用说明书确定，一般取注入孔内约 2/3，并以植入钢筋后有少许胶液溢出孔口为度。注入植筋胶后，应立即插入裹满胶粘剂的钢筋，并按顺时针方向边转边插，强力向内推进，直到达到规定的深度。

从注入胶粘剂到植好钢筋所费的时间，应少于产品使用说明书规定的可操作时间；否则应拔掉钢筋，并立即清除失效的胶粘剂，重新按原工艺返工处理。

当胶粘剂充满孔洞后，把溢出的多余胶液清理干净。对水平植筋应注意外口胶液流淌情况，应用垫片阻挡或予复补。所植入的钢筋必须校正方向，使植入的钢筋与孔壁之间的间隙均匀。

4. 养护

结构胶固化前，不得触动所植钢筋，保证其在常温固化周期内不遭到任何的扰动，也可以在施工现场周边设置标识、围栏等防护设施。只有在保证足够的固化时间后，才能开始准备下道工序施工。

4.7.1.5 安全文明施工及成品保护

（1）植筋工程操作人员进行高空、电气作业及使用机械设备时，操作人员必须经过专业培训，持证上岗，懂得胶粘剂锚固件的操作工序。

（2）操作人员必须根据工作环境佩戴防护用品，如安全帽、安全带、绝缘手套、绝缘鞋、风镜、口罩等，并集中精力操作。

（3）操作脚手架应牢固可靠，周围应有防护栏杆。

（4）电气设备及架设应符合安全用电规定，应有接零或接地触电保护装置，严禁零线与相线搞混，避免相线与结构钢筋连接造成触电事故。

（5）胶粘剂、工业丙酮等材料应妥善保管，并有防水、防火、防爆措施。容器清洗后将残余物倾倒到指定地点，集中处理。

（6）植筋钻孔作业时设专人以洒水、喷水方式抑制扬尘。

（7）植筋钻孔作业时控制噪声，避开敏感时间段，必要时采用松软材料（如草帘被）封闭作业空间。

（8）植筋操作环境应通风，有良好的照明条件。

（9）植筋作业注意成品保护，保证固化时间，在胶粘剂固化前不得扰动所植入的钢筋，做好成品保护。经过养护过程，胶粘剂固化，再经现场拉拔承载力检验合格之后方可加载，进行下一道工序。

4.7.2 材料进场检验及复试检验

4.7.2.1 钢筋原材

同一批原材进场时，施工单位应会同监理人员对其品种、级别、型号、规格、包装、中文标志、产品合格证和出厂检验报告等进行检查。

同时应对以下重要性能和质量指标进行见证取样复检：①下屈服强度；②抗拉强度；③最大力总延伸率；④强屈比；⑤超强屈比；⑥植筋用钢筋应平直、无损伤，表面不得有裂纹、油污和锈斑。

检查、检验和复验结果必须符合现行国家标准《混凝土结构加固设计规范》（GB 50367—2013）、《钢筋混凝土用钢 第2部分：热轧带肋钢筋》（GB/T 1499.2—2018）的规定及设计要求。

4.7.2.2 结构胶粘剂原材

（1）植筋用胶粘剂进场时，应对其品种、型号、级别、包装和出厂日期等进行检查，同时应按《建筑结构加固工程施工质量验收规范》（GB 50550—2010）的要求，对其钢-钢拉伸抗剪强度、钢-混凝土正拉黏结强度、耐热老化性能等 3 项重要指标及不挥发物含量进行见证取样复验，质量检验结论符合《建筑结构加固工程施工质量验收规范》(GB 50550—2010)、《混凝土结构加固设计规范》(GB 50367—2013) A、B 级胶性能指标规定。

(2) 胶粘剂进场应具有产品合格证、包装、标志、出厂检测报告和进场复试报告。严禁使用过期胶粘剂、无合格证书的胶粘剂及包装破损或无出厂包装的胶粘剂。

(3) 植筋用胶粘剂的填料应在厂家制胶生产时添加，严禁在施工现场掺入。

4.7.3 植筋工程质量验收

4.7.3.1 界面处理质量验收

植筋孔洞钻好后应先用毛刷清孔，再用洁净无油的压缩空气或手动吹气筒清除孔内粉尘，如此反复处理不应少于 3 次，直至无粉尘碎屑。必要时尚应用干净棉纱、毛刷蘸少量工业丙酮擦净孔壁。

植筋孔壁的干燥程度应符合胶粘剂产品使用说明书的要求；植筋孔应完整，不得有裂缝和其他局部损伤；植入前再次复查钢筋锈蚀情况，若有新锈，应用砂纸擦拭处理。

植筋孔壁清理干净后，若未立即注胶植筋，则应用干净的棉纱将孔洞严密封堵，避免灰尘和异物落入污染，保护待用。

4.7.3.2 植筋施工质量验收

植筋的胶粘剂完全固化时，应抽样进行现场拉拔承载力检验。植筋承载力现场检验抽样规则如下：

(1) 对于重要构件，应按其批量的 1%且不少于 5 件进行随机抽样。

(2) 对于一般构件和非结构构件，应按 0.5%且不少于 3 件进行随机抽样。

(3) 胶粘剂锚固的植筋承载力现场抽样与检验应在胶粘剂达到其产品说明书所标示的固化时间当日进行。若因故推迟抽样与检验日期，需征得监理单位同意，并不得超过 3 d。

植筋承载力现场检验结果的评定：

(1) 若试样在持荷期间无滑移、基材混凝土无裂纹或其他局部损坏迹象出现，且施荷装置的荷载示值在 2 min 内无下降或下降幅度不超过 5%的检验荷载，可评定为质量合格。

(2) 若一个检验批所抽取试样全部合格，则可评定该批为合格批。

(3) 若一个检验批所抽取试样中仅有 5% (不足 1 根时按 1 根计) 不合格，允许另抽 3 根试样进行破坏性检验。若检验结果合格，该检验批仍可评为合格批。

(4) 若一个检验批所抽取试样中不止 5% (不足 1 根时按 1 根计) 不合格，应评定该批为不合格批，不再另做其他检验。

4.8　锚栓工程

4.8.1　施工方案

4.8.1.1　锚栓技术适用范围及设计要求

本节锚栓工程适用于普通混凝土承重结构；不适用于轻质混凝土结构及严重风化的结构。混凝土结构采用锚栓技术时，其混凝土强度等级：对重要构件不应低于C25；对一般构件不应低于C20。在抗震设防区的结构中，以及直接承受动力荷载的构件中，不得使用膨胀锚栓作为承重结构的连接件。在抗震设防区的结构中，以及直接承受动力荷载的构件中，不得使用膨胀锚栓作为承重结构的连接件。当在抗震设防区承重结构中使用锚栓时，应采用后扩底锚栓或特殊倒锥形胶粘型锚栓，且仅允许用于设防烈度不高于8度并建于Ⅰ、Ⅱ类场地的建筑物。用于抗震设防区承重结构或承受动力作用的锚栓，其性能应通过现行行业标准《混凝土结构后锚固技术规程》(JGJ 145—2013)的低周反复荷载作用或疲劳荷载作用的检验。承重结构锚栓连接的设计计算，应采用开裂混凝土的假定；不得考虑非开裂混凝土对其承载力的提高作用。

锚栓定位架应事先在构件上固定。其标高应满足锚栓预埋的要求，并保持水平；同时施工测量人员应将各承台锚栓的定位控制线引测到锚栓定位架上，用测量仪器检查是否满足要求。

4.8.1.2　锚栓工程的材料要求

当后锚固件为钢螺杆时，应采用全螺纹的螺杆，不得采用锚入部位无螺纹的螺杆。螺杆的钢材等级应为Q345级或Q235级；其质量应分别符合现行国家标准《低合金高强度结构钢》(GB/T 1591—2018)和《碳素结构钢》(GB/T 700—2006)的规定。

胶粘剂进场应具有产品合格证、包装、标志、出厂检测报告和进场复试报告。严禁使用过期胶粘剂、无合格证书的胶粘剂及包装破损或无出厂包装的胶粘剂。同时，应按《建筑结构加固工程施工质量验收规范》(GB 50550—2010)的要求。

4.8.1.3　锚栓工程施工作业条件

1. 脚手架与安全防护

锚栓工程作业面有门厅外檐、板底和梁底等高处作业部位，作业脚手架与安全防护由总包单位配合完成。

2. 临时电源

根据用电器具的动力电源功率，将临时电源引至作业现场。同时准备照明条件，满足暗处、夜间施工需要。

3. 基材温度

锚栓安装现场的气温不宜低于5 ℃，或执行胶粘剂产品使用说明书提供的要求。

4. 基材含水率

作业基材表面含水率应符合胶粘剂产品使用说明书的要求。

5. 作业条件

严禁在雨雪天气进行露天作业。

4.8.1.4 锚栓工程施工工艺

1. 锚栓工程施工工艺流程

锚栓工程施工工艺流程：空位放线→成孔→吹孔→清孔→锚栓种植→养护。

2. 孔位放线

操作人员必须全面了解锚栓工程钻孔直径、深度、位置等技术指标。原结构：构件清理、修整后，应按设计图纸放线确定锚栓位置。在现场由总包单位测量人员提供水平控制线、高程投制线，再投放到锚栓定位处。

锚栓孔定位作业时可能会遇到原结构钢筋阻碍，若构件内部配有钢筋，尚应探测其对钻孔有无影响。控制锚栓定位准确可采用剔凿原结构混凝土保护层，出露原结构钢筋，从而确定锚栓孔位，以保证新结构成型质量。当有较大的孔位偏移应报告设计单位确认。

3. 钻孔

锚栓的钻孔应采用相应产品使用说明书所规定的钻头及配套工具，并应按该说明书规定的钻孔要求操作。锚栓钻孔作业根据孔径、作业环境，选择适宜钻机，根据锚栓孔径选择相应配套规格的钻杆。一般，钻杆直径比钢筋直径大 4~6 mm，成孔直径符合设计要求。钻杆长度应能满足钻孔深度，一般比与锚栓相配套的胶管长度长 10~15 mm。

锚栓钻孔时首先接通电锤、冲击钻电源试运转，查看钻杆旋转方向是否正确。操作时保证垂直施加作用力。当在标定的孔位施工遇到原结构钢筋时，经设计单位认可，可略微调整钻孔位置，避开钢筋。钻孔深度必须达到设计要求。若意外产生废孔，将孔内彻底清理干净之后，用胶粘剂填实封堵。

4. 清孔（界面处理）

（1）锚栓孔洞钻好后应先用毛刷清孔，再用洁净无油的压缩空气或手动吹气筒清除孔内粉尘，如此反复处理不应少于 3 次，直至无粉尘、碎屑。必要时尚应用干净棉纱、毛刷蘸少量工业丙酮擦净孔壁，以保证孔壁与胶粘剂能有良好黏结效果。

（2）锚栓孔壁的干燥程度应符合胶粘剂产品使用说明书的要求，混凝土构件待锚栓孔洞干燥时必须满足，否则应用热风机对孔内鼓吹热风干燥处理，保证胶粘剂固化之前孔内干燥，以确保胶粘剂固化效果。

（3）锚栓孔应完整，不得有裂缝和其他局部损伤。

（4）锚栓孔壁清理干净后，若未立即注胶植入锚栓，则应用干净的棉纱将孔洞严密封堵，避免灰尘和异物落入污染，保护待用。

5. 验孔

同一部位锚栓孔完成后，项目部质检员会同监理单位到现场查验，确认成孔孔位、孔径、孔深及界面处理符合规范中规定合格质量的要求，办理隐蔽验收手续。

6. 化学锚栓的安装

在孔中装入锚固胶管，启动冲击钻或电锤等搅拌机具，带动锚栓反时针旋转搅拌，在厂家规定的时间（10±2）s 内将锚栓匀速推至孔底，并上下移动 5 次以上，再轻轻敲击振动锚栓，令胶液与锚栓进一步结合紧密。

自扩底锚栓使用专门安装工具并利用锚栓专制套筒上的切底钻头边旋转、边切底、边就位，同时通过目测位移，判断安装是否到位，若已到位，其套筒顶端应低于混凝土表面或被固定物的距离为1~3 mm。模扩底锚栓的安装应使用专门的模具式钻头切底，将锚栓套筒敲至柱锥体规定位置以实现正确就位，同时通过目测位移，判断安装是否到位，若已到位，其套筒顶端至混凝土表面的距离为1~3 mm。

7. 固化养护

化学锚栓作业要保证固化时间，其间保证锚栓杆体不要移动或晃动，不得承载。当确认化学锚栓种植合格之后，卸下搅拌器具，在锚固胶固化之前做好成品保护。

4.8.2 材料进场检验及复试检验

4.8.2.1 锚栓原材

建筑结构加固用锚栓应采用自扩底锚栓或模扩底锚栓，且应按工程用量一次进场到位。进场时，应对其品种、型号、规格、中文标志和包装、出厂检验合格报告等检查，并应对锚栓钢材受拉性能指标见证抽样复验，其复验结果必须符合《混凝土结构加固设计规范》（GB 50367—2013）的规定。对地震设防区，除应按前述规定进行检查和复验外，尚应复查该批锚栓是否属“地震区适用”的锚栓。

复查应符合下列要求：国内产品应具有独立检验机构出具的符合行业标准《混凝土用机械锚栓》（JG/T 160—2017）所规定的专项试验验证合格证书。

检查数量：按同一规格包装箱数为一检验批，随机抽取3箱（不足3箱应全取）的锚栓经混合均匀后，从中见证抽取5%，且不少于5个进行复验；若复验结果仅有1个不合格，允许加倍取样复验；若仍有不合格者，则该批产品应评为不合格产品。

检验方法：在确认锚栓产品包装及中文标志完整性的条件下，检查产品合格证、出厂检验报告和进场见证复验报告；对扩底刀具，还应检查其真伪；对地震设防区，尚应检查其认证或验证证书。

4.8.2.2 结构胶粘剂原材

锚栓技术用胶粘剂进场应具有产品合格证、包装、标志、出厂检测报告和进场复试报告。在胶粘剂进场时，应对其品种、型号、级别、包装和出厂日期等认真检查，同时应按《建筑结构加固工程施工质量验收规范》（GB 50550—2010）的要求，就锚栓-混凝土正拉黏结强度、耐热老化性能等重要指标及不挥发物含量进行见证取样复验，质量检验结论符合《建筑结构加固工程施工质量验收规范》（GB 50550—2010）、《混凝土结构加固设计规范》（GB 50367—2013）中A级胶性能指标的规定。

严禁使用过期的、无合格证书的、包装破损的、无出厂包装的胶粘剂。锚栓技术用胶粘剂的填料应在厂家制胶生产时添加，严禁在施工现场掺入。

根据胶粘剂产品的不同，一般胶粘剂运输和贮藏温度宜介于5~25 ℃，存放于干燥避光的环境中。胶粘剂最佳施工温度15~25 ℃。根据施工温度的变化，通过试验可适当增减固化剂用量达到匹配要求。

4.8.3 锚栓工程质量验收控制项目

4.8.3.1 主控项目

锚栓的钻孔应采用相应产品使用说明书所规定的钻头及配套工具，并应按该说明书规定的钻孔要求操作。

基材表面及锚孔的清理应符合下列要求：混凝土基材表面应按规范要求进行清理、修整；锚栓的锚孔应用压缩空气或手动气筒清除孔内粉屑；锚栓应无浮锈；锚板范围内的基材表面应光滑平整，无残留的粉尘、碎屑。

锚栓的安装作业应符合下列规定：自扩底锚栓的安装应使用专门安装工具并利用锚栓专制套筒上的切底钻头边旋转、边切底、边就位；同时通过目测位移，判断安装是否到位；若已到位，其套筒顶端应低于混凝土表面的距离为1~3 mm；对穿透式自扩底锚栓，此距离是指套筒顶端应低于被固定物的距离。

模扩底锚栓的安装应使用专门的模具式钻头切底，将锚栓套筒敲至柱锥体规定位置以实现正确就位；同时通过目测位移，判断安装是否到位；若已到位，其套筒顶端至混凝土表面的距离也应为1~3 mm。

4.8.3.2 一般项目

锚栓孔清孔后，若未立即安装锚栓，应暂时封闭其孔口，防止尘土、碎屑、油污和水分等落入孔内影响锚固质量。锚栓固定件的表面应光洁平整。

钻孔偏差应符合下列规定：垂直度偏差不应超过2.0%；孔深偏差仅允许正偏差，且不应大于5 mm；用直角靠尺、探针、钢尺量测的位置偏差应符合施工图纸规定，若无规定，应按不超过5 mm执行。每一种孔径随机抽检5%，且不少于5个。

4.8.4 锚栓施工质量检查项目

4.8.4.1 主控项目

锚栓安装、紧固或固化完毕后，应进行锚固承载力现场检验。其锚固质量必须符合关于锚固承载力现场检验与评定的规范规定。

4.8.4.2 一般项目

锚栓应按设计或产品安装说明书的要求，检查其锚固深度、预紧力控制值及位置偏差等。

4.8.5 锚栓工程的安全文明作业

锚栓工程操作人员熟练了解锚栓与锚固胶性能，掌握相应的安装工艺。在进行高空、电气作业及使用机械设备时，操作人员必须经过专业培训，持证上岗。

操作人员必须根据工作环境佩戴安全防护用品，如安全帽、安全带、绝缘手套、绝缘鞋、风镜、口罩等，并集中精力操作。

操作平台应牢固可靠，周围应有防护栏杆。

电气设备及架设应符合安全用电规定，应有接零或接地触电保护装置，严禁零线与相线搞混，避免相线与结构钢筋连接造成触电事故。

胶粘剂、工业丙酮等材料应妥善保管，并有防水、防火、防爆措施。容器清洗后将残余物倾倒到指定地点，集中处理。

锚栓钻孔作业时设专人以洒水、喷水方式抑制扬尘。

锚栓钻孔作业时控制噪声，避开敏感时间段，必要时采用松软材料（如草帘被）封闭作业空间。

锚栓作业环境应通风，有良好的照明条件。

4.9　灌浆工程

4.9.1　概述

灌浆工程是指用水泥基灌浆材料加固承重结构混凝土构件和砌体构件，以达到结构安全可靠的目的。

4.9.2　灌浆工程设计

4.9.2.1　地脚螺栓锚固灌浆

（1）地脚螺栓锚固灌浆宜根据表4-4的规定选择水泥基灌浆材料。

表4-4　地脚螺栓锚固灌浆用水泥基灌浆材料的选择

螺栓表面与孔壁的净间距（mm）	水泥基灌浆材料类别
15~50	Ⅱ类、Ⅲ类
50~100	Ⅲ类、Ⅳ类
>100	Ⅳ类

（2）螺栓锚固埋设深度应满足设计要求，埋设深度不宜小于15倍的螺栓直径。

（3）基础混凝土强度等级不宜低于C20。

4.9.2.2　二次灌浆

（1）二次灌浆除应满足设计强度要求外，尚应根据灌浆层厚按表4-5的规定选择水泥基灌浆材料。

表4-5　二次灌浆用水泥基灌浆材料的选择

灌浆层厚度（mm）	水泥基灌浆材料类别
5~30	Ⅰ类
20~100	Ⅱ类
80~200	Ⅲ类
>200	Ⅳ类

（2）采用压力法或高位漏斗法灌浆施工时，可放宽水泥基灌浆材料的类别选择。

（3）当灌浆层厚度大于 150 mm 时，可平均分成 2 次灌浆。根据实际分层厚度按表 4-5 的规定选择合适的水泥基灌浆材料类别。

（4）第二次灌浆宜在第一次灌浆 24 h 之后，灌浆前应对第 1 次灌浆层表面做凿毛处理。

4.9.2.3　混凝土结构改造加固

（1）混凝土柱采用加大截面加固法加固时，混凝土柱与模板的最小间距 b 不应小于 60 mm，应采用第Ⅳ类水泥基灌浆材料。

（2）混凝土柱采用加钢板套加固法加固时，原混凝土柱表面与外钢板套的最小间距 b 为 10~20 mm 时，宜采用第Ⅰ、Ⅱ类水泥基灌浆材料；最小间距 b 不小于 20 mm 时，宜采用第Ⅱ、Ⅲ类水泥基灌浆材料。

（3）混凝土柱采用干式外包法加固法加固时，角钢与模板的最小间距 b_1 不小于 30 mm、角钢与原混凝土柱的最小间距 b_2 不小于 20 mm 时，应采用第Ⅳ类水泥基灌浆材料。

（4）混凝土梁采用加大截面加固法加固时，梁侧表面与模板之间的最小间距 b_1 不小于 60 mm 或梁的底面与模板之间的最小间距 b_2 不小于 80 mm 时，应采用第Ⅳ类水泥基灌浆材料。

（5）楼板采用叠合层法增加板厚加固法加固时，当楼板上层加固增加的厚度 b_1 不小于 40 mm 或楼板下层加固增加的板厚 b_2 不小于 80 mm 时，应采用第Ⅳ类水泥基灌浆材料。

（6）混凝土结构施工中出现蜂窝、孔洞、柱子烂根的修补，灌浆层厚度不小于 50 mm 时，应采用第Ⅳ类水泥基灌浆材料。

4.9.2.4　后张预应力混凝土结构孔道灌浆

（1）后张预应力混凝土结构孔道灌浆应根据现行国家标准 GB 50010—2010 环境类别分类，按表 4-6 的规定选择水泥基灌浆材料。

表 4-6　后张预应力混凝土结构孔道用水泥基灌浆材料的选择

环境类别	一、二	三	四
灌浆材料	可采用第Ⅰ类水泥基灌浆材料	宜采用第Ⅰ类水泥基灌浆材料	应采用第Ⅰ类水泥基灌浆材料

（2）水泥基灌浆材料性能要求：①氯离子含量不应超过水泥基灌浆材料总量的 0.06%；②当有特殊性能要求时，还应符合相关标准或设计要求。

4.9.3　水泥基灌浆材料性能

（1）水泥基灌浆材料主要性能应符合表 4-7 的规定。

表 4-7　水泥基灌浆材料主要性能

<table>
<tr><th colspan="2">类别</th><th>Ⅰ类</th><th>Ⅱ类</th><th>Ⅲ类</th><th>Ⅳ类</th></tr>
<tr><td colspan="2">最大骨料粒径（mm）</td><td colspan="3">≤4.75</td><td>>4.75 且≤25</td></tr>
<tr><td rowspan="2">截锥流动度（mm）</td><td>初始值</td><td>—</td><td>≥340</td><td>≥290</td><td>≥650*</td></tr>
<tr><td>30 min</td><td>—</td><td>≥310</td><td>≥260</td><td>≥550*</td></tr>
<tr><td rowspan="2">流锥流动度（s）</td><td>初始值</td><td>≤35</td><td>—</td><td>—</td><td>—</td></tr>
<tr><td>30 min</td><td>≤50</td><td>—</td><td>—</td><td>—</td></tr>
<tr><td rowspan="2">竖向膨胀率（%）</td><td>3 h</td><td colspan="4">0.1~3.5</td></tr>
<tr><td>24 h 与 3 h 的膨胀值之差</td><td colspan="4">0.02~0.5</td></tr>
<tr><td rowspan="3">抗压强度（MPa）</td><td>1 d</td><td>≥15</td><td colspan="3">≥20</td></tr>
<tr><td>3 d</td><td>≥30</td><td colspan="3">≥40</td></tr>
<tr><td>28 d</td><td>≥50</td><td colspan="3">≥60</td></tr>
<tr><td colspan="2">氯离子含量（%）</td><td colspan="4"><0.1</td></tr>
<tr><td colspan="2">泌水率（%）</td><td colspan="4">0</td></tr>
</table>

注：* 表示坍落度数值。

（2）用于冬期施工的水泥基灌浆材料性能除应符合表 4-7 的规定外，还应符合表 4-8 的规定。

表 4-8　用于冬期施工时的水泥基灌浆材料性能指标

<table>
<tr><th rowspan="2">规定温度（℃）</th><th colspan="3">抗压强度比（%）</th></tr>
<tr><th>R_{-7}</th><th>R_{-7+28}</th><th>R_{-7+56}</th></tr>
<tr><td>-5</td><td>≥20</td><td rowspan="2">≥80</td><td rowspan="2">≥90</td></tr>
<tr><td>-10</td><td>≥12</td></tr>
</table>

（3）用于高温环境的水泥基灌浆材料性能除应符合表 4-7 的规定外，还应符合表 4-9 的规定。

表 4-9　用于高温环境的水泥基灌浆材料耐热性能指标

使用环境温度（℃）	抗压强度比（%）	热震性(20 次)
200~500	≥100	(1) 试块表面无脱落； (2) 试件热震后的浸水端抗压强度与试件标准养护 28 d 的抗压强度比（%）≥90

4.9.4　水泥基灌浆材料灌浆工程施工工艺

4.9.4.1　施工准备

（1）施工现场质量管理应有相应的施工技术标准、健全的质量管理体系、施工质量控制和质量检验制度。灌浆前应有施工组织设计或施工技术方案，并经审查批准。

（2）施工前应准备搅拌机具、灌浆设备、模板及养护物品。

（3）模板支护除应符合国家标准《混凝土结构工程施工质量验收规范》(GB 50204—2015）中的有关规定外，还应符合以下规定：

①二次灌浆时，模板与设备底座四周的水平距离宜控制在 100 mm 左右；模板顶部标高不低于设备底座上面 50 mm。

②混凝土结构改造加固时，模板支护应留有足够的灌浆孔及排气孔，灌浆孔的孔径不小于 50 mm，间距不超过 1 000 mm，灌浆孔与排气孔应高于孔洞最高点 50 mm。

4.9.4.2　拌和

（1）水泥基灌浆材料拌和时，应按照产品要求的用水量加水。

（2）水泥基灌浆材料宜采用机械拌和。拌和时宜先加入 2/3 的水拌和 3 min，然后加入剩余水量拌和至均匀。若生产厂家对产品有具体拌和要求，应按其要求进行拌和。

（3）拌和地点宜靠近灌浆地点。

4.9.4.3　地脚螺栓锚固灌浆

（1）锚固地脚螺栓施工工艺应符合相关的要求。

（2）地脚螺栓成孔时，螺栓孔的水平偏差不得大于 5 mm，垂直度偏差不得大于 5°。螺栓孔壁应粗糙，应将孔内清理干净，不得有浮灰、油污等杂质，灌浆前用水浸泡 8~12 h，清除孔内积水。当环境温度低于 5 ℃时应采取措施预热，保持温度在 10 ℃以上。

（3）灌浆前应清除地脚螺栓表面的油污和铁锈。

（4）将拌和好的水泥基灌浆材料灌入螺栓孔内时，可根据需要调整螺栓位置。灌浆过程中严禁振捣，可适当插捣，灌浆结束后不得再次调整螺栓。

（5）孔内灌浆层上表面宜低于基础混凝土表面 50 mm 左右。

4.9.4.4　二次灌浆

（1）二次灌浆应根据工程实际情况，选用合适的灌浆方法。

（2）灌浆前，应将与灌浆材料接触的设备底板和混凝土基础表面清理干净，不得有松动的碎石、浮浆、浮灰、油污、蜡质等。灌浆前 24 h，基础混凝土表面应充分湿润，灌浆前 1 h，清除积水。

（3）二次灌浆时，应从一侧进行灌浆，直至从另一侧溢出，不得从相对两侧同时进行灌浆。灌浆开始后，必须连续进行，并尽可能缩短灌浆时间。

（4）轨道基础或灌浆距离较长时，视实际工程情况可分段施工。

（5）在灌浆过程中严禁振捣，必要时可采用灌浆助推器沿浆体流动方向的底部推动灌浆材料，严禁从灌浆层的中、上部推动。

（6）设备基础灌浆完毕后，宜在灌浆后3~6 h沿底板边缘向外切45°斜角。

4.9.5　混凝土结构改造和加固灌浆

（1）水泥基灌浆材料接触的混凝土表面应充分凿毛。

（2）混凝土结构缺陷修补，应剔除酥松的混凝土并使其露出钢筋，将修补区域边缘切成垂直形状，深度不小于20 mm。

（3）灌浆前应清除所有的碎石、粉尘或其他杂物，并润湿基层混凝土表面。

（4）将拌和均匀的灌浆材料灌入模板中并适当敲击模板。

（5）灌浆层厚度大于150 mm时，应采取相关措施，防止产生温度裂缝。

4.9.6　后张预应力混凝土结构孔道灌浆

（1）后张预应力混凝土孔道灌浆方法应根据现行国家标准GB 50010—2010中环境类别分类，符合表4-10的规定。

表4-10　灌浆工艺的选择

环境类别	一、二	三	四
灌浆材料	可采用压力法灌浆或真空压浆法灌浆	宜采用压力法灌浆或真空压浆法灌浆	应采用真空压浆法灌浆

（2）正式灌浆前宜选择有代表性的孔道进行灌浆试验。

（3）灌浆工艺应符合国家现行有关标准的要求；灌浆过程中，不得在水泥基灌浆材料中掺入其他外加剂、掺和料。

4.9.7　冬期施工及养护

（1）日平均温度低于5 ℃时应按冬期施工并符合以下要求：

①灌浆前应采取措施预热基础表面，使其温度保持在10 ℃以上，并清除积水；

②应采用不超过65 ℃的温水拌和水泥基灌浆材料，浆体的入模温度在10 ℃以上；

③受冻前，水泥基灌浆材料的抗压强度不得低于5 MPa。

（2）在冬期施工，混凝土强度增长无特殊要求时，灌浆完毕后裸露部分应及时覆盖塑料薄膜并加盖保温材料。起始养护温度不应低于5 ℃。在负温条件下养护时不得浇水。

（3）当拆模后水泥基灌浆材料表面温度与环境温度之差大于20 ℃时，应采用保温材料覆盖养护。

（4）当环境温度低于水泥基灌浆材料所要求的最低施工温度或需要加快强度增长时，可采用人工加热养护方式。养护措施应符合《建筑工程冬期施工规程》(JGJ/T 104—2011)的有关规定。

4.9.8 高温气候环境施工

灌浆部位温度大于 35 ℃时应按高温气候环境施工，并符合以下要求：

（1）灌浆前 24 h 采取措施，防止灌浆部位受到阳光直射或其他热辐射。

（2）采取适当降温措施，与水泥基灌浆材料接触的混凝土基础和设备底板的温度不应大于 35 ℃。

（3）浆体的入模温度不应大于 30 ℃。

（4）灌浆后应及时采取保湿养护措施。

4.9.9 常温养护作业

灌浆时，日平均温度不应低于 5 ℃，灌浆完毕后裸露部分应及时喷洒养护剂或覆盖塑料薄膜，加盖湿草袋保持湿润。采用塑料薄膜覆盖时，水泥基灌浆材料的裸露表面应覆盖严密，保持塑料薄膜内有凝结水。灌浆材料表面不便浇水时，可喷洒养护剂。

养护期间，应保持灌浆材料处于湿润状态，养护时间不得少于 7 d。

当采用快凝快硬型水泥基灌浆材料时，养护措施应根据产品要求的方法执行。

4.9.10 水泥基灌浆材料灌浆工程质量标准及验收

4.9.10.1 结构加固用水泥基灌浆材料

（1）进场水泥基灌浆材料同时应提供产品合格证、使用说明书、出厂检验报告。其中，出厂检验报告内容应包括产品名称与型号、检验依据标准、生产日期、用水量、流动度（或坍落度和坍落扩展度）的初始值和 30 min 保留值、竖向膨胀率，1 d 抗压强度、检验部门印章、检验人员签字（或代号）。必要时，生产厂家应就所提供的水泥基灌浆材料 7 d 内补发 3 d 抗压强度值、32 d 内补发 28 d 抗压强度值。

（2）水泥基灌浆材料质量标准。

①主控项目。

混凝土结构及砌体结构加固用的水泥基灌浆材料进场时，应按《建筑结构加固工程施工质量验收规范》(GB 50550—2010)的规定进行检查和复验。

应检查灌浆材料品种、型号、出厂日期、产品合格证及产品使用说明书的真实性。

应按《建筑结构加固工程施工质量验收规范》(GB 50550—2010)规定的检验项目与合格指标，检查产品出厂检验报告，并见证取样复验其浆体流动度、抗压强度及其与混凝土正拉黏结强度等 3 个项目，若产品出厂报告中有漏检项目，也应在复验中予以补检。

若怀疑产品包装中净重不足，尚应抽样复验。复验测定的净重不应少于产品合格证标示值的 99%。其检查数量、检验方法符合《建筑结构加固工程施工质量验收规范》(GB 50550—2010)的要求。

②一般项目。

配制灌浆材料的用水，其水质应符合《建筑结构加固工程施工质量验收规范》(GB 50550—2010)的规定。

4.9.10.2　界面处理

1. 主控项目

(1) 原构件界面（即黏合面）处理应符合下列规定：

①对混凝土构件应采用人工、砂轮机或高压水射流充分打毛。打毛深度应达骨料新面且应均匀、平整；在打毛的同时尚应凿除原截面的棱角。

②对一般砌体构件仅需剔除勾缝砂浆、已风化的块材面层和抹灰层或其他装饰层。

③对外观质地光滑且强度等级高的砌体构件，除应按本条第②款处理外尚应打毛块材表面；每块应至少打毛2处，且可打成点状或条状，其深度以3~4 mm为度。

在完成打毛工序后，还应清除已松动的骨料、浮渣和粉尘，并用清洁的压力水冲洗干净。

(2) 对打毛的混凝土或砌体构件，应按设计选用的结构界面胶（剂）及其工艺进行涂刷。对楼板加固，除应涂刷结构界面胶（剂）外，还应种植剪切销钉。

2. 一般项目

结构界面胶（剂）的涂刷方法及质量要求，应符合产品使用说明书及施工图说明的要求。

若涂刷时间距界面处理时间较长，尚应检查界面处理质量是否有变化。经复查确认合格后方可进入本工序。

4.9.10.3　灌浆施工

1. 主控项目

(1) 新增截面的受力钢筋、箍筋及其他连接件、锚固件、预埋件与原构件连接(焊接)和安装的质量应符合相应规范的要求。

(2) 灌浆工程的模板、紧固件（卡具）及支架的设计与安装，应遵守现行国家标准《混凝土结构工程施工质量验收规范》(GB 50204—2015)的规定。

(3) 当采用在楼板的板面上凿孔对柱的增大截面部位进行灌浆时，应按一次性灌满的要求架设模板，并采取措施防止连接处漏浆。此时，柱高不宜大于3 m，且不应大于4 m。若将这种方法用于对梁的增大截面部位进行灌浆，则无须限制跨度，均可按一次性灌注完毕的要求架设模板。梁、柱的灌浆孔和排气孔应对称布置，且分别凿在梁的边侧和柱与板交界边缘上。凿孔一般为60 mm×120 mm的矩形孔。

(4) 新增灌浆材料与细石混凝土的混合料，其强度等级必须符合设计要求，用于检查其强度的试块，应在监理工程师见证条件下按规范规定取样、制作、养护和检验。试块应为100 mm×100 mm×100 mm的立方体。其检验结果应换算成边长为150 mm的标准立方体抗压强度作为评定混合料强度等级的依据。换算系数应按《混凝土物理力学性能试验方法标准》(GB/T 50081—2019)的规定采用。

(5) 灌浆工艺应符合国家现行有关标准和产品使用说明书的规定。灌浆材料启封配成浆液后，应直接与细石混凝土拌和使用，不得在现场再掺入其他外加剂和掺和料。

当将拌好的混合料灌入模板内时，允许用小工具轻轻敲击模板。

（6）日平均温度低于 5 ℃时，应按冬期施工要求，采取有效措施确保灌浆工艺的安全可行。浆体拌和温度应控制在 50～65 ℃；基材温度和浆料入模温度应符合产品使用说明书的要求，且不应低于 10 ℃。

2. 一般项目

混合料灌注完毕后，应及时喷洒养护剂或塑料薄膜，然后加盖湿麻袋或湿草袋，保温、保湿养护不得少于 7 d。

（1）养护期间日平均温度不应低于 5 ℃；若低于 5 ℃，应按冬期施工要求采取保暖升温措施；在任何情况下，均不得采用负温养护方法，以确保灌浆工程的养护质量。

（2）应在养护期间自始至终做好浆体的保湿工作。冬期施工，还应做好浆体保温工作。保湿、保温工作的定期检查记录应留档备查。

4.9.11　水泥基灌浆材料工程质量标准及验收

水泥基灌浆材料工程质量验收标准除应符合设计要求及现行国家标准《混凝土结构工程施工质量验收规范》（GB 50204—2015）的有关规定外，尚应符合以下规定：

（1）水泥基灌浆材料施工时，以每 50 t 为 1 个留样编号，不足 50 t 时按 1 个编号计。

（2）标准养护条件下的抗压强度留样试块的测试数据作为验收数据；同条件养护试件的留置组数应根据实际需要确定。

（3）水泥基灌浆材料工程验收程序和组织应符合现行国家标准《建筑工程施工质量验收统一标准》（GB 50300—2013）的有关规定。

4.9.11.1　施工过程质量控制

（1）在结构加固工程中使用水泥基灌浆材料时，应对施工图进行安全复查，其结构应符合下列规定：

①对于增大截面的加固，仅允许用于原构件为普通混凝土或砌体的工程，不得用于原构件为高强度混凝土的工程。

②对于外包型钢（角钢）骨架的加固，仅允许用于干式外包型钢工程，不得用于外粘型钢（角钢）工程。

（2）当用于普通混凝土或砌体的增大截面工程时，尚应遵守下列规定：

①不得采用纯灌浆料，而应采用 70%灌浆材料与 30%细石混凝土混合而成的浆料，且细石混凝土粗骨料的最大粒径不应大于 12.5 mm。

②混合料灌注的浆层厚度不应小于 60 mm，且不宜大于 80 mm，若有可靠的防裂措施，也不应大于 100 mm。

③采用混合料灌注的新增截面，其强度设计值应按细石混凝土强度等级采用。细石混凝土强度等级应比原构件混凝土提高一级，且不应低于 C25，也不应高于 C50。当构件新增截面尺寸较大时，宜改用普通混凝土或自密实混凝土。

④梁、柱的新增截面应分别采用三面围套和全围套的构造方式，不得采用仅在梁底

或柱的相对两面加厚的做法。板的新增截面与原混凝土之间应采取增强其黏结抗剪和抗拉能力的措施，且应设置抗温度、收缩的构造钢筋。

（3）当用于干式外包型钢工程时，不论采用任何品牌灌浆材料，均仅作为充填角钢与原混凝土间的缝隙之用，不考虑其黏结能力。在任何情况下，均不得替代结构胶粘剂用于外粘型钢、角钢工程。

4.9.11.2　界面处理

（1）原构件界面与新增界面黏合面的处理应按以下规定处理：

①对于混凝土构件，应采用人工、砂轮机或高压水射流充分打毛。打毛深度应达骨料新面，且应均匀、平整；在打毛的同时尚应凿除原截面的棱角。

②对于一般砌体构件，仅需剔除勾缝砂浆、已风化的块材面层和抹灰层或其他装饰层。

③对于外观质地光滑且强度等级高的砌体构件，除应按上述要求处理外，尚应打毛块材表面，每块应至少打毛2处，且可打成点状或条状，其深度以3~4 mm为度。在完成打毛工序后，尚应清除已松动的骨料、浮渣和粉尘，并用清洁的压力水冲洗干净。

（2）对于打毛的混凝土或砌体构件，应按设计选用的结构界面胶及其工艺进行涂刷。对于楼板加固，除应涂刷结构界面胶外，尚应种植剪切销钉。

（3）结构界面胶的涂刷方法及质量要求应符合产品使用说明及施工图说明的要求。若涂刷时间距界面处理的时间较长，尚应检查界面处理质量是否有变化。

4.9.11.3　灌浆工程

（1）新增截面的受力钢筋的牌号、规格、数量必须符合设计要求。纵向受力钢筋的锚固方式和锚固长度应符合设计要求。

（2）灌浆工程的模板、紧固件及支架的设计与安装应符合下列要求：

①当采用在模板对称位置上开灌浆孔和排气孔灌注时，其孔径不宜小于100 mm，且不应小于50 mm；间距不宜大于800 mm。若模板上有设计预留的孔洞，则灌浆孔和排气孔应高于该孔洞最高点50 mm左右。

②当采用在楼板的板面上凿孔对柱的增大截面部位进行灌浆时，应按一次性灌满的要求架设模板，并采取措施防止连接处漏浆。此时，柱高不宜大于3 m，且不应大于4 m。若将这种方法用于对梁的增大截面部位进行灌浆，则无须限制跨度，均可按一次性灌注完毕的要求架设模板。梁、柱的灌浆孔和排气孔应对称布置，且分别凿在梁的边侧和柱与板交界边缘上。凿孔一般为60 mm×120 mm的矩形孔。

（3）新增灌浆材料与细石混凝土的混合料，其强度等级必须符合设计要求，用于检查其强度的试块，应在监理工程师的见证下进行取样、制作、养护和检验，试块应为100 mm×100 mm×100 mm的立方体，其检验结果应换算成边长为150 mm的标准立方体抗压强度，作为评定混合料强度等级的依据。

（4）灌浆工艺应符合国家现行有关标准和产品使用说明书的规定。灌浆材料启封配成浆液后，应直接与细石混凝土拌和使用，不得在现场再掺入其他外加剂和掺和料。当将拌好的混合料灌入模板内时，允许用小工具轻轻敲击模板。

(5) 日平均温度低于5 ℃时，应按冬期施工要求采取有效措施确保灌浆工艺的安全可行。浆体拌和温度应控制在50～65 ℃；基材温度和浆料入模温度应符合产品使用说明书的要求，且不应低于10 ℃。

(6) 混合料灌注完毕后，应按施工技术方案及时采取有效的养护措施，并应符合下列规定：

①养护期间日平均温度不应低于5 ℃；若低于5 ℃，应按冬期施工要求采取保暖升温措施；在任何情况下均不得采用负温养护方法，以确保灌浆工程的养护质量。

②灌注完毕应及时喷洒养护剂或塑料薄膜，然后加盖湿麻袋或湿草袋，完成此道作业后，应按规范要求进行养护，且不得少于7 d。

③应在养护期间自始至终做好浆体的保湿工作。冬期施工，还应做好浆体保温工作；保湿、保温工作的定期检查记录应留档备查。

参 考 文 献

[1] 河南省建设工程质量监督总站．主体结构工程检测[M]．郑州:黄河水利出版社,2006.

[2] 中华人民共和国住房和城乡建设部．混凝土结构试验方法标准:GB/T 50152—2012[S]．北京:中国建筑工业出版社,2012.

[3] 中华人民共和国住房和城乡建设部．钻芯法检测混凝土强度技术规程:JGJ/T 384—2016[S]．北京:中国建筑工业出版社,2016.

[4] 王文明．混凝土检测标准解析与检测鉴定技术应用指南[M]．北京:中国建筑工业出版社,2011.

[5] 中华人民共和国住房和城乡建设部,中华人民共和国国家质量监督检验检疫总局．建筑抗震鉴定标准:GB 50023—2009[S]．北京:中国建筑工业出版社,2009.

[6] 文恒武．回弹法检测混凝土抗压强度应用技术手册[M]．北京:中国建筑工业出版社,2011.

[7] 中华人民共和国住房和城乡建设部．建筑工程施工质量验收统一标准:GB 50300—2013[S]．北京:中国建筑工业出版社,2014.

[8] 中华人民共和国住房和城乡建设部．混凝土结构工程施工质量验收规范:GB 50204—2015[S]．北京:中国建筑工业出版社,2015.

[9] 中华人民共和国住房和城乡建设部,国家市场监督管理总局．建筑结构检测技术标准:GB/T 50344—2019[S]．北京:中国建筑工业出版社,2020.

[10] 中华人民共和国住房和城乡建设部．混凝土结构现场检测技术标准:GB 50784—2013[S]．北京:中国建筑工业出版社,2013.

[11] 中华人民共和国住房和城乡建设部．民用建筑可靠性鉴定标准:GB 50292—2015[S]．北京:中国建筑工业出版社,2016.

[12] 中华人民共和国住房和城乡建设部．混凝土结构加固设计规范:GB 50367—2013[S]．北京:中国建筑工业出版社,2014.

[13] 中华人民共和国住房和城乡建设部．建筑结构荷载规范:GB 50009—2012[S]．北京:中国建筑工业出版社,2012.

[14] 中华人民共和国住房和城乡建设部．混凝土结构设计规范(2015 年版):GB 50010—2010[S]．北京:中国建筑工业出版社,2015.

[15] 中华人民共和国住房和城乡建设部,中华人民共和国国家质量监督检验检疫总局．建筑抗震设计规范(2016 年版):GB 50011—2010[S]．北京:中国建筑工业出版社,2016.

[16] 中华人民共和国住房和城乡建设部．建筑抗震加固技术规程:JGJ 116—2009[S]．北京:中国建筑工业出版社,2009.

[17] 黄兴棣．建筑物鉴定加固与增层改造[M]．北京:中国建筑工业出版社,2008.

[18] 兰定筠．一、二级注册结构工程师专业考试应试技巧与题解[M]．北京:中国建筑工业出版社,2020.

[19] 中华人民共和国住房和城乡建设部．建筑结构加固施工图设计表示方法、建筑结构加固施工图设计深度图样[2008 年合订本]:SG 111—2[S]．北京:中国计划出版社,2008.

[20] 中华人民共和国住房和城乡建设部．混凝土结构加固构造:13G 311—1[S]．北京:中国计划出

版社,2013.

[21]　河南省住房和城乡建设厅．高延性混凝土农房加固技术标准:DBJ 41/T 236—2020[S]．郑州:郑州大学出版社,2020.

[22]　中华人民共和国住房和城乡建设部．建筑结构加固工程施工质量验收规范:GB 50550—2010[S]．北京:中国建筑工业出版社,2011.

[23]　中华人民共和国住房和城乡建设部．混凝土结构后锚固技术规程:JGJ 145—2013[S]．北京:中国建筑工业出版社,2013.

[24]　中华人民共和国住房和城乡建设部．水泥基灌浆材料应用技术规范:GB/T 50448-2015[S]．北京:中国建筑工业出版社,2015.

[25]　王云江．建筑结构加固实用技术[M]．北京:中国建材工业出版社,2016.

[26]　吕恒林．土木工程结构检测鉴定与加固改造[M]．北京:中国建筑工业出版社,2019.

[27]　黄泽德．建筑加固技术疑难工程案例[M]．北京:中国建筑工业出版社,2007.

[28]　卜良桃．建筑结构加固工程设计与施工质量验收手册[M]．北京:中国建筑工业出版社,2008.